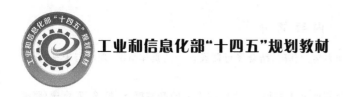
工业和信息化部"十四五"规划教材

飞行器气动设计理论与方法

万志强　杨　超　主编

U0245625

北京航空航天大学出版社

内 容 简 介

本书以飞行器总体设计为背景,以空气动力学为基础,结合飞行器设计中的具体情况、现状与未来,介绍飞行器气动设计的理论、方法和思路。

全书共分 9 章,内容包括气动设计在飞行器研制中的地位、空气动力学的基本概念、低速/亚声速/跨声速/超声速部件的空气动力学问题、细长旋成体的气动力特性、高超声速流动问题、飞行器气动设计的主要内容和影响因素。另外,附录 A 还按类别介绍了不同飞行器的气动设计特点,供读者参考。

本书既可作为高等院校飞行器设计专业研究生的教材,也可供从事相关工作的各类专业人员学习参考。

图书在版编目(CIP)数据

飞行器气动设计理论与方法 / 万志强,杨超主编
. -- 北京:北京航空航天大学出版社,2023.9(2024.9 重印)
ISBN 978 - 7 - 5124 - 4190 - 3

Ⅰ. ①飞… Ⅱ. ①万… ②杨… Ⅲ. ①飞行器—空气
动力学—高等学校—教材 Ⅳ. ①V211

中国国家版本馆 CIP 数据核字(2023)第 183469 号

飞行器气动设计理论与方法
万志强 杨 超 主编
责任编辑 杨 昕
*
北京航空航天大学出版社出版发行

北京市海淀区学院路 37 号(邮编 100191) http://www.buaapress.com.cn
发行部电话:(010)82317024 传真:(010)82328026
读者信箱:goodtextbook@126.com 邮购电话:(010)82316936
北京建宏印刷有限公司印装 各地书店经销
*
开本:787×1 092 1/16 印张:17.75 字数:454 千字
2023 年 9 月第 1 版 2024 年 9 月第 2 次印刷 印数:1 001~1 500 册
ISBN 978 - 7 - 5124 - 4190 - 3 定价:59.00 元

编写组

主　　编　万志强　杨　超

参编人员　严　德　张珊珊　王晓喆　宋　晨

前　　言

　　气动设计是飞机、导弹、直升机等设计中非常重要的环节,常被称为飞行器设计的"先行官"。作为总体设计的重要组成部分,气动设计直接决定了飞行器的性能,也直接影响飞行器研制的成败。

　　北京航空航天大学开设"飞行器气动设计理论与方法"研究生课程20余年。该课程是面向航空宇航科学与技术一级学科,尤其是飞行器设计专业的研究生开设的基础及学科理论核心课。课程先后由杨超教授和万志强教授讲授。课程在讲授过程中特别注意以下三个方面:

　　1. 强调从宏观上把握空气动力学中各种理论的研究范围、相互关系以及处理方法的使用条件。

　　2. 结合工程实践讲述气动力处理方法,着眼于飞行器设计的工程适用,强调气动的宏观概念和意识,系统提升学生分析、运用、判断有关气动力问题的能力。

　　3. 紧密结合飞行器总体设计及未来设计要求,启发学生的思考能力和创新能力。

　　杨超和万志强教授在讲授"飞行器气动设计理论与方法"课程的过程中,参考了国内外的飞行器总体设计、空气动力学、气动力设计等方面的教材和专著,在不断完善课程讲义的基础上历时2年终于完成了本书的定稿工作。2021年工业和信息化部启动了"十四五"规划教材立项工作,本书有幸得到资助。

　　本书以本科"空气动力学"课程为基础,以飞行器总体设计为背景,结合飞行器设计中的具体情况、现状与未来,希冀通过课程学习,使学生掌握更深入、更全面的空气动力学知识,尤其是掌握飞行器设计中的工程方法和理论,增强学生工程气动设计观念,强化工程意识,宏观把握气动设计的理论和方法体系及其相互联系和适用范围,使研究生了解飞机和导弹等典型飞行器外形与气动特性的特点与规律,熟悉气动设计的理论、方法与思路,为今后在飞行器设计科研工作中处理有关气动、外形、性能、气动弹性等一体化设计打下基础。

本书共分 9 章,主要介绍气动设计的理论和方法,以及飞行器总体设计中与气动相关的内容。另外,本书还给出了符号表,方便读者查询;书后给出了附录 A,按类别介绍了不同飞行器的气动设计特点。

本书由万志强教授、杨超教授主编,严德副教授、张珊珊博士、王晓喆讲师、宋晨副教授参与编写。在编写过程中还得到了马靓、陈经纬、何龙飞、李文轩、王傲东、王钰等多位同学的支持,协助整理了材料、绘制了插图、撰写了公式、校对了书稿等,在此表示衷心感谢!

由于作者水平有限,书中如有不妥之处,肯请广大读者批评指正。

编　者

2023 年 5 月

符号表

符 号	定 义	单 位	其他含义备注
A	机体轴向力	N	
A_i	诱导阻力因子		
a	加速度	m/s^2	声速,m/s
a_∞	无穷远处声速	m/s	
B	超声速常数因子		
b	机翼当地弦长	m	
b_A	平均气动弦长	m	
b_G	平均几何弦长	m	
b_r	翼根弦长	m	
b_t	翼梢弦长	m	
C	侧力	N	
C_A	机体轴向力系数		
C_C	侧力系数		
C_D	阻力系数		
C_{Di}	诱导阻力系数		
C_{Dw}	激波阻力系数		
C_{D0}	零升阻力系数		
C_{HT}	平尾容量		
C_{VT}	立尾容量		
C_L	升力系数		机翼升力系数和翼型升力系数同时出现时,翼型用 C_L' 以示区别
$C_{L\max}$	最大升力系数		
C_{La}	升力线斜率		机翼升力线斜率和翼型升力线斜率同时出现时,翼型用 C_{La}' 以示区别
C_{Lbu}	抖动升力系数		
C_{Lp}, C_{Lv}	位流升力系数和涡致升力系数		
C_l	滚转力矩系数		

符　号	定　义	单　位	其他含义备注
$C_{l\delta_a}$	滚转力矩系数对副翼偏角的导数		
C_m	俯仰力矩系数		
C_{mC_L}	俯仰力矩系数对升力系数的导数		
C_{mMa}	俯仰力矩系数对马赫数的导数		
C_{m0}	零升俯仰力矩系数		
C_N	机体法向力系数		
C_n	偏航力矩系数		
C_p	压强系数		
C_{pu}, C_{pl}	上、下表面的压强系数		
$C_{p\max}$	最大压强系数		
C_v	等容热容	J/K	
c	厚度	m	
$\bar{c}$	相对厚度		
$\bar{c}'$	不可压流相对厚度		
D	阻力	N	
D_i	诱导阻力	N	
$\mathrm{d}x, \mathrm{d}y, \mathrm{d}z$	微团在 x、y、z 方向的长度	m	
$\mathrm{d}S$	微团表面积	m^2	
$\mathrm{d}s$	涡线微段	m	
E	弹性模量	$\mathrm{N/m}^2$	
F_n	法向力	N	
f	弯度	m	
$\bar{f}$	相对弯度		
$\bar{f}'$	不可压流相对弯度		
f_x, f_y, f_z	彻体力在 x、y、z 方向的分量	$\mathrm{m/s}^2$	
h	源、汇距离	m	
K	升阻比		展弦比修正因子
$K_{\max}$	最大升阻比		
L	升力	N	旋成体总长，m
L_D, L_M, L_T	旋成体头部、柱段、尾部长度	m	
l	机翼展长	m	
l_F	机身长度	m	
l_{HT}	平尾力臂长度	m	

符 号	定 义	单 位	其他含义备注
l_{VT}	立尾力臂长度	m	
m	质量	kg	
m_0	起飞总质量	kg	
M	偶极子常数	m^3/s	
Ma	马赫数		
Ma_D	发散马赫数		
Ma_{cr}	临界马赫数		
Ma_∞	无穷远处马赫数		
Ma_1,Ma_2	前、后激波处马赫数		
N	机体法向力	N	
n	过载		
$\boldsymbol{n}$	平面外法向(向量)		
p	压强	Pa	
p_a	a 点压强值	Pa	
p_x,p_y,p_z	沿 x、y、z 方向的压强	Pa	
p_0	总压	Pa	
p_1,p_2	前、后激波处压强	Pa	
p_∞	远前方压强	Pa	
Q	点源流量	m^2/s	
q	动压	Pa	热流,J/s
q_c,q_r	对流加热、辐射加热	J/s	
q_w	驻点热流	J/s	
q_{max}	最大热流	J/s	
R	气体常数	$J/(kg \cdot K)$	旋成体半径,m
R_{max}	旋成体最大半径	m	
R_T	旋成体尾段半径	m	
Re	雷诺数		
Re_1	当地雷诺数		
r	被扰动点距涡线的垂直距离	m	
r,θ	极坐标	(m,rad)	
S	熵		积分面积,m^2
S_{HT}	平尾或鸭翼面积	m^2	
S_{VT}	立尾面积	m^2	

符　号	定　义	单　位	其他含义备注
S_w	机翼面积	m^2	
s	流线矢量(向量)		
T	温度	K	
T_1, T_2	前、后激波处温度	K	
T_s	驻点温度	K	
t	时间	s	
u, v, w	x、y、z 方向的全速度分量	m/s	
u_A, v_A, w_A	点 A 沿 x、y、z 轴的速度分量	m/s	
u_P, v_P, w_P	点 P 沿 x、y、z 轴的速度分量	m/s	
u_Q, v_Q	点 Q 沿 x、y 轴的速度分量	m/s	
V	速度	m/s	
V_A	点 A 处速度	m/s	
$V_{A'}$	点 A' 处速度	m/s	
V_r, V_θ	极坐标下的径向和切向速度	m/s	
V_x, V_y, V_z	笛卡儿坐标系下的全速度分量	m/s	
v_x, v_y, v_z	x、y、z 方向的小扰动速度分量	m/s	
V_s	指定方向 s 上的速度	m/s	
V_n, V_t	法/垂向速度和切/展向速度	m/s	
V_∞	远前方速度	m/s	
V_d	下洗速度	m/s	
X, Y, Z	沿 x、y、z 轴的作用力分量	N	
x, y, z	笛卡儿坐标系		
x_P, y_P	任一点 P 的 x 坐标值	m	
x_0, y_0, z_0	微团中心点坐标值	m	
$\bar{x}_F$	无量纲焦点的 x 轴位置		
x, y, z	沿 x、y、z 轴的矢量(向量)		
y_u, y_1	翼型上、下表面坐标方程		
y_f	翼型弯度中弧线坐标方程		
y_t	翼型厚度方程		
希腊字母			
α	迎角	°	某一夹角,°
α_{cr}	临界迎角	°	
α_s	失速迎角	°	

符　号	定　义	单　位	其他含义备注
α_{bu}	抖动迎角	°	
α'	不可压流迎角	°	
β	侧滑角	°	亚声速常数因子
γ	0.5 倍角变形率		比热比
γ_x，γ_y，γ_z	0.5 倍 yz、xz、xy 平面角变形率		
ΔC_L	升力系数增量		
Δm	小块微团的质量	kg	
Δp	压强变化量	Pa	
Δt	时间差小量	s	
Δu	x 方向速度差小量	m/s	
ΔV	小块微团的体积	m^3	
Δx，Δy	x、y 方向的微小距离	m	
$\Delta \rho$	密度变化量	kg/m^3	
δ	三维诱导阻力修正因子		边界层厚度
δ_a	副翼偏角	°	
ε	下洗角	°	
η	旋成体收缩比		
θ	线变形率	s^{-1}	夹角，°
θ_x，θ_y，θ_z	x、y、z 方向的线变形率	s^{-1}	
θ_N	旋成体头部半顶角	°	
θ_1，θ_2	前、后缘尖楔角	°	
κ	绝热(等熵)指数		
λ	展弦比		旋成体长细比
λ_D，λ_M，λ_T	旋成体头部、柱段、尾部长细比		
λ'	不可压流展弦比		
η	梢根比		
η'	不可压流梢根比		
μ	黏度	kg/(m·s)	马赫角，°
μ_∞	无穷远处马赫角	°	
ν	运动黏度	m^2/s	
ξ，η	参数坐标		
ρ_P	点 P 处的密度	kg/m^3	
ρ_∞	无穷远处密度	kg/m^3	

符 号	定 义	单 位	其他含义备注
ρ_1, ρ_2	前、后激波处密度	kg/m^3	
$\bar{\rho}$	平均密度	kg/m^3	
σ	RCS 散射截面	m^2 或 dBm^2	
Γ	环量,涡强	m^2/s	
Γ_{AB}	沿曲线 AB 的环量	m^2/s	
Γ_{ABCD}	微团 $ABCD$ 的环量	m^2/s	
Γ_0	涡强度常数	m^2/s	
τ	摩擦应力,切应力	N/m^2	空间控制域;三维升力梢根比修正因子
Φ	全速度位函数	m^2/s	ϕ 也表示全速度位函数
Φ_∞	无穷远处速度位函数	m^2/s	
Φ_A	A 点速度位函数	m^2/s	
Φ_B	B 点速度位函数	m^2/s	
ϕ	全速度位函数	m^2/s	
φ	小扰动速度位函数	m^2/s	安装角,°;流函数,m^2/s
φ_f	弯度影响小扰动速度位函数	m^2/s	
φ_t	厚度影响小扰动速度位函数	m^2/s	
φ_w	机翼几何扭转角	°	
φ_1, φ_2	旋成体轴向、横向扰动速度位函数	m^2/s	
φ'	不可压流小扰动速度位函数	m^2/s	
χ	机翼后掠角	°	
χ_e	机翼有效后掠角	°	
χ'	不可压流后掠角	°	
χ_1, χ_2	机翼前、后缘后掠角	°	
ψ	流函数	m^2/s	机翼上反角,°
Ω	彻体力位函数	$N \cdot m/kg$	
Ω_a	a 点的彻体力位函数	$N \cdot m/kg$	
ω	角速度	$(°)/s$ 或 rad/s	
$\omega_x, \omega_y, \omega_z$	垂直 yz、xz、xy 平面的角速度或绕机体轴的角速度	$(°)/s$ 或 rad/s	
计算符号			
D	实质导数运算		
d	微分运算		

符 号	定 义	单 位	其他含义备注
div	散度运算		
lim	极限运算		
rot	旋度运算		
sin	正弦函数		
cos	余弦函数		
tan	正切函数		
arcsin	反正弦函数		
arccos	反余弦函数		
arctan	反正切函数		
∂	偏导数运算		
∇	哈密顿算子（梯度算子）		
∇^2	拉普拉斯算子		也写作 Δ
$\int$	积分运算		
$\oint$	环量积分运算		
$\propto$	正比符号		

目　　录

第1章 气动设计在飞行器研制中的地位

本章主要介绍受空气动力学原理支配的飞行器设计的基本概念,重点介绍飞行器研制对气动设计的需求、飞行器设计与气动设计的关系、空气动力学进步对飞行器发展的促进作用,涉及空气动力学研究方法、空气动力学分类、飞行器研制不同阶段的空气动力学等内容。

1.1 飞行器研制对气动设计的需求

飞行器是利用空气动力原理飞行的,依靠空气介质产生升力和控制力,依靠发动机产生推力同时消耗所储备的燃料以实现飞行。目前,已开拓的飞行速度和高度的范围还比较有限,而实际中对飞行器的军用和民用需求却在不断增长,因此飞行器的发展潜力巨大。

1.1.1 气动设计的地位和作用

气动设计是飞机设计中非常重要的一个环节,它主要包括气动外形的设计、飞机布局形式的选择、主要气动参数的确定、部件气动设计以及为满足飞机设计要求而需要采取的气动措施等。

气动设计是飞行器总体设计的重要组成部分,在飞行器设计中占有重要的地位。飞行器的许多性能如平飞速度、高度、航程、稳定性及操纵性,在很大程度上取决于气动设计。有时气动设计能否取得关键性突破,将直接影响整个飞行器设计的成败。因此,气动设计常被称为飞行器设计上的"先行官"。

气动设计的内容广泛,需要说明的问题众多。这里重点针对飞行器气动设计相关理论和方法进行总体介绍,阐述空气动力学设计的任务地位,说明设计要求、设计步骤和主要内容等。

1.1.2 气动力学和气动设计的任务

1. 气动力学的任务

飞行器是在地球大气层中运动的,这有别于航天器。飞行器的飞行状态取决于它所受的重力、发动机推力及飞行中飞机部件产生的气动力。在匀速飞行时,飞行器处于平衡状态,重力和推力的合力必须等于气动力的合力。在平飞这种特别简单的飞行状态下,以翼型代表飞行器,作用在翼型上的气动力如图 1.1 所示。在这种情况下,平衡条件是:在垂直方向上重力等于升力,在水平方向上推力等于阻力,其中升力和阻力分别是气动力合力在垂直和平行于飞行速度方向上的分力。若飞机处于非匀速飞行状态,则其所受的力还要加上惯性力。

飞行器空气动力学研究飞机运动时其部件乃至整体上所承受的气动力。对空气动力特性(常简称气动力特性或气动特性)起作用的最重要的部件是机翼、机身、尾翼和发动机。气动力与这些飞机部件的几何形状、飞行速度和空气的几种物理性质(如密度和黏度)的关系相当密切和复杂。

飞行器空气动力学的任务主要有两个方面:

第一个方面,计算给定外形飞行器的气动力,这是一个正问题,结果应当是唯一的。

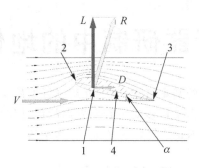

1—空气动力作用点；2—前缘；3—后缘；4—翼弦

图 1.1　作用在翼型上的空气动力

第二个方面，确定所要求的流动状态或气动指标的飞行器部件的形状，这是一个设计问题，也就是反问题，结果不是唯一的。也就是说，可以有多个满足要求的结果。

在给定气动力、飞机重力和发动机推力的情况下研究飞机的运动，是飞行力学领域的任务。除了包括飞行性能问题以外，还包括飞行特性的问题，如飞机的操纵性和稳定性。

飞行器气动计算主要涉及飞机空气动力学任务的第一个方面，而飞行器设计则主要涉及上述任务的第二个方面，它是飞机空气动力学内容的深入和发展。由于气动力与飞机部件、飞行速度和空气流动之间的复杂关系，反问题的求解既需要有对正问题的深刻理解和认识，还需要有创造性和实践经验的帮助。因此，气体动力学基础和部件空气动力学知识是气动设计的重要基础。

本书所介绍和讨论的内容与这两个方面都有关系，但是以满足第二个方面的需求为主线组织的。

2. 气动设计的任务

在飞行器设计中，气动设计的任务是：设计飞行器暴露在空气中各部件的气动外形及相对位置，预测并最后确定飞行器气动外形的气动特性。

所谓的气动外形即理论外形，它是飞行器总体部位安排（气动布局）和结构设计的依据，下面给出了一架典型飞机各主要部件的示意图，如图 1.2 所示。其中，机翼的主要功能是产生升力，机身的主要功能是承受有效载荷，把各部件连结为一个整体；尾翼的主要作用是操纵飞机和保持飞机的稳定性。

气动特性包括各种气动系数、压力分布等，它们是进行弹道计算、载荷计算、控制参数选择、发动机推力选择、材料选择的原始依据。当飞行条件确定后，飞行器的气动特性只取决于气动外形，而气动外形的优劣又要由气动特性的好坏来衡量。因此，飞行器的气动设计与气动特性预测是紧密相连的。一般来说，每设计一种气动外形就应当进行一次气动特性预测，当气动外形最后选定时，就要确定该外形的全部气动特性。

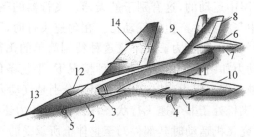

1—机翼；2—机身；3—发动机进气口；4—起落架主轮；5—起落架前轮；6—升降舵；7—水平安定面；
8—方向舵；9—垂直安定面；10—副翼；11—襟翼；12—驾驶员座舱；13—空速管；14—翼刀

图 1.2　飞机的主要组成部分

由于气动设计涉及空气动力学领域的许多问题，从理论上全面分析和解决这些问题是非常复杂且困难的，因此本书重点分析飞行器设计中遇到的空气动力学问题的物理机理和概念、设计理论和方法,并结合理论分析和已有研究的试验结果,介绍原则性的解决方法。

1.2　飞行器设计与气动设计的关系

气动设计是飞行器设计的核心内容和前提基础,飞行器设计的需求对气动设计提出很高的要求,同时气动设计的水平又决定了飞行器所能达到的性能。

1.2.1　飞行器设计要求

飞行器与其他机器不同,最突出的是要在空中飞行,具有高的运输效率和良好的飞行性能,因此对它的外形有严格要求,以满足空气动力学的特点。为了能在空中飞行并有一定的运输效率,必须严格控制飞机的空载重量。世界上所有飞机设计部门都有一句共同的名言,即"为减轻飞机的每一克重量而奋斗"。

除此以外,因为飞机是在空中飞行的,一旦出现故障不能停在空中修理,所以从设计开始就必须注意飞机的高品质要求,包括可靠性、安全性、维修性和技术寿命等。要实现这些要求,设计出好的飞机,就必须采用先进的科学技术,还要继承成功的实践经验。

归纳起来,飞行器设计的要求包括气动、结构、控制、发动机、机载系统等方面,每一方面都很重要。其中对于气动设计的要求是最基础和最关键的,也是飞行器区别于其他交通工具和机械产品的主要特征。

1.2.2　飞行器气动设计要求

在飞行器气动设计中,气动外形设计要按照一定的设计原则进行,气动特性的预测则要求达到一定的准确度。

1. 气动外形设计原则

飞行器技术指标是气动外形设计的依据,它主要有飞行速度范围、高度范围、航程、起飞着陆质量、动力装置形式等,气动外形设计在考虑气动特性先进技术的同时,还要考虑结构的合理性及制造的经济性,一般的设计原则如下:

① 气动外形应有良好的气动特性。平飞时升阻比较高,全机纵向、航向静稳定性好,操纵面效率高,且在设计范围内无畸变。

② 结构上是能够实现的,且保证起飞、降落、机动飞行时安全可靠。

③ 应考虑气动外形的继承性,使飞行器制造的周期短、成本低。

2. 气动特性预测的准确度及其影响

在设计中,气动特性预测的准确度越高越好,即要求预测的误差尽可能地小。据统计,目前气动参数预测的结果相对误差一般为 $10\%\sim25\%$,个别(如升力、侧力系数)可小于 10% ,少数(如滚转力矩系数、铰链力矩系数和动导数)会超过 30% 。

设计飞行器的性能与所获得的气动力系数有着密切的关系,气动性能预测误差必将给性能指标的确定带来相应的误差。因此,在确定飞行器技术指标的参数误差范围时,必须考虑气动系数误差的影响,并找出两者之间的相应关系:如 20% 的升力误差,将给飞行器动力航程带来 10% 的误差; 10% 的阻力误差,也将给飞行器的动力航程带来 10% 的误差。这些关系有较大部分是经验性的,可通过有关研究获得。

3. 气动设计的综合性

要制造出飞机,并使飞机能在空中安全飞行,必须依靠各种专业技术和系统来完成,技术方面主要有空气动力学、结构力学、材料学、制造工艺等,系统方面主要有飞行控制系统、动力系统等。飞机设计需要通过整体性能优化,达到规定的战术技术要求。如果各技术专业都只从自身的角度出发来设计飞机,那么得到的飞机将是一架不可用的飞机。气动设计必须与总体及其他分系统设计相互配合,不能只按气动要求设计。由于其他系统的限制条件,气动设计经常要做出必要的让步,而其他系统间也要相互协调。

1.3 空气动力学进步促进飞行器发展

空气动力学一直在各种飞行器研制中起着先行和关键的作用,其发展水平对飞行器的先进性起到了决定性作用。

目前,战斗机的发展已经经历了几代:20 世纪 50 年代喷气发动机的出现,促进发展了第一代超声速战斗机(米格-15、F-86 等);20 世纪 60 年代,在大后掠角机翼和面积律等气动难题得到突破的基础上,发展了第二代战斗机,使飞机速度增加到 2 倍声速(米格-21、F-4、法国幻影Ⅲ等);20 世纪 80 年代,非线性升力技术、边条翼布局等气动新技术取得突破,发展了第三代战斗机(苏-27、F-15 等);20 世纪 90 年代以后,翼身融合一体化设计等新技术获得突破,发展了以美国 F-22 为代表的第四代战斗机,其在气动设计上兼具隐身超声速巡航、超视距作战能力、高机动性和敏捷性等性能要求。总的来说,从几代战斗机的发展来看,空气动力学对其更新换代起到了关键性作用。

另外,从民航客机的发展趋势来看,优良的空气动力特性是民航客机获得优异巡航性能、起降性能、操稳性能等的有力保证。从 1952 年英国“彗星”号喷气式客机开始,大型民航客机的发展就几乎与空气动力学的进展密不可分,增升装置、超临界机翼、翼梢小翼、流动控制等技术的发展和突破,大大促进了民航客机的发展。

自从飞机诞生以来,气动设计在飞机的研制中所起的作用也是在不断变化的,虽然其他专业也在不断发挥重要作用,但气动设计的作用依然是举足轻重的。

1.3.1 飞机诞生前后的早期时代

风筝、竹蜻蜓、孔明灯、古代火箭、走马灯等作为中华民族古代璀璨文明的产物,对于飞行器的诞生起到了重要的启蒙作用。伟大的画家达·芬奇还在他的画作里绘制了飞行器的草图。这些都孕育着朴素的空气动力学思想。蒙哥尔费兄弟发明的热气球则得益于空气动力学中的静浮力在飞行器中的成功应用。

➢ 凯利的贡献

19 世纪初期,英国的乔治·凯利进行了多方面的研究和试验,为重于空气的航空器创立了必要的飞行原理,从而使飞行探索进入更科学的阶段。他在 1809 年发表了重要著作《论空中航行》,被认为是现代航空学诞生的标志,他被后人尊称为“航空之父”。莱特兄弟曾说过:“我们的成功完全要感谢那位英国绅士乔治·凯利,他写的有关航空的原理,他出版的著作,可以说毫无错误,实在是科学上最伟大的文献。"

凯利的主要贡献有:

① 他首先提出利用固定机翼产生升力并利用不同的翼面控制和推进飞机的设计概念。在他的学说中,有一段阐述飞行器基本原理的论述,在今天看来依然十分精辟和准确,即"机械飞行的全部问题是向一块平板提供动力,使它在空气流中产生升力,并支持一定的质量"。该原理为后来的探索者指明了方向。

② 他将鸟的上升和前进两种功能从概念上区分开来,并初步勾画出现代飞机及其部件的轮廓,如机身、机翼和尾翼等部分。他又指出飞行器必须迎风飞行,必须有垂直的和水平的舵面。

③ 他的研究涉及飞行的机械原理,即重力、升力、阻力和推力之间的关系。

④ 他不但设计制造出最早的旋翼飞行器模型,还设计制造出最早的能载人的滑翔机。

可以说,凯利的努力在空气动力学的可行性方面为飞机的诞生奠定了基础。

> ### 李林达尔的贡献

德国工程师、滑翔家李林达尔通过研究鸟类的飞行规律,反复开展滑翔机飞行,为飞机的飞行解决了稳定性和操纵性问题。他还通过反复的试验,证实了当时许多人使用的平板翼面完全不适合飞翔,只有像鸟翼那样的拱形翼面才适合飞行,而且能大大节省动力。

> ### 莱特兄弟的贡献

飞机的发明者莱特兄弟则在前人的基础上,进一步从理论和实践两个方面解决了飞机的稳定性和操纵性问题,并成功地解决了发动机的动力和减重问题。他们认为飞机的平衡、俯仰和方向改变,都可以通过偏转舵面来实现;同时又发明卷角翼尖保证横向的操纵,从而实现了飞机绕三个轴的运动。莱特兄弟在研制飞机的过程中,还发明了风洞,专门用于研究飞机部件的空气动力学,为飞机设计直接提供了必不可少的数据。他们还进行了大量试验,收集了比前人更精确的数据,从而设计出了更高效的机翼和螺旋桨。这个时期,经过大量的飞行试验,验证了他发现的飞行原理,初步解决了飞行时的稳定性和操纵性问题。此后,飞机得到了蓬勃发展。

> ### 儒科夫斯基翼型理论

19 世纪后期到 20 世纪初,航空先驱者在设计飞机时几乎都采用了大弯度的薄翼型,具体参数是根据风洞试验获得的。这种翼型虽然升力较大,但阻力也很大,升阻比较低。俄国的儒科夫斯基提出了一种变换式,第一次用理论方法设计出了一种理论翼型(双参数翼型,用相对厚度和相对弯度表示,中线是圆弧,后缘角等于 0,即很尖的后缘)。这种变换式和儒科夫斯基翼型,成为后来翼型理论研究和设计的基础。经过空气动力学家的发展,翼型理论成为翼型研究、设计和修改的重要依据。从此,飞机设计师不再需要自己设计翼型了,只需根据具体要求选择即可。

1.3.2　活塞螺旋桨飞机时代

飞机最早使用活塞发动机提供动力驱动螺旋桨产生拉力/推力,这个时期持续了很长时间直到喷气式发动机的出现。喷气式飞机出现后,螺旋桨飞机在航空领域依然占有一席之地,除了使用活塞式发动机驱动螺旋桨之外,更多地使用以涡轮喷气发动机作为核心机发展出来的涡轮螺旋桨发动机。

➢ 单翼机代替双翼机

飞机发明后不久就用于战争中,第一次世界大战的爆发将飞机真正推上了军事历史舞台。早期的飞机由于结构刚度和强度的限制多采用双翼机形式,但这种飞机空气阻力大、飞行速度慢,越来越难以满足军事应用的需求。铝合金在飞机上的应用使得单翼机成为可能。20世纪30年代,由于新技术的出现和飞机使用的新要求,使大型客机、轰炸机、战斗机都由双翼机过渡到单翼机。到第二次世界大战,战场上几乎看不到双翼机了。相比于双翼机,单翼机空气阻力小、飞行速度快。

通过几十年的发展,螺旋桨飞机的气动布局逐渐稳定、气动效率逐渐提高,对飞机性能起到支配作用的空气动力学也得到了较大的发展,具体体现在:单翼布局成为主流,增升装置、新型翼型和减阻技术逐渐发展等。

1.3.3 喷气式飞机时代

20世纪30年代,活塞螺旋桨飞机的最高时速已经达到755 km/h。但进一步提升速度遇到了极大的困难,面临阻力剧增、升力减小、低头力矩很大、翼面发生抖振、操纵恶化等严峻问题。当时人们普遍认为这是无法跨越的难关,称为声障。后来空气动力学的研究揭开了声障之谜:当飞机的飞行马赫数超过某一个值时,飞机上局部的气流流速处于超声速状态,出现激波,使阻力急剧上升;激波与边界层相互作用导致升力和俯仰力矩急剧下降,产生激波失速,边界层分离,并引起抖振。

到了20世纪40年代中期,随着喷气发动机和飞机的诞生,迎来了航空工业发展的喷气式飞机时代。早期的喷气式飞机还是亚声速的,但随着空气动力学的进步和喷气式发动机推力的增强,突破声障成为可能。但由于刚开始后掠翼还不成熟,喷气式发动机的推力还不够强劲,因此最早突破声障的X-1验证机采用了火箭发动机和直机翼布局。当然,之所以能够突破声障,主要是靠火箭发动机的强大动力,并且采用尖头外形减少了阻力。

➢ 后掠翼

X-1虽然突破了声障,但还不能持续超声速飞行。后来人们通过研究发现,要实现持续的超声速飞行,还必须采用各种气动设计措施,以更加有效地降低跨声速区域的气动阻力,最主要的思路就是采用后掠机翼布局。

后掠机翼即机翼各剖面沿展向后移的机翼,后掠机翼布局是实现持续超声速飞行的第一种行之有效的气动布局措施。1935年在罗马举行的航空学术会议上,德国空气动力学家阿道夫·布泽曼提出了超声速飞行的后掠翼概念,试图将后掠翼用于高亚声速飞行,但是首次后掠翼模型风洞试验却是在1939年12月由其他研究者在新建风洞中完成的。之后,各国的飞机设计师耗费了很多精力才把后掠翼应用到飞机上。

后掠翼的特点是:可以减小空气压缩性对气动特性的影响,推迟激波的产生,削弱激波强度,降低激波阻力,迟缓出现跨声速物面的各种异常现象。第一种带后掠翼的高速飞机是德国的Me 262 Schwalbe,第二次世界大战期间,德国飞机的飞行马赫数Ma已经高于0.7,接近当今大多数民航飞机的速度水平。后来出现的F-86和米格-15,其机翼都采用了后掠翼。

在第一代喷气式战斗机问世以后,以美、苏/俄等航空大国为主,经历了曲折的历程,陆续发展了第一代至第四代超声速喷气式战斗机(喷气式战斗机分代标准有四代和五代之分,我国尚未公布最新的五代标准，故本书仍沿用四代划分方法）。

1.3.4　气动性能日益增长的时代需求

喷气式飞机的出现把航空界带入了喷气飞行时代，飞行速度和飞行高度不断提高，飞行边界不断扩展。飞行性能提升的迫切需求，也对气动性能提出了日益增长的时代需求。

20 世纪 50 年代初，美、苏两国在战斗机的发展上，都力争"三个最"：速度最快、高度最高、航程最远。其中，能够进行持续超声速平飞是首要目标。在这个时期，超声速喷气式战斗机投入实用，最大马赫数 Ma 达到了 1.3～1.5，形成第一代超声速战斗机，F-100 和米格-19 是其中的典型，它们曾是 20 世纪 50—60 年代多国空军的主力机型。此后，超声速战斗机发展到第四代。其中，气动力设计和试验的理论和手段都得到了不断的提升。

1. 面积律减阻

持续超声速飞行需要最有效地减少空气阻力的气动布局措施，而面积律所反映的正是飞行器做跨声速或超声速飞行时，其零升阻力与飞行器的横截面积沿其纵轴分布之间的关系。

1952 年，美国空气动力学和航空工程师理查德·惠特科姆通过风洞试验发现：当飞行马赫数接近于 1 时，飞行器的零升阻力是其横截面积分布的函数，且与具有相同的横截面积分布的旋成体（当量旋成体）的零升波阻力基本一致。他设想：若能按最小波阻力旋成体的横截面积分布来调整飞行器的横截面积，可以使飞行器跨声速飞行时由于出现激波而导致零升阻力激增的马赫数推迟，激波强度也可以明显降低。这就是面积律减阻的思想。根据这一思想，他设计出了大后掠角、小展弦比三角翼气动布局。

与后掠机翼相比，大后掠角、小展弦比的三角翼气动布局的优点是：阻力小，气动中心随马赫数变化小，结构强度与刚度大为改善。根据面积律设计的第一架原型机 YF-102A 于 1954 年 12 月 21 日试飞成功，飞行高度达到 12 000 m，飞行马赫数达到 1.25。

2. 变后掠翼飞机

1946 年，英国人和美国人开始研究可变后掠翼概念，创造性地解决了高速飞机的低速问题，打破了飞机的几何外形在整个飞行过程中保持不变的模式。飞机在起飞和着陆、低速飞行时，令机翼具有小后掠角、大展弦比的外形，以提高飞机的升阻比，缩短起飞/着陆距离；超声速飞行时，令机翼具有大后掠角、小展弦比，以降低飞机的波阻。1964 年 12 月 21 日，第一架可变后掠机翼的战斗机 F-111A 首次试飞成功。

3. 超临界翼型减阻

对于需要在高亚声速巡航的运输类飞机来说，如何推迟激波的产生以减小波阻是设计时需要重点考虑的，超临界翼型的诞生为达到这一目标提供了有效途径。超临界翼型是一种为提高临界马赫数而采取的特殊翼型，能够使机翼在接近声速时阻力剧增的现象推迟发生。它是由理查德·惠特科姆于 1967 年提出的。与普通翼型相比，超临界翼型的特点是前缘钝圆、上表面平坦，下表面在后缘处有反凹，且后缘较薄并向下弯曲。特殊的气动外形使超临界翼型在较高马赫数时，上表面无明显加速，仍能保持均匀的低超声速流动，波前马赫数不高，激波位置靠后且强度较弱。但它由于上表面平坦，在减缓气流加速的同时，也会减小升力，为克服这一缺点，可增加下翼面后缘部分的弯曲来弥补升力的不足。

另外，为了减小诱导阻力，采用翼梢小翼也是非常有效的手段。为了减小部件之间的干扰阻力,采用部件间的整流措施,进而采用翼身融合布局也能起到较好的效果。当然,翼身融合设计在各个飞行速度范围都有较好的应用,起到了很好地减小干扰阻力的效果。

4. 突破热障

在喷气发动机研制成功和后掠翼、面积律等基本航空理论研究获得突破以后,超声速战斗机相继问世,战斗机飞得越来越快,飞行速度达到 $Ma=2$ 的战斗机进入美、俄两国空军部队服役。与此同时,当飞机达到 $Ma=2$ 或更高速度后,机身温度就会升高至 100 ℃以上,某些部位可能高达 200 ℃。当速度进一步达到 $Ma=3$ 时,飞机的某些部位温度可能会升至 500 ℃,这时飞机上的金属蒙皮被加热产生变形,温度再高,甚至熔化烧毁。要进一步提高飞行速度,如何突破热障摆在航空工程师的面前,这需要在防热材料方面下功夫,同时也需要研究这种飞行条件下的空气动力和气动加热的问题。当飞行马赫数达到 $Ma=5$ 时,飞行进入高超声速飞行阶段,气动加热现象非常严峻,是设计需要首先考虑的问题。

5. 高超声速钝头体理论

超声速飞机为了减小激波阻力,普遍采用尖锐机头和尖前缘薄翼型。但对于航天飞机这一类返回式的飞行器,由于飞行速度太大,在一般超声速飞行中不太重要的现象——气动加热就非常突出了。为了缓解气动加热问题,返回式航天器普遍采用钝头体设计。这与常规的超声速飞行器的设计理念是截然不同的。提出高超声速钝头体这一革新概念的是美国 NACA 的研究人员哈维·艾伦。这一概念的提出,让 20 世纪 50 年代进行高超声速飞行成为可能。他的研究表明,钝头体虽然阻力大于尖头体,但气动加热明显小于尖头体。原因是:尖头体产生的激波是附体的,激波较弱,周围空气的温度相对较低,但热量大部分都传递到了飞行器;而钝头体产生的脱体激波更强,它与机身表面隔开一个距离,称为激波分离距离,周围空气的温度虽然很高,但这也意味着飞行器的原始能量相当程度上传递给了大气而不是机体。因此,采用钝头体设计可以很好地缓解气动加热问题。

总之,飞行性能的提升需求对气动力分析和设计的水平提出了更高的要求。而气动力技术的不断进步,也促进了飞行器性能的不断提升。这也就使得飞机的气动外形不断优化,以期获得更好的飞行性能。

从上面关于飞行器的发展和飞机气动布局的演变历程中可以看出:

① 飞行器的发展进步与空气动力学密切相关,早期空气动力学的进步曾给飞机性能带来巨大的提升。

② 现有不同类型的飞行器,气动布局与设计方法有较大的差异,这都是经过历史锤炼不断发展而来的。前人形成了包括标准翼型、各种典型的气动布局等优秀成果,未来的飞行器气动设计应当了解甚至熟知典型飞机的相关特性和参数,应当吸收这些成果中的主要思想,在其基础上不断发展。

③ 飞行器总体设计中涉及的学科较多且相互联系,气动设计只是其中之一,需要从总体出发在各个学科之间找到平衡点。

1.4　空气动力学的分类和研究方法

1.4.1　空气动力学的分类

空气动力学是研究物体和空气之间有相对运动时,即物体在空气中运动或物体不动而空气流过物体时,空气的运动规律及作用力(空气内部的和空气对物体的)所服从的规律。这一学科是随着航空事业的发展而发展起来的,传统上所说的空气动力学,指的都是飞行器的空气动力学,尤其是指普通飞机的空气动力学。

飞机之所以能在大气中做持续的飞行,全靠空气给它的反作用力,空气的力托住它的重量,使之不坠;不过,空气还同时给飞机一个阻力,阻碍它的前进。因此,要想使飞机飞得好,需要研究空气动力学,这是毋庸置疑的。能载人的实用飞机自从 20 世纪初出现以来,它的发展是极其迅速的,到 20 世纪 50 年代末期有了人造地球卫星,60 年代末期已经实现了往返月球的宇宙飞行。尽管人造卫星和宇宙飞船的主要活动场所远远超出了大气层,可是,这些太空飞行器的起飞和返航仍要穿过紧挨着地面的稠密大气层,为此仍要和大气打交道。所以,研制所有这些飞行器,包括飞机和太空飞行器等在内,都需要研究空气动力学。

空气动力学是流体力学的一个分支。流体力学又是物理学的一个分支,它研究的是流体(包括液体和气体)中的作用力和流体的运动规律。流体力学可分为流体静力学和流体动力学。前者研究的是流体静止时的作用力;后者研究的是流体运动时,其运动的规律和作用力的规律。空气动力学则是将流体动力学应用于飞行器运动研究的进一步发展。

除了飞机空气动力学之外,现代工业也有许多用到气流来工作或与气流打交道的场合,都要应用流体动力学的原理来对问题做深入研究。这就逐渐形成了另一门空气动力学,称为工业空气动力学。工业空气动力学要处理的问题范围很广,包括:涡轮机、轴流式压气机、离心式压气机等叶片机中的气动力问题,鼓风机和高炉中的气流问题,大建筑物中的暖气通风问题,以及高大建筑物的风压问题等。自然界的气象问题也有很大一部分是气流风的问题。

飞行器的空气动力学又可按飞行的速度范围划分为几个部分:处理低速问题的称为低速空气动力学;处理高速问题的称为高速空气动力学。在高速范围内,有一个重要的划界速度,那就是声速,研究飞行速度低于声速的问题称为亚声速空气动力学,超过声速的称为超声速空气动力学,而研究飞行速度在声速左右的问题则称为跨声速空气动力学。有的实验性的飞机速度达到了声速的 7 倍以上,洲际导弹和宇宙飞船重返大气时,飞行速度甚至能达到声速的 30 倍以上,这类的飞行称为高超声速飞行。一般规定,在超声速飞行中飞行速度小于 5 倍声速的飞行称为超声速飞行,飞行速度大于 5 倍声速的飞行称为高超声速飞行。在高超声速条件下,会出现一般超声速飞行所没有的新问题。研究这方面问题的学科,称为高超声速空气动力学。宇宙飞船在外层大气中飞行,那里的空气是十分稀薄的,处理这方面问题的有稀薄气体力学。在外层大气里空气分子是离子化了的,成为一种可以导电的流体,这种流体又处于电磁场内,飞行器在这种流体里运动,就要考虑电磁力的作用,这就又有了一门称为电磁流体动力学的学科。

本书限于讲述常规飞行器即普通飞机的空气动力学,包括低速空气动力学、亚声速空气动力学和超声速空气动力学的基础知识。对于高超声速空气动力学,本书只介绍一点基础知识;

而对于稀薄流和电磁流,则不做介绍。

按飞行马赫数划分的不同速度范围的空气动力学的适用范围及其特点如表1.1所列。

表1.1　不同马赫数范围的空气动力学

名　称	马赫数范围	特　点
低速空气动力学	$0<Ma<0.3$	不可压流,密度不变
亚声速空气动力学	$0.3<Ma<0.8$	可压流,密度变
跨声速空气动力学	$0.8<Ma<1.2$	可压流,密度变,亚声速流动和超声速混合流动,开始出现激波
超声速空气动力学	$1.2<Ma<5.0$	可压流,密度变,全场超声速流,速度较高时出现气动加热
高超声速空气动力学	$Ma>5.0$	可压流,密度变,气动加热显著

针对不同速度的空气动力学问题,在不同的分析状态下适合采用不同的分析方法,各种气动力分析方法的关系及其适用范围,将在第2章进行介绍。

1.4.2　空气动力学的研究方法

空气动力学的研究方法与物理学的各个分支的研究方法一样,有理论的和实验的两种。这两种方法不是互相排斥的,而是互相补充的。就一门学科来说,既要发展实验的研究,又要发展理论的研究。实验研究能给我们许多感性认识,能发现物理现象,能获得大量定性的和定量的资料供设计参考,并在分析得出规律性的结论之后,用实验重新验证所得出的规律是否成立,是否真实。实际的现象往往是很复杂的,同时会有许多因素在起作用。研究的任务在于分清这些因素的作用,首先是把次要的因素略去,只研究主要因素的作用。这种摸清因素的主次,先抓住主要因素的作用,然后把次要因素的作用一条条地作为修正加上去的办法在科学研究上是经常使用的。空气动力学的研究也是这样做的。

理论研究是运用基本概念、定律和数学工具对一个具体问题做定量的分析,以获得定量的结论。空气动力学的理论研究通常用一种严格的数学方法,在一组规定的具体边界条件或初始条件下,去求解气流所遵循的微分方程。数学在求解空气动力学问题时是一种必不可少的强有力的工具。这就是说,需要有很好的数学解析的基础。近年来,随着大型高速电子计算机的出现,逐渐形成了计算空气动力学。一架具体的飞机,外形是很复杂的,要想求得解析的解是不可能的。现在,用电子计算机已经能够做数值计算,把流动情况都算出来,把作用在飞机上的各种气动力都算出来。这种数值计算,如何能算得准,如何能提高效率,是近几十年来空气动力学的重要研究内容。一旦有了好的算法之后,对同一类的飞行器(如常规的飞机)就可以编成通用的计算程序,保存后随时调用。

实验研究的设备是各种类型和各种尺寸的风洞,还有各种测试仪器。现代化的测试仪器都是自动化的,配有专用电子计算机,实验一旦做完,数据就整理出来,曲线也画出来了。除风洞实验之外,空气动力学的实验研究还有飞行试验。

理论的分析结果需要和实验结果做比较,以确定理论的可用性;反过来,实验研究也需要理论的原则指导,否则会陷入盲目状态,失去方向。总之,研究方法应该是理论联系实际的方法。

空气动力学的研究方法随着技术的进步和飞行器的发展逐渐形成了理论空气动力学、试验空气动力学、计算空气动力学三大门类,如图 1.3 所示。在实际工程中,只有三者有机结合,才能在性能/价格上获得成功。应该充分理解三者之间的关系,正确认识三者的一致性和差异性。

图 1.3　不同空气动力研究方法的相互关系

1.5　飞行器研制不同阶段气动设计的主要内容

飞行器的研制可分为 5 个阶段:论证阶段、方案阶段、工程研制阶段、设计定型阶段和生产定型阶段。气动设计的相关工作主要集中在前 4 个阶段,每个阶段的内容和要求都有所不同。

1.5.1　飞行器的研制阶段

飞机是一个复杂的系统。新飞机的研制,具有周期长、费用高的特点,因此设计方案一旦决定下来,总是希望能够研制成功,即能够进入批量生产。要做到这一点,就必须按国家的法规和自行研制飞机的经验办事。1995 年原国防科工委曾制定了一个关于《常规武器装备研制程序》的正式文件,按它的规定,新飞机的研制可分为 5 个阶段:论证阶段、方案阶段、工程研制阶段、设计定型阶段、生产定型阶段,如图 1.4 所示。

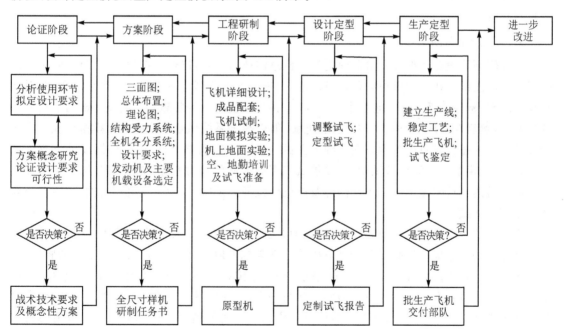

图 1.4　飞机研制的流程图

1. 论证阶段

论证阶段主要是研究设计新飞机的可行性,其工作内容包括:拟定新飞机的战术技术要求,新飞机的总体技术方案以及研制经费、保障条件和对研制周期的预测,最后形成《武器系统研制总要求》。

新飞机的战术技术要求,是由使用部门根据国家的战略方针和将来面临的作战环境,经过分析后对新飞机提出的任务、使命和主要技术特性。研制部门则根据自己的技术储备和可用新技术的预测,拟定满足使用方需求的新飞机的可能的技术方案。经过对新飞机概念性方案的反复修改和对使用部门提出的初步战术技术要求,从技术可行性、经费、研制周期及风险度等方面反复磋商后,形成正式的《武器系统研制总要求》。在这一阶段为了验证技术方案的可行性,必要时还要对所用的关键新技术进行实验验证,如气动布局方案的风洞试验,以使方案的可行性论证有坚实的技术基础。

2. 方案阶段

方案阶段主要是根据批准的《武器系统研制总要求》设计出可行的飞机总体技术方案,即确定飞机布局形式总体设计参数、选定动力装置和各主要系统方案及其主要设备,以及机体结构用的主要材料和工艺分离界面;进而形成飞机的总体布置图、三面图、结构受力系统图,重心位置、性能、操纵安定性计算,结构强度和刚度计算,以及提出对各分系统的技术要求;最终要制出全尺寸的样机,进行人机接口,主要设备和通路布置的协调检查及使用维护性检查。新制飞机的样机在经过使用部门,特别是经空、地勤人员审查通过后,可以冻结新飞机的总体技术方案,开始转入工程研制。

在此阶段必须做方案验证性的风洞试验、结构和系统原理实验,使所有验证计算都建立在可靠的技术基础上。在确定总体技术方案的同时,也应对技术方案在经济和进度上做进一步分析和确定。

3. 工程研制阶段

工程研制阶段是根据方案阶段确定的飞机总体技术方案,进行飞机的详细设计,向制造部门提供生产图纸。在工程研制阶段,制造部门的工艺人员要制定飞机制造工艺总方案,并对详细设计的零、部件图纸进行工艺性审查。同时,各分系统的设备要陆续提交设计部门进行分系统的验证,然后对液压、燃油、飞控、空调、电源、航电等分系统做全系统的地面模拟试验。在详细设计过程中还会对总体技术方案在细节上做一些修改和调整,因此还应根据设计更改后的方案,做全机模型的风洞校核试验,以提供试飞用的准确气动力数据,然后做有飞行员参加的地面模拟器的飞行模拟试验。飞机部件及整机要做静力试验,以验证飞机的强度,起落架还要做落震等动力试验。

飞机总装完以后在试飞前,要做全机地面共振试验,以确定飞机的颤振特性;还要做各系统及其综合的机上地面试验以及全机电磁兼容性等机上地面试验,为放飞前做最后的验证。

飞机在工程研制阶段,应拟定考核其能否满足原定技术要求的试飞大纲,并且应尽早培训空、地勤人员,最好在方案设计阶段他们就参与进来,以便熟悉新飞机的设计思想和特性,正确处理新飞机在试飞中可能出现的问题;同时还应在该飞机的地面飞行模拟台进行重要飞行状态的飞行模拟试验,提前发现飞行品质问题,熟悉飞机的操纵安定性和使用特点。

在放飞以前还应进行充分的地面滑行,以进一步验证在动态过程中机上各系统的工作情况,同时进一步对试飞测试系统做一定的检验。

工程研制阶段的最终结果是试制出供地面和飞行试验用的原型机 4~10 架,并制定试飞大纲,准备好空、地勤人员使用原型机所需的相应技术文件,且具有进行试飞所必需的外场保障设备。

4. 设计定型阶段

新飞机首飞成功后即应按试飞大纲要求,进行定型试飞。但在开始定型试飞前应由研制单位负责,进行飞机的调整试飞,以排除新飞机的一些初始性的重大故障,大致要飞到原设计飞行包线的 80% 左右,再开始正式的国家鉴定试飞以检查新飞机能否达到设计要求。参与鉴定试飞用的原型机可按不同分工完成各自的试飞任务,如有的主要用于考核飞机的性能,有的评定操纵安定性,有的检查颤振,有的检验武器和火控系统等。总之,各负其责,以完成定型试飞大纲规定的所有任务。

在做调整试飞过程中,新飞机肯定会出现各种故障,必要时还应对飞机做局部的修改。在定型试飞过程中还会有故障,当然比调整试飞中出现的要少得多,而且更改大多是机内系统,涉及飞机外形的改动很少。

定型试飞通常需要上千个起落。当试飞科目全部完成后,由试飞鉴定部门和飞行员写出正式报告,上报国家鉴定委员会批准后,方可进入小批量生产。

5. 生产定型阶段

经过设计定型后,新飞机可能还会有一定的更改。特别是工艺性的改进,改进后的飞机进入小批量生产。首批生产的飞机也应经鉴定试飞,主要检查工艺质量,通过后即可进入成批生产。

批生产的飞机,在大量使用中还会出现新的问题,积累到一定程度,可再做一次改进。改进飞机的设计则属于另一循环。当今作战飞机的机体往往有 20 年 4 000~6 000 飞行小时的寿命。在其整个寿命期内,机上设备和发动机的更换是必然的,这往往称为寿命中期改进。

以上所介绍的是军用飞机的一般研制过程;至于民用飞机的研制,大体上也要经过这些阶段。

1.5.2　飞行器设计对空气动力学的要求

飞行器设计是飞行器研制中的重要工作,是一切工作开展的框架和前提。要研制出好的飞机,保证设计质量是关键。飞机设计是一个反复迭代,逐次逼近的过程,其流程如图 1.4 所示。

从流程图可以看出,在每个研制阶段中,设计工作都要通过反复磋商,协调解决各种矛盾,才能达到设计要求。当技术上实在不可能满足要求时,可以与使用部门协商,放宽一些设计要求。

最后形成的飞机设计方案,也是逐次逼近的,而设计方案最重要的阶段是在论证和方案阶段。如果方案设计达不到要求,必须及早修改,差距大时要推翻重来。虽然更改要花费时间,但总比试制后再修改要省工、省钱。设计一种新飞机的典型形成过程如图 1.5 所示。

从图 1.5 可知,在论证和方案阶段基本上确定了飞机的整个构形。论证阶段虽然对飞机方案只是从概念上做研究,即对飞机布局形式、重量粗估、发动机和主要电子设备的选择等做出决策;一旦确定后,飞机总体方案即在此框架内进行深入的总体设计,其方案改动量已不是很大,即飞机构形的确定程度已达 70%~80%。所以,飞机总体设计的工作量,虽然在论证和方案阶段只占总研制工作量或费用的 20%~30%,但在飞机设计方案的技术可行程度方面却

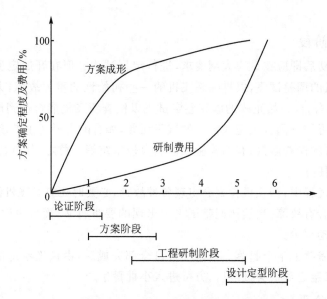

图 1.5　飞机设计各阶段的方案确定程度及费用变化

占 70%～80%。因此，论证和方案阶段对研制新飞机的成功是至关重要的。

气动设计在飞行器研制不同阶段的紧迫性和工作量也是在不断变化的。在论证阶段工作量虽然不大，但气动设计工作却起核心关键作用，这一阶段气动外形可以在较大范围内调整，但最终获得的气动外形在很大程度上决定了飞行器的性能。在后续阶段气动设计的工作量在不断增加，人力和物力的投入也急剧增加，但气动外形所能修改和调整的余地却越来越小。

对于不同用途的飞机有不同的设计要求，因此飞机应按用途分类。从设计角度看，飞机用途往往与飞机具有的重量有直接联系。现行的飞机强度规范和飞行品质规范等都以飞机具有的重量区分飞机种类。一般重量在 10 t 以下的飞机称为轻型飞机，无论军用或民用都能做过载 $6g$ 以上的机动。30 t 级的一般军用战术飞机可以是歼击机也可以是歼击轰炸机，可以做过载 $8g$ 以上的机动。大于 80 t 以上的为远程飞机，军用机大多为轰炸机和运输机或特殊用途的电子侦察、预警等飞机，无须做剧烈的机动，因此其可用过载一般都小于 $4g$；而民用飞机，除教练机和运动飞机外，过载都很低，主要是防止遭遇强突风时飞机的过载增加，而不是考虑做机动飞行，因此其使用过载大都在 $2.5g$ 以下。至于重量仅为 1～2 t 的运动飞机，其过载可达 $10g$ 以上。

按照飞机的用途，确定飞机的设计要求。具体要求由使用部门根据作战需求或运营需求提出草案。要求的内容对具体飞机有专门的项目。一般首先对飞行性能，包括最大飞行速度、升限、航程、上升性能、加速性、减速性、盘旋性能以及起降性能等都要规定具体数值指标，如对于歼击机，主要在最大飞行速度、升限和机动性方面；对于轰炸机和运输机，则更注重一定装载下的航程和起降性能；对于多发动机的飞机，还要在一些发动机出现故障后用剩余发动机工作，此时需要对飞机性能规定一些限定指标。

上述性能的要求，都需要气动设计的支撑，并对飞行器的气动特性提出了很高的要求，必须在气动力设计、气动力分析、气动力试验等方面深入考虑。

1.5.3　飞行器设计三阶段的气动设计内容

飞行器研制的首要工作是设计,而飞行器设计又贯穿于飞行器研制的整个过程,即便是在完成设计定型后进入生产定型阶段,仍有一些设计工作。不过在设计定型后,气动设计的工作就基本上很少了。

飞行器设计又分为概念设计、初步设计和详细设计 3 个阶段。完成这 3 个阶段的设计工作后,才可以进行原型机的全面试制。飞行器气动设计的工作也集中在这 3 个阶段。这 3 个阶段以后,气动专业更多的是配合其他各个专业开展必要的支撑工作。

1. 概念设计

概念设计的设计要求是初步的和方向性的。概念设计要求既可以是使用方提出的,也可以是设计方提供的,可有几种方案供选择。在这一阶段需要提出有利的气动布局形式,一般要对几种布局方案进行比较。

概念设计一般是在纸面上和计算机上进行,方法是经验的或半经验的估算方法,但对于新的设计概念往往需要进行风洞试验和初步验证。

在概念设计中,设计师的经验和判断力起重要的作用。

2. 初步设计

初步设计包括方案设计和打样设计。

(1) 方案设计

方案设计与概念设计的不同是前者有正式而全面的设计要求,最终必须从几个方案中选出一个"最佳"方案,作为详细设计的基础。方案设计又称为总体设计。

飞机气动布局设计的主要工作是在方案设计阶段完成的,包括选择布局形式,确定机翼平面形状和参数、机身外形、尾翼的布置和参数、进气道/发动机/喷管的综合设计、外挂物布局等。

风洞试验是方案设计中的一项重要工作,不同的气动布局方案主要依靠风洞试验来对比,这时的风洞试验叫选型试验。当然,计算分析也是尤为重要的,尤其是气动计算能力的提高让更多的气动分析工作可以通过计算进行模拟,节省了成本、加快了进度。计算分析在方案选择的初期是重要的,为最终选取几种风洞试验方案做准备,是一个反复迭代的过程。

(2) 打样设计

在打样设计中气动力分析和风洞试验都是重要的工作内容。

在飞机方案确定后,气动布局设计已大部分完成,剩下的是一些细节方面的设计,如稳定面和操纵面的面积和偏度的确定、前后缘襟翼的优化、外挂物布局、减速板安排、进气道细节设计等。打样设计中还要开展全面的风洞试验,为气动力分析和详细设计提供原始气动力数据。要制造各种不同的模型进行高低速风洞试验,如全机测力模型和测压模型、进气道性能和畸变试验模型、尾喷管和后体综合喷流试验模型、大迎角试验模型、动导数模型等。

气动力的分析工作在打样阶段进行,它包括性能和作战剖面计算、稳定性和操纵性能分析、大迎角气动特性分析、全机气动载荷计算、进气道/喷管性能分析、气动弹性分析、初步的颤振分析等。

3. 详细设计

详细设计阶段的主要任务为结构和系统的详细设计与分析,发出原型机制造的全套图纸和技术资料。但是在详细设计阶段仍有一定的风洞试验和气动力分析工作。典型的风洞试验包括大迎角状态风洞试验、尾旋风洞试验、外挂风洞试验、投放风洞试验等。有了准确的全机质量分布数据以后，还要进行颤振风洞试验和全面的气动弹性分析。根据详细设计阶段的数据和最新的风洞试验结果，还要进行全面的气动力分析。

不过，随着设计技术的不断进步和型号研制进度的迫切性提升，这一阶段的风洞试验和气动力分析工作通常都尽可能往前安排，争取在初步设计中做更多的工作。

以下分别以民航客机和战斗机为例，说明飞行器设计 3 个阶段的气动设计和试验工作。

以民航客机为例，飞行器设计 3 个阶段的气动设计和试验工作安排如下：

① 概念设计阶段：根据飞机座级、航程、商载等顶层需求进行气动布局初步设计，形成初步三面图，对初步方案进行气动评估。开展初步方案选型风洞试验，包括布局选型、翼型选型等。

② 初步设计阶段：基于飞机气动力设计指标和三面图进行机翼气动设计，包括高速巡航构型机翼设计和低速增升构型机翼设计，设计过程中兼顾巡航机翼、增升装置、短舱、挂架一体化设计，进行翼梢小翼、短舱、机头、机身尾段、尾翼、鼓包、整流罩等部件的气动设计，根据操稳载荷等专业反馈对气动设计结果进行有针对性的优化工作；冻结气动布局方案；根据飞行状态开展气动建模和气动计算，包括高速构型、低速构型、带动力构型等。这一阶段要开展的风洞试验，包括：高速试验、低速试验、结冰试验、气动弹性试验、发动机选型试验、载荷试验等。

③ 详细设计阶段：开展局部的气动优化，包括部件气动设计优化和高低速气动特性优化等。这阶段的风洞试验主要关注突出物、部件载荷，开展各类特种试验，如结冰等。

以战斗机为例，飞行器设计 3 个阶段的气动设计和试验工作安排如下：

① 概念设计阶段：该阶段的主要工作为气动布局方案选型，通过工程估算、数值分析等，初步选出多方案气动布局，通过典型风洞试验初步确定满足需要的飞机气动布局方案。具体的设计分析工作有气动布局形式设计、外形参数选择与优化、安定面/操纵面方案设计与参数选择、机身布局设计、弹舱设计、面积律设计等。主要的风洞试验有翼型方案低速选型风洞试验、翼型方案高速选型风洞试验、气动布局方案低速选型风洞试验、气动布局方案高速选型风洞试验。

② 初步设计阶段：该阶段的主要工作为气动布局细化设计与气动特性确定，通过数值分析、风洞试验等与相关专业完成飞机布局确认和全机气动特性分析。具体的设计分析工作有气动布局优化设计、全机气动特性分析、内埋/外挂气动相容性设计与分析、武器分离安全性仿真分析。主要的风洞试验有全机气动特性风洞试验、典型大迎角气动特性风洞试验、全机阻尼特性风洞试验、典型外挂影响风洞试验、舱门开启影响风洞试验、喷流影响风洞试验。

③ 详细设计阶段：该阶段的主要工作为气动布局细节优化设计，对打样协调和详细设计过程中的布局变化情况进行补充分析和试验，确定首飞前最终气动参数。具体的设计分析工作有完善武器分离安全性参数，并视情开展局部优化设计与分析。主要的风洞试验有武器分离安全性风洞试验，并视情开展其他补充风洞试验。

思考题

1. 试概括分析飞行器研制对气动设计的需求。
2. 试概括空气动力学进步对飞行器发展的促进作用。
3. 试分析不同速度范围的空气动力学特点。
4. 试分析理论空气动力学、计算空气动力学、试验空气动力学三者之间的相互支撑关系。
5. 试以某类飞行器为对象,概括各设计阶段的气动设计内容。

第 2 章　空气动力学的基本概念

本章主要对空气动力学的基本概念进行简单介绍,其深层含义和推导过程可参考空气动力学等专业书籍,具体内容包括连续性、黏性等流体属性与流体静平衡方程及质量方程、运动方程、定常和非定常流等流体动力学基本概念,在此基础上归纳了飞行器绕流特点及其求解层次,为后续各章的学习做铺垫。

2.1　流体属性

2.1.1　连续介质概念

流体力学所处理的对象包括液体与气体,常用“介质”这个名词表示。在本书里介质主要是指空气;而在实验室里有时为了特殊的目的不用空气而采用某种特殊气体,因此用介质这个词更准确些。

气体是由大量分子组成的,每个分子都在不断地做不规则的热运动并彼此碰撞。一个气体分子从一次碰撞到下一次再碰撞所走过的距离称为自由程,各次碰撞之间的自由程并不都是相等的,不过在一定的状态下,该气体中所有分子的自由程是一个平均值,与飞行器的特征尺寸(如平均气动弦长)相比可以忽略。

空气的运动是由飞行器的飞行所造成的,空气发生显著变化的范围一般与飞行器的特征尺寸属于同一数量级,因此空气受飞行器扰动而运动时,不会以分子为单位进行活动,而是大量空气分子一起运动,其所表现出来的性能特征不是每个分子的行为,而是总体的属性。在这个前提下,空气动力学采取所谓的连续介质概念把介质看成是连续一片的流体,假设介质所占据的空间到处都密布了这种介质而不再有空隙。低速空气动力学、高速空气动力学,甚至高超声速空气动力学,都是在连续介质这样一个假设前提下进行研究的。只有到了外层大气里,连续介质假设不再成立,需要用到稀薄空气动力学理论。

在连续介质的前提下讨论介质内部某一几何点 P 处的密度。围绕 P 点取一块微小空间(见图 2.1),设这块空间的容积为 ΔV,其中所包有的介质的质量为 Δm,则该空间内介质的平均密度为

$$\bar{\rho} = \frac{\Delta m}{\Delta V} \tag{2.1}$$

令 $\Delta V \to 0$,这时 $\Delta m / \Delta V$ 的极限值定义为 P 点的介质密度,即

$$\rho_P = \lim_{\Delta V \to 0} \frac{\Delta m}{\Delta V} \tag{2.2}$$

假设 P 点周围的介质密度比 P 点处稍大,图 2.2 所示为 $\Delta V \to 0$ 时真实平均密度的变化情况。当 ΔV 取得相当大时,平均密度大于 P 点的值 ρ_P;随着 ΔV 向 P 缩小,平均密度逐渐向 ρ_P 趋近;直到 ΔV 小到某个值 $(\Delta V)_0$ 时,平均密度都保持不变;当 ΔV 继续缩小并向零趋近时,它所包含的介质分子数就可能不是常数了。在某一时刻,如果有几个分子飞出 ΔV 域,则平均

密度就会突然显著变小;反之,如果恰好有几个分子飞进 ΔV 域,则平均密度又会突然显著变大,ΔV 越小,这种忽大忽小的情况越严重。在连续介质前提下的某一点密度指的就是 $(\Delta V)_0$ 时的平均密度,并不是 ΔV 真正无限小时的情况。这个 $(\Delta V)_0$ 的尺寸,从数量级上说,应该大于分子的平均自由程,但相对于飞机的尺寸来说则可以把它当作一个几何点来看待。

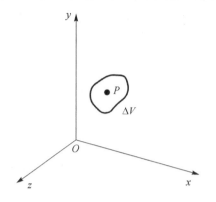

图 2.1　某一点 P 处密度的定义

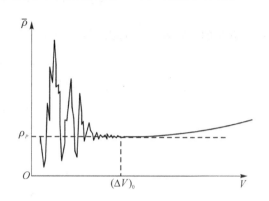

图 2.2　平均密度与 ΔV 的关系

空气动力学里所用的密度都是质量密度,即单位容积中介质的质量有多少,度量单位采用国际单位制。

在以后的分析里,往往要取一块尺寸极微小体积内的介质来研究它的运动情况或分析它所受的力。既然已经采用了连续介质的概念,当然不能取一个分子,而必须取一小块介质,把这样的一块微量的介质取名为"微团"。流体的微团尺寸是很小的,相对于飞行器的尺寸而言,可以把它设想为无限微小。

2.1.2　流体内部压强

从任意一个受力固体构件的内部剖面来看,其所作用应力的方向一般包含法向和切向。从流动流体的任意一个内部剖面来看,一般也有法向应力和切向应力两种。切向力是由黏性产生的,只有在流动时才会出现,静止流体不能承受切向力。法向应力总是有的,不论流体是静止的还是流动的。流体中的法向应力称为压强,其正指向与法向应力相反,法向应力以张力为正,而压强则以压力为正,压强的单位是 Pa。

在无黏液体内,不论流体是静止的还是运动的,其压强都是位置的函数 $p=p(x,y,z)$,但在同一点上,压强是不随受压面的方位不同而变化的。取一个坐标系 x、y、z,如图 2.3 所示,再取一个可包围住无黏流体 P 点的微小四面体,设 $OA=\mathrm{d}x$、$OB=\mathrm{d}y$、$OC=\mathrm{d}z$,作用在 BOC 面上的压强为 p_x,AOC 面上的压强为 p_y,AOB 面上的压强为 p_z,而作用在斜面 ABC 上的压强为 p。在 x 方向上,作用在 BOC 面上的压力为 $p_x\left(\dfrac{1}{2}\mathrm{d}y\mathrm{d}z\right)$,指向正 x;作用在 ABC 面上的压力为 $p(\mathrm{d}S)$,$\mathrm{d}S$ 代表 ABC 的面积,这个力在 x 方向的分力是 $p(\mathrm{d}S)\cos(\boldsymbol{n},\boldsymbol{x})$,此分力指向负 x 方向。运动的流体微团可能存在加速度 a,则微团的惯性力正比于其体积和密度。因为体积 $\dfrac{1}{6}\mathrm{d}x\mathrm{d}y\mathrm{d}z$ 是三阶小量,所以惯性力和上述两个压力比较起来,是高一阶的小量。x 方向的力平衡方程为

$$\frac{1}{2}p_x \mathrm{d}y\mathrm{d}z - p\cos(\boldsymbol{n},\boldsymbol{x})\mathrm{d}S = \rho\left(\frac{1}{6}\mathrm{d}x\mathrm{d}y\mathrm{d}z\right)a \tag{2.3}$$

令 $\mathrm{d}x,\mathrm{d}y,\mathrm{d}z \rightarrow 0$，略去高阶小量，得

$$\frac{1}{2}p_x \mathrm{d}y\mathrm{d}z - p\cos(\boldsymbol{n},\boldsymbol{x})\mathrm{d}S = 0 \tag{2.4}$$

$\mathrm{d}S$ 在 x 方向的投影就是 $\frac{1}{2}\mathrm{d}y\mathrm{d}z$，可得

$$p_x = p \tag{2.5a}$$

同理，从 y 向和 z 向的压力平衡关系可得

$$p_y = p \tag{2.5b}$$

$$p_z = p \tag{2.5c}$$

即

$$p_x = p_y = p_z = p \tag{2.6}$$

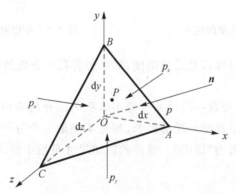

图 2.3　无黏流体中的四面体受力示意图

图 2.3 中的坐标系方位是随意取定的，式(2.6)的结果说明：无黏流体内部任意一点的压强其值与压力方向无关；无论流体是静止的还是流动的，这个结论都是成立的。

2.1.3　完全气体的状态方程

完全气体是气体分子运动论中所用的一种模型气体。其分子被假设为完全弹性的微小球形粒子，内聚力十分微小，可以忽略不计，只在碰撞时才起作用。微粒的实际总体积与气体所占据的空间体积相比较是可以忽略不计的。远离液态的气体基本符合这些假设，在处理问题时，可认为空气是完全气体。

气体流动时，其内部各点的温度是可以不相同的。气体温度 T 都是用热力学温度（单位 K）来表达的，任何状态下的气体其压强、密度和温度三者之间存在着函数关系，即

$$p = p(\rho, T) \tag{2.7}$$

此关系称为气体的状态方程。完全气体的状态方程特别简单，其表达式为

$$p = \rho R T \tag{2.8}$$

这就是完全气体的状态方程，其中的 R 称为气体常数，每种气体都有自己的 R 值。空气是一种混合气体，低层空气在没有十分高的温度以及没有出现离解的情况下，气体常数 $R = 287\ \mathrm{J/(kg \cdot K)}$。如果空气组分发生变化，那么气体常数的值也会发生改变。

2.1.4 气体的弹性和流动性

对气体施加压力,气体的体积会改变。比体积是单位质量所占的体积,等于密度的倒数,单位比体积的增量是 $d\left(\dfrac{1}{\rho}\right)\Big/\left(\dfrac{1}{\rho}\right)=-\dfrac{d\rho}{\rho}$。气体的弹性定义为压强增量对气体的单位比体积增量之比。弹性模量 E 的定义式为

$$E=-\frac{dp}{d(1/\rho)/(1/\rho)}=\rho\frac{dp}{d\rho} \tag{2.9}$$

这里的 $dp/d\rho$ 等于声速的平方,后面在讲高速流动时会给出其关系式。所以气体的弹性取决于它的密度和声速。

气体是流体的一种,它具有流动性。当飞机从空中飞过时,所经过路线上的空气在飞机临近时必然会被排挤开去,从而让飞机通过。这种被排挤开去的运动,称为受扰运动,受扰动的并不仅仅是直接与飞机相接触的那些空气团,因为扰动会通过空气微团的彼此作用,由近及远地传播开去,这样一层层传播开去的扰动的传播速度与气体的弹性有关,也就是与声速有关。

当扰动不大时,这种传播速度就等于声速。所以对于飞行器而言,必须在飞行器的飞行速度与扰动的传播速度的比值之下来讨论流动性。当飞行速度远小于声速时(低速飞行),扰动在空气中的传播速度相对于飞行速度而言是很快的,这时流动性很好,前方的空气微团已经受到了扰动而开始运动了,飞机临近时,空气微团很容易地让开了路。而当飞行速度超过声速时,扰动传播的速度仍是声速,相对于飞行速度而言则较慢,飞机前方的空气微团没有受到任何扰动,只在飞过时才突然地被推开,这时空气的流动性就很差了。飞行速度继续增加到高超声速范围,空气接近于没有流动性,从飞行器的角度来看,空气就像固体的粒子那样向飞行器打来。

2.1.5 流体的黏性

实际流体都是有黏性的,大小不一。空气和水的黏性都不大,但如果注意观察河流,如水面上草叶等漂浮物的速度,靠近河岸处的水流速度要比河中心慢一些,这就是水黏性的体现。下面通过一个实验表现空气的黏性。

假设有一股直匀气流(气流是直线的,速度是均一的 V_∞,下标 ∞ 表示远前方),顺着气流放置一块无限薄的平板,测量平板附近沿平板法线方向的气流速度分布情况,如图 2.4 所示,气流在没有流到平板以前速度是均一的,流经平板时,直接贴着板面的气流速度就降为零;沿法线方向,气流速度逐渐由零变大;到离平板相当远的地方,流速才大致与 V_∞ 一致。

速度有这样的下降变化正是气体有黏性的表现。黏性使直接挨着板面的一层气体完全贴附在板面上,与板面没有一点相对速度,这就是无滑动情况。稍外的一层气体受到气体层与气体层之间的摩擦作用,被紧挨板面的那层气体所牵制,速度也下降到了接近于零,不过由于它并不紧挨板面,所以这层气体多少些速度。牵扯作用是一层层向外传开去的,离板面越远,受到的牵扯作用越小。严格来讲,在法线方向无限远处,这种牵扯作用才能真正没有影响。不过,如果 V_∞ 相当大(普通飞机的飞行速度),同时流体黏性又不太大(空气的黏性),那么若板长以米计,则这个没有显著影响的距离是以毫米计的。

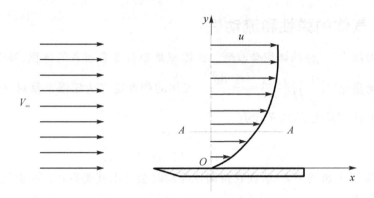

图 2.4　黏性流体流过物面时的速度分布

上面的实验说明,凡有黏性作用的地方,各层气流的速度 u 是不均一的,它是该层到板面的距离 y 的函数,即

$$u = f(y) \tag{2.10}$$

当两邻层的气流速度有差别(即 $\mathrm{d}u/\mathrm{d}y \neq 0$)时,二者之间必有摩擦力在作用。单位面积上的摩擦力称为摩擦应力,记为 τ。这个力对于较快的那层气体来说是一个反对流动的拖扯的力,这是较慢的邻层对它的拖扯力;反过来对于下层速度较慢的气流说来,这个力是一个顺着流向向前拉的力,这是上层速度较快的邻层气流对它的拉力,如图 2.5 所示。当然,紧挨板面的那层气流对板面也有这样一个摩擦力在作用,这就是板面上的摩擦力,对板面而言,它的指向是与 V_∞ 一致的。如果空气不动,平板以 V_∞ 向左运动(图 2.4 中的左向),那么作用在板面上的这个摩擦力的指向便是向右的,是阻碍板面向左运动的,称为摩擦阻力。

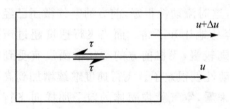

图 2.5　黏性力示意图

牛顿提出,流体内部的摩擦应力与速度梯度的关系为

$$\tau \propto \frac{\mathrm{d}u}{\mathrm{d}y} \tag{2.11}$$

比例常数记为 μ,则

$$\tau = \mu \frac{\mathrm{d}u}{\mathrm{d}y} \tag{2.12}$$

式(2.12)称为牛顿黏性定律。μ 称为黏度,它的单位是 $\mathrm{kg/(m \cdot s)}$。不同的介质,μ 值也不相同,同一种介质的 μ 值则随温度而变化。μ 值取决于气体的温度,与压强基本无关。在 $t = 15\ ^\circ\mathrm{C}$(即 $T = 288.15\ \mathrm{K}$)时,空气的 $\mu = 1.789\ 4 \times 10^5\ \mathrm{Pa \cdot s}$,其他温度的 μ 值可以通过查表或根据萨瑟兰(Sutherland)公式等方法近似得到。

在许多空气动力学的问题中,黏性力和惯性力同时存在。方程中 μ 和 ρ 往往以 μ/ρ 这样的组合形式出现,这个比值另用一个符号 ν 表示,即

$$\nu = \mu/\rho \tag{2.13}$$

ν 称为运动黏度,因其量纲只包括长度和时间,所以只是运动学中的量。当 $T=288$ K、$p=101.325$ kPa 时,空气的 $\nu=1.4607\times10^{-5}$ m²/s。

由于空气的黏性不大,所以,在处理许多气流的问题时,第一步可以先忽略它的黏性作用。忽略其黏性的流体称为理想流体或无黏流体,在空气动力学中则称为理想气体或无黏气体。

2.1.6　无黏气体

所谓无黏气体是一种不考虑空气黏性的模型,这种模型中流体微团不承受黏性力作用,空气的黏度 $\mu=0$。由于黏性作用与热传导作用是同量级的,忽略黏性的同时也就忽略了热传导。

在飞行器与空气相对运动时,除紧贴飞机表面较薄的一层边界层外,可以认为空气是无黏流动。在工程中根据无黏气体模型计算出来的绕流谱和物面压力分布,通常与试验结果比较一致,由此得到的升力和力矩值也比较可信。

但由于黏性阻力与边界层流动特性密切相关,使用无黏气体模型研究流动阻力问题的结果与实际情况差别较大,因此在确定飞行器的阻力问题时,必须考虑空气的黏性影响。流线型物体在大迎角情况或非流线型绕流情况下,实际流动在物体表面会形成一定程度的分离,此时忽略黏性作用使用无黏气体模型研究的结果将与实际流动情况差别很大。

在进行流体热传导分析中,还会用到绝热气体的概念。绝热气体是一种不考虑流体热传导性质的模型,即流体的热传导系数为零。由于空气热传导系数很小,因此在低速流动中除专门研究传热问题的场合外,一般不考虑气体的热传导性质,把气体看成绝热的,此时得到的结果与实际情况很一致。高速流动中,在温度梯度不大的地方,气体微团间的传热量微乎其微,也可以不考虑传热的作用。

2.1.7　流体微团上的力

在研究气流的运动规律时,通常在气流里取一块微团来研究受力情况。如图 2.6 所示,为了保持所取六面体气体微团的受力情形与原来处于整个气流中的一致,把该微团四周气体对其的作用力表示出来,这些力对整个气体来说原来是内力,而现在对于这块取出来的气体而言则是外力。现在,在六个面上各有一个作用力,这种力称为此小块气体的表面力。这种力是布满在这一小块气体表面上的,单位面积上的力称为应力,单位是 N/m²。一般来说,流体内各点的表面应力是彼此不相等的。作用在一块微元面积上的力,可取该微元面上的平均应力(即其中点的应力)乘以微元面积。算出来的微元力一般与受力的表面成一定的角度。为了分析方便,通常把这个力分解成两个分力,一个是沿该微元表面外法线 n 的法向分力,一个是垂直法线的切向分力。法向力就是平常所说的流体压力,如图 2.7 所示。

在气流里的物体,其表面上所受的力也是这样两种力:压力和切应力(摩擦力)。在气流内部一般的地方,切应力是很小的,在研究整个流动时往往可以忽略。到了物体表面附近,切应力就大得多了。不过,即使在物体表面上,切向应力和法向应力相比较仍是小得多的。例如,一架飞机以 $V=250$ m/s 的速度飞行,机翼上的正压强可达 38 000 N/m²,而切应力却只有 150 N/m² 左右。在计算机翼蒙皮强度时可以先忽略切向力,只计算法向力;但在整个机翼的阻力里,摩擦力却占比很大,在计算飞机阻力时,这部分切向力必须予以考虑。

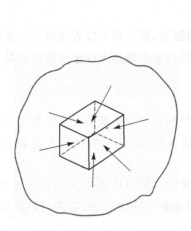

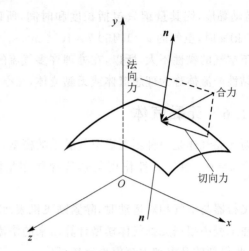

图 2.6　气体微团　　　　　　　　图 2.7　气体微团所受的表面力

继续讨论作用在微团上的力。除表面力外，还有一种存在于微团自身的力，这种力称为彻体力。彻体力绝不是另一块气体对它的作用，而是由它本身的质量所决定的，它既然有质量，在一定的力场上便会受到力场的作用，而有某种彻体力。重力是彻体力的一种，这是由于气体微团处于地球的引力场中而产生的。在静止液体中，重力这种彻体力是十分重要的，液面下各点的压强就是由液体的重力产生的。在流动液体中这部分力也很重要，往往和流动所产生的压强变化是同一个数量级。在静止气体中，由于气体很轻，如果高度相差不大，则重力所造成的压强差也不大，一般可以略去不计。在流动气体中，重力所产生的压强差一般也是略去不计的。但是彻体力并不仅仅是重力这一种，在一些特殊场合还有一些其他的彻体力是必须计及的。例如，在离心式压气机里，如采用相对坐标（即坐标固定在旋转的机件上）时，气流中的每个微团都是在一个离心力场里流动，都受有一定的离心力，这也是一种彻体力。还有在外层大气里，气体分子处于离子状态，它是带电的，这种带电的气体在电磁场中运动必然受到一个电磁力，这也是一种彻体力，电磁流体力学处理问题时就要计及这种彻体力。彻体力都正比于气体的质量，所以也叫作质量力。

2.1.8　流体的静平衡方程

在静止流体里，取一个坐标轴方向任意的笛卡儿坐标系 $Oxyz$，如图 2.8 所示。在流体内部取一点 $P(x_0, y_0, z_0)$，然后沿 3 个坐标轴方向取 3 个长度 dx、dy、dz，取一块可包围 P 点的六面体微团作为分析对象。

一般来说，各点的压强 p 都不相同，可表示为坐标 x、y、z 的函数，即

$$p = p(x, y, z) \tag{2.14}$$

在 x 方向，静止流体里只有法向力。假设作用在 P 点的压强为 $p(x_0, y_0, z_0)$，那么左侧面中点的压强可表示为

$$p(x_0, y_0, z_0) - \left(\frac{\partial p}{\partial x}\right)\frac{dx}{2} \tag{2.15}$$

侧面的面积很微小，侧面中点处的压强可以看作是整个侧面上的平均压强。左侧面上的压力为

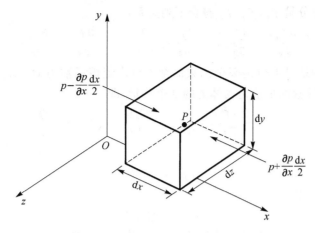

图 2.8 欧拉静平衡方程推导示意图

$$\left[p\left(x_0, y_0, z_0\right) - \left(\frac{\partial p}{\partial x}\right)\left(\frac{\mathrm{d}x}{2}\right)\right]\mathrm{d}y\,\mathrm{d}z \tag{2.16a}$$

同理,右侧面上的压力为

$$\left[p\left(x_0, y_0, z_0\right) + \left(\frac{\partial p}{\partial x}\right)\left(\frac{\mathrm{d}x}{2}\right)\right]\mathrm{d}y\,\mathrm{d}z \tag{2.16b}$$

再设微团单位质量所受的彻体力可以分解为沿 3 个坐标轴指向的 3 个分力:f_x、f_y、f_z (以坐标轴的正向为正)。

就流体微团所受 x 方向的力来说,除了左侧和右侧两端面上的两个压力和彻体力 x 方向的分力 f_x 之外,无其他力,故得 x 方向的力平衡方程如下:

$$\left[p\left(x_0, y_0, z_0\right) - \left(\frac{\partial p}{\partial x}\right)\left(\frac{\mathrm{d}x}{2}\right)\right]\mathrm{d}y\,\mathrm{d}z + f_x \rho \,\mathrm{d}x\,\mathrm{d}y\,\mathrm{d}z - \left[p\left(x_0, y_0, z_0\right) + \left(\frac{\partial p}{\partial x}\right)\left(\frac{\mathrm{d}x}{2}\right)\right]\mathrm{d}y\,\mathrm{d}z = 0 \tag{2.17}$$

整理后得

$$\frac{\partial p}{\partial x} = \rho f_x \tag{2.18a}$$

同理,在 y 和 z 方向也可以得到两个同样的平衡方程,即

$$\frac{\partial p}{\partial y} = \rho f_y \tag{2.18b}$$

$$\frac{\partial p}{\partial z} = \rho f_z \tag{2.18c}$$

以上 3 个方程说明,如果压强在某个方向有梯度,则必是由于彻体力在该方向有分量的缘故,且压强梯度值等于该方向单位质量的彻体力和密度的乘积。将 3 个等式分别乘以 $\mathrm{d}x$、$\mathrm{d}y$、$\mathrm{d}z$ 后相加,得

$$\frac{\partial p}{\partial x}\mathrm{d}x + \frac{\partial p}{\partial y}\mathrm{d}y + \frac{\partial p}{\partial z}\mathrm{d}z = \rho\left(f_x\,\mathrm{d}x + f_y\,\mathrm{d}y + f_z\,\mathrm{d}z\right) \tag{2.19}$$

此式的左侧是个全微分

$$\mathrm{d}p = \frac{\partial p}{\partial x}\mathrm{d}x + \frac{\partial p}{\partial y}\mathrm{d}y + \frac{\partial p}{\partial z}\mathrm{d}z \tag{2.20}$$

如果 3 个彻体力分量 f_x、f_y、f_z 符合下列关系：

$$\frac{\partial f_x}{\partial y}=\frac{\partial f_y}{\partial x}, \quad \frac{\partial f_y}{\partial z}=\frac{\partial f_z}{\partial y}, \quad \frac{\partial f_z}{\partial x}=\frac{\partial f_x}{\partial z} \tag{2.21}$$

那么式(2.19)右侧的括号项也是某个函数的全微分。记该函数为 $\Omega=\Omega(x,y,z)$，并规定它在 x、y、z 三个方向导数的负值是彻体力的 3 个分量，即

$$f_x=-\frac{\partial \Omega}{\partial x}, \quad f_y=-\frac{\partial \Omega}{\partial y}, \quad f_z=-\frac{\partial \Omega}{\partial z} \tag{2.22}$$

式(2.19)可写成

$$\mathrm{d}p=-\rho\mathrm{d}\Omega \tag{2.23}$$

当 ρ 为常数时，积分后得

$$p=-\rho\Omega+C \tag{2.24}$$

Ω 称为彻体力的位函数。常数 C 只决定 Ω 的绝对值，而 Ω 的绝对值是无关紧要的。如果知道了某一点的压强值 p_a 和彻体力函数 Ω_a 的值，则上式中的 C 可以改用 p_a 和 Ω_a 表达为

$$C=p_a+\rho\Omega_a \tag{2.25}$$

任何其他点的 p 与 Ω 之间的关系便可表示为

$$p=p_a-\rho(\Omega-\Omega_a) \tag{2.26}$$

式(2.26)说明，只要知道该点的 Ω 和 Ω_a 之差，就可以确定该点的 p 值。

由式(2.26)可知，在流体内(包括自由液面)，等压面($p=$常数)必是彻体力的等位面($\Omega=$常数)。

2.2 流体动力学基础

2.2.1 流场及其描述方法

流体运动所进行的空间，称为流场，如果运动是在平面中进行的，则称为二维流；如果是在空间进行的流动，则称为三维流。流体是连续介质，当研究它的运动情况以及与之直接关联的压强、密度和温度等物理参数的变化情况时，可采用描述刚体运动的拉格朗日(Lagrange)法，但需要时刻追踪流场里的大量质点，因此描述流体运动通常采用欧拉(Euler)法。

1. 欧拉法

欧拉法描述流体的办法不是追踪一个个流动的微团，而是看流动空间中的各点在不同瞬时 t 的流动参数分布情况。以速度而论，取定坐标系之后，一个速度 V 总可以分为 3 个分速 u、v、w。各点的速度不同，同一点的速度又可以随时间变化，所以速度可以表示为

$$\begin{cases} u=u(x,y,z,t) \\ v=v(x,y,z,t) \\ w=w(x,y,z,t) \end{cases} \tag{2.27}$$

如果有了式(2.27)的具体表示，那就完全描述了整个流动：既描述了某一瞬间各点的流动情况，也描述了不同瞬间的流动参数在各点的分布情况。欧拉法中的 x、y、z 和 t 是 4 个独立变量，如果没有另外赋予意义，则不能有 $\mathrm{d}x/\mathrm{d}t$、$\mathrm{d}^2x/\mathrm{d}t^2$ 这类的表达式。即使没有解析表达式，但只要有离散的数据点，也可以描绘出流场，图 2.9 描述的就是一个离散速度场。

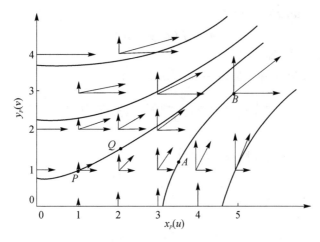

图 2.9 一个速度场

一个布满了某种物理量的空间称为场。式(2.27)描述的是一个速度场；除流速之外,伴随流动的还有压强的变化,所以还有一个描述压强分布的压强场；在高速流动时,气流的密度和温度也随流动有变化,因此还有密度场和温度场。这些都包括在流场的概念之内。

在飞行问题中,流场上流速、压强、温度等参数的分布是由飞行器的运动产生的；做风洞试验时,流场变化则是因为将模型放进了直匀气流中,模型对气流产生扰动所造成的,如图 2.10所示。

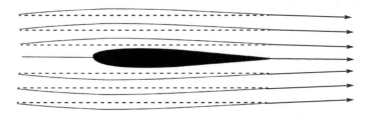

图 2.10 物体对流场的扰动

在风洞的直匀流流场里,当没有机翼时,流场是均一的,气流的指向(向右)和大小处处都一样；当在直匀流中放进机翼之后,机翼的存在迫使气流在机翼的前面分成两路,分别绕机翼的上下表面流过去。这两部分气流走的不再是直线,这是十分明显的,而且上下两部分弯曲程度不同,每一部分中前后微团的弯曲程度也不相同。事实上不仅速度指向改变了,同时大小也有变化,有的地方增大,有的地方减小,这就形成了一个流速做某种分布的流场。随着速度增减的变化,压强也必有升或降的变化,即形成了压强分布,压强也是坐标的函数。如果飞机在飞行时有加速度,即绕过机翼流场上各点的流动参数(速度、压强、温度等)也随时间变化,则这些参数就又是时间 t 的函数了。

2. 欧拉法的加速度表达式

用欧拉法来描述流场时,关于加速度要强调两点。如图 2.9 所示,第一,$P(x,y,z)$点上瞬时 t 的流体微团的速度是时间的函数,所以速度可以随时间变化。第二,原在 P 点的微团经 Δt 后到了 Q 点,若 Q 点的速度与 P 点的不同,则由于迁移,它也会有速度的变化。

设在瞬时 t,位于 $P(x,y,z)$点的一个微团具有速度 u、v、w。经 Δt 时间后,该微团移到

$(x+u\Delta t,y+v\Delta t,z+w\Delta t)$。令

$$u=f(x,y,z,t) \tag{2.28}$$

经 Δt 之后，u 变成 $u+\Delta u$，即

$$u+\Delta u=f(x+u\Delta t,y+v\Delta t,z+w\Delta t,t+\Delta t)$$

$$=f(x,y,z,t)+\left(\frac{\partial f}{\partial x}u\Delta t+\frac{\partial f}{\partial y}v\Delta t+\frac{\partial f}{\partial z}w\Delta t+\frac{\partial f}{\partial t}\Delta t\right)+(\Delta t)\text{ 的高阶项}$$

$$\tag{2.29}$$

式(2.29)减去式(2.28)，略去高阶项，仅保留一阶项，得

$$\frac{\Delta u}{\Delta t}=\frac{\partial f}{\partial t}+u\frac{\partial f}{\partial x}+v\frac{\partial f}{\partial y}+w\frac{\partial f}{\partial z} \tag{2.30a}$$

即

$$\frac{\Delta u}{\Delta t}=\frac{\partial u}{\partial t}+u\frac{\partial u}{\partial x}+v\frac{\partial u}{\partial y}+w\frac{\partial u}{\partial z} \tag{2.30b}$$

此式的右侧第 1 项是微团在 (x,y,z) 处的速度随时间的变化率，即当地加速度。后 3 项是微团流向速度不同的邻点出现的速度变化率，即迁移加速度。

下面的算子

$$\frac{\partial}{\partial t}+u\frac{\partial}{\partial x}+v\frac{\partial}{\partial y}+w\frac{\partial}{\partial z} \tag{2.31}$$

往往用 D/Dt 这样一个符号来表示。这个导数称为随流体运动的导数，或称实质导数。用了这个符号，式(2.30b)可以写成

$$\frac{Du}{Dt}=\frac{\partial u}{\partial t}+u\frac{\partial u}{\partial x}+v\frac{\partial u}{\partial y}+w\frac{\partial u}{\partial z} \tag{2.32a}$$

同理，v 和 w 也有这样的实质导数，如下：

$$\frac{Dv}{Dt}=\frac{\partial v}{\partial t}+u\frac{\partial v}{\partial x}+v\frac{\partial v}{\partial y}+w\frac{\partial v}{\partial z} \tag{2.32b}$$

$$\frac{Dw}{Dt}=\frac{\partial w}{\partial t}+u\frac{\partial w}{\partial x}+v\frac{\partial w}{\partial y}+w\frac{\partial w}{\partial z} \tag{2.32c}$$

式(2.32)中，等号右侧对时间的偏导数项称为当地加速度，而后 3 项则称为迁移加速度。在三维流动里，有 3 个方向的迁移加速度，其中的任何一项都是速度分量与同一方向导数的乘积，如 u 与 $\frac{\partial}{\partial x}$ 相乘，v 与 $\frac{\partial}{\partial y}$ 相乘等，如果有一种流动，有 u 而没有 $\frac{\partial}{\partial x}$，那么 $u\frac{\partial}{\partial x}$ 项就不存在；如果有 $\frac{\partial}{\partial y}$ 而没有 v，那么 $v\frac{\partial}{\partial y}$ 项就不存在。如直圆管中定常层流（见图 2.11）那样的一种实际流动，流速在一个截面上是不均一的，中心大，边上小；这种分布情况在各截面都一样。这时只有 u，且 $u=u(y)$。u 不是 x 的函数。结果，在这种流动中，当地加速度和迁移加速度都是零。

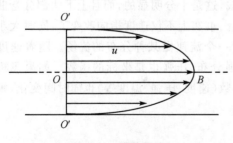

图 2.11　圆管层流

3. 流线与流谱

人们希望用一些曲线将流场上的流动情况表现出来。用欧拉法描述流场时,场上每一点都有速度(包括大小和指向,见图 2.9)。那么,在某一瞬间看流场时,从某点出发,顺着这一点的速度指向画一个微小的距离到达邻点,再按邻点在同一瞬间的速度指向再画一个微小距离,一直下去便得到一条曲线。这条曲线上的任何一点,其切线都与该点的微团速度指向一致,这样的线可以画无数条。这种曲线称为流线。通常为显示气流绕过某个物体的流动情况,在物体的上下或左右画若干条流线,各条流线之间在远前方的间隔是相同的。

若流线上各点的切线与该点的流向一致,则流线切线的 3 个方向余弦 dx/ds、dy/ds、dz/ds 必和流速的 3 个分量 u、v、w 与合速 V 所夹的 3 个角度的余弦相同,表示为微分的关系则有

$$\frac{dx}{u} = \frac{dy}{v} = \frac{dz}{w} \tag{2.33}$$

如果流场上各点的速度值有了,但流线不能用解析式表达,则可利用式(2.33)把流线一点一点画出来。图 2.9 就是用逐点描迹法画出的流线谱。

整个流场的速度都不随时间变化的流动称为定常流,如图 2.10 所示的情况。如果来流是流速为 V_∞ 的直匀流,机翼在气流里固定不动,那么整个流场的情况也不随时间变化,这就是定常流。如果流动情况随时间变化,那么就称为非定常流。

一个物体在原静止的大气中以匀速做直线运动,从静止坐标系上看,物体所产生的扰动显然是非定常的。取空间某个固定点来看,在物体没有来到该点之前、物体最接近于该点以及物体远离该点之后,该点的扰动速度都是不相同的。

图 2.12 所示的上半部是机翼以匀速 V_∞ 向左做直线运动时,从静止大地观察某一瞬间的几条流线;下半部是机翼静止不动,气流以匀速 V_∞ 从左向右流过机翼的流线。下半部是定常流动,不过上一半的非定常流只要加上一个由左向右指的匀速 V_∞,就变成了与下半部相同的定常流流线。例如,A' 点的定常流速 $V_{A'}$ 就等于非定常流中 A 点的流速 V_A 加上 V_∞ 的合速(上下对称的二维机翼)。

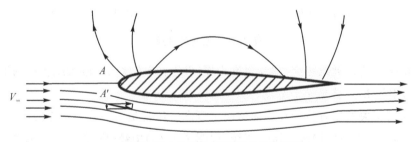

上半部:静止坐标系;下半部:运动坐标系

图 2.12　翼型的绕流谱

这个例子说明,物体以匀速在原静止的大气中前进时,所产生的非定常流只要加上一个与物体速度相反的直匀流速,流动就变成定常的了。只要采取一个相对坐标系来看问题,把坐标系固定在物体上,随物体做匀速直线运动的流动就变成定常的了。定常问题比非定常问题少了一个时间变量,大大降低了处理难度。所以匀速的飞行问题都采用相对坐标,即物体固定不动,气流以物体运动的速度 V_∞ 迎面流来。根据力学的相对运动原理,只要所用的相对坐标是做匀速直线运动的,那么物体所受的作用力便不因坐标系不同而有所改变。不仅理论分析采

用这种相对坐标系,而且风洞试验也是根据这个原理进行的。做实验时,模型固定不动,让一股匀速的气流迎面吹来,模型所受的力与模型运动时是一样的。

根据流线的定义,可以推知它具有如下 3 个很重要的性质:

① 在定常流中,流体微团的轨线与流线重合。

② 在定常流中,流线是流体不可跨越的线。

根据流线的定义,流线上各点没有法向分速,所以,在定常流中流体微团只能沿着流线的切线方向运动,不可能跨越流线而运动。因此,在定常理想流中,完全可以用一块形状与流线相同,但没有厚度的固体壁来代替流线而不会引起流场的任何改变。如果流场中有一条封闭形的流线,那么在理想定常流中,这条流线就可以代替一个同样形状的物体。因为固体物体在流场上起的作用就是引导流体只能沿着它的表面流动,也就是物面上各点的流速只能与物面相切,而物面的这个导流作用正好与流线一样,所以设计喷管的型面,实质上就是要寻找一条能够满足设计要求的流线。

③ 一般情况下,流线不可能相交。

从图 2.13(a)可以看出,如果有两条流线 C_1 与 C_2 交于 P 点,则在 P 点可以做出两条切线,即一点存在两个速度方向,这一般来说是不可能的;另外,从流量来看,图 2.13(a)中从 1—1 截面流进来的流体质量应与 P 点流出的相同,但 P 点截面积为零,要使通过 1—1 的质量在 P 点处通过,该点流速必须是无限大,而无限大的速度在物理上是不存在的,这就从反面证明了流线不能相交的性质。

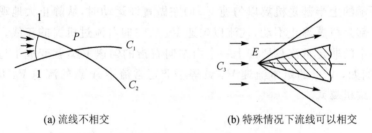

(a) 流线不相交　　　　　　　　　(b) 特殊情况下流线可以相交

图 2.13　流线的性质

在特殊情况下流线可以相交,如在速度为零(驻点)或速度为无限大或多值的地方(奇点),如图 2.13(b)中的 E 点就是一个奇点。

与流线密切相关的还有流管和流面这两个概念。流管是由一系列相邻的流线围成的。在三维流动里,经过一条封闭围线的所有流线,如图 2.14(a)中经过围线 $ABCDA$ 的各条流线便围成一条流管。这里的围线是指有流量穿过的那种围线,而图 2.14(b)中流管侧表面的围线 $KLMK$ 则没有流量穿过。来流线上任何一点的流速都与该曲线相切,没有法向分速存在,气流也就绝不会穿越流线而流动。所以由流线所围成的流管也正像一根与实物管一样的管子,管内的流体不会穿过管壁流出来,管外的流体也不会穿过管壁流进去。

流面是由许多相邻的流线连成的一个曲面,这个曲面不一定合拢成一根流管,当然流管的侧表面也是一个流面。不管合拢不合拢,流面也是流动不会穿越的一个面。

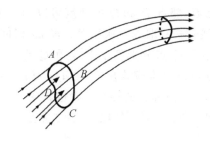
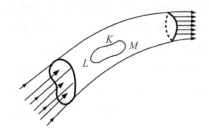

(a) 流线组成流管侧壁　　　　　　　(b) 没有流量由流管侧壁KLMK中流出

图 2.14　流　管

2.2.2　流体微团的运动分析

对运动中的流体微团进行一个纯运动学的分析,并由此提出散度和旋度的概念,先从较简单的二维流动开始。二维流动又名平面流动,即流动的一切参数只是 x 和 y 两个几何变量的函数,而与 z 无关。可以取任何一个 xy 平面上的流动来研究,并假设流场在 z 向的尺寸为 1 单位。

1. 平面流动的微团的运动分析

分析最一般的情况,不加任何条件,只考虑流场上各点的流速是不相同的,在流场中任取一个任意形状的微团,如图 2.15 所示,观察其运动过程中的形状变化。在微团中取一质点 A,再取两个邻质点 P 和 Q。假定 t 瞬时 A 点的坐标为 (x_0,y_0),P 点在 A 点之右,其坐标为 $(x_0+\Delta x,y_0)$,Q 点在 A 点之上,坐标为 $(x_0,y_0+\Delta y)$。假定当时质点 A 的速度是 u_A 和 v_A,P 和 Q 两质点的速度可表示为

$$u_P=u_A+\left(\frac{\partial u}{\partial x}\right)_A\Delta x, \quad v_P=v_A+\left(\frac{\partial v}{\partial x}\right)_A\Delta x \tag{2.34}$$

$$u_Q=u_A+\left(\frac{\partial u}{\partial y}\right)_A\Delta y, \quad v_Q=v_A+\left(\frac{\partial v}{\partial y}\right)_A\Delta y \tag{2.35}$$

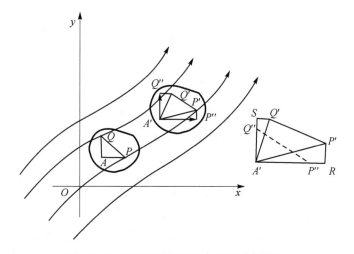

图 2.15　流体微团的运动分析(平面运动)

　　这里假设流场上的速度分布是坐标的连续函数,邻点 P 和 Q 的速度可以用泰勒级数在 A 点的展开式来表达,而且 Δx 和 Δy 都是微量,展开式只取到一次微量。经 Δt 时间后,整个微团运动到了一个新的位置,A 点到了 A' 点,P 点和 Q 点分别到了 P' 点和 Q' 点。如果当初 P 点和 Q 点的速度与 A 点完全一样,则这时 P 点和 Q 点本应该在 P'' 点和 Q'' 点;但当初 P 点和 Q 点的速度既与 A 点的有所不同,现在这两点对 A 点而言的相对位置也就变了,P'' 点成了 P' 点,Q'' 点成了 Q' 点。原来的 AP 线段(长 Δx)现在成了 $A'P'$ 线段,二者之差是

$$A'P' - A'P'' = A'R - A'P'' = \left(u_A + \frac{\partial u}{\partial x}\Delta x\right)\Delta t - u_A\Delta t = \frac{\partial u}{\partial x}\Delta x\Delta t \qquad (2.36)$$

$A'P'$ 之所以能用 $A'R$ 代替,是因 Δt 很微小,$\angle P'A'R$ 很微小。$\frac{\partial u}{\partial x}\Delta x\Delta t$ 是 AP 线段在 Δt 时间内的变形量(伸长量),单位时间内单位长度的变形量称为线变形率,可表示为

$$\theta_x = \frac{\partial u}{\partial x}\frac{\Delta x\Delta t}{\Delta x\Delta t} = \frac{\partial u}{\partial x} \qquad (2.37a)$$

同理,AQ 线段的线变形率为

$$\theta_y = \frac{\partial v}{\partial y} \qquad (2.37b)$$

　　经 Δt 时间后,$A'P''$ 转了一个角度 $\angle P''A'P'$。这是由于当初 P 点的 v_P 和 A 点的 v_A 有所不同的缘故。这个角(小量)可以表示为

$$\angle P''A'P' = \tan(\angle P''A'P') = \frac{P'R}{A'R} \qquad (2.38)$$

而

$$P'R = \left(v_A + \frac{\partial v}{\partial x}\Delta x\right)\Delta t - v_A\Delta t = \frac{\partial v}{\partial x}\Delta x\Delta t \qquad (2.39)$$

$$A'R = \Delta x + \frac{\partial u}{\partial x}\Delta x\Delta t = \left(1 + \frac{\partial u}{\partial x}\Delta t\right)\Delta x \approx \Delta x \qquad (2.40)$$

所以

$$\angle P''A'P' = \frac{\frac{\partial v}{\partial x}\Delta x\Delta t}{\Delta x} = \frac{\partial v}{\partial x}\Delta t \qquad (2.41a)$$

同理,

$$\angle Q''A'Q' = \frac{\partial u}{\partial y}\Delta t \qquad (2.41b)$$

　　单位时间内一个直角的变化量称为角变形率,记为 2γ。现在这个角变形率在 xy 平面内,γ 的下标用与该平面垂直的坐标轴 z 来表达,公式如下:

$$2\gamma_z = \frac{\partial v}{\partial x} + \frac{\partial u}{\partial y} \qquad (2.42)$$

　　除了变形之外,微团还有转动。不过流体微团不是刚体。它在运动中还在不断地变形,所以它的转动不能拿它身上的一条线来看,需要考察两条互相垂直的线。现在 $A'P''$ 线转了一个正角度 $\angle P''A'P'$(按右手定则规定正向,xy 平面上的转动符合正 z 向的称正角度),而 $A'Q''$ 线则转了一个负角度 $\angle Q''A'Q'$。此处定义整个微团的转动为微团上两条互相垂直线的转角的平均值。单位时间内的转角是角速度,记为 ω。在 xy 平面中的转动,用下标 z 来表示,表

示为

$$\omega_z = \frac{1}{2}\left(\frac{\partial v}{\partial x} - \frac{\partial u}{\partial y}\right) \tag{2.43}$$

在平面流微团的运动中,可分析得出线变形率 θ、角变形率 2γ 和转动角速度 ω,这些量都取决于 A 点的各项速度导数。所以如果知道了一个流场的全部速度分布,也就有了这些导数,从而可以计算流场上任何一点的变形率和角速度。通常,式(2.37)~(2.43)各公式并不直接用于计算 θ、2γ 和 ω。

2. 三维流动微团的运动分析

对三维的流动做微团的运动分析,仍需从线变形、角变形和角速度出发,空间多了一维,从而多了一个线变形率、两个角变形率和两个角速度。

取任意形状的一块流体微团,如图 2.16 所示,在 t 瞬时取微团中的 A 点作为中心,其速度为 u_A、v_A、w_A,则其邻点 P(坐标相对于 A 点是 Δx、Δy、Δz)的速度可表示为

$$u_P = u_A + \frac{\partial u}{\partial x}\Delta x + \frac{\partial u}{\partial y}\Delta y + \frac{\partial u}{\partial z}\Delta z \tag{2.44}$$

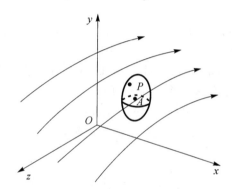

图 2.16　流体微团的运动分析(空间运动)

右侧的表达式可以按上面提出的变形率及角速度的形式改写为

$$u_P = u_A + \frac{\partial u}{\partial x}\Delta x + \frac{1}{2}\left(\frac{\partial u}{\partial y} + \frac{\partial v}{\partial x}\right)\Delta y + \frac{1}{2}\left(\frac{\partial u}{\partial z} + \frac{\partial w}{\partial x}\right)\Delta z +$$

$$\frac{1}{2}\left(\frac{\partial u}{\partial z} - \frac{\partial w}{\partial x}\right)\Delta z - \frac{1}{2}\left(\frac{\partial v}{\partial x} - \frac{\partial u}{\partial y}\right)\Delta y$$

$$= u_A + \theta_x\Delta x + \gamma_z\Delta y + \gamma_y\Delta z + \omega_y\Delta z - \omega_z\Delta y \tag{2.45a}$$

同理,P 点的另外两个分速也可表示为

$$v_P = v_A + \theta_y\Delta y + \gamma_x\Delta z + \gamma_z\Delta x + \omega_z\Delta x - \omega_x\Delta z \tag{2.45b}$$

$$w_P = w_A + \theta_z\Delta z + \gamma_y\Delta x + \gamma_x\Delta y + \omega_x\Delta y - \omega_y\Delta x \tag{2.45c}$$

这些用 A 点的速度及其导数表达的 P 点的速度说明,微团有移动、转动和变形。式(2.45a)~(2.45c)的第 1 项是和 A 点速度相同的部分,这部分速度也就是微团的整体移动速度;第 2 项是线变形率;第 3 项和第 4 项是角变形率;第 5 项和第 6 项是角速度。

3. 散　度

3 个方向的线变形率之和在向量分析中称为速度 $\boldsymbol{V}$ 的散度,符号为 $\mathrm{div}\,\boldsymbol{V}$,即

$$\operatorname{div} \boldsymbol{V} = \frac{\partial u}{\partial x} + \frac{\partial v}{\partial y} + \frac{\partial w}{\partial z} \tag{2.46}$$

流体微团在运动中不论它的形状、体积如何变化,质量总是不变的。而质量等于体积乘以密度,所以在密度不变的不可压流里,其速度的散度必为零,即

$$\operatorname{div} \boldsymbol{V} = 0 \tag{2.47}$$

如果是密度有变化的流动,那么散度一般不等于零。

4. 旋度和位函数

上面的分析得到了 ω_x、ω_y、ω_z 三个角速度分量的表达式。合角速度是某点上某个微团的瞬时角速度 ω,这个值在向量分析里记为 $\frac{1}{2}\operatorname{rot} \boldsymbol{V}$,称为 $\boldsymbol{V}$ 的旋度。

一个流场,如果各处的 ω 基本上不等于零,则这种流场称为有旋流场,其流动称为有旋流。一个流场,如果各处的 ω 都等于零,则这种流场称为无旋流场,其流动称为无旋流。无旋流也称为位势流、位流、势流,存在速度位,也称速度势。

这样的划分在理论研究中有很大的意义。无旋流多了一个 $\omega = 0$ 的条件,这个条件就是 $\omega_x = 0$、$\omega_y = 0$、$\omega_z = 0$,即

$$\frac{\partial u}{\partial y} = \frac{\partial v}{\partial x}, \quad \frac{\partial v}{\partial z} = \frac{\partial w}{\partial y}, \quad \frac{\partial w}{\partial x} = \frac{\partial u}{\partial z} \tag{2.48}$$

在数学分析里,式(2.48)是 $u\,\mathrm{d}x + v\,\mathrm{d}y + w\,\mathrm{d}z$ 这个方程成为全微分的必要和充分条件。现在既是无旋流,那可以令 ϕ 代表这个全微分,即

$$\mathrm{d}\phi = u\,\mathrm{d}x + v\,\mathrm{d}y + w\,\mathrm{d}z \tag{2.49}$$

这个 $\phi = \phi(x, y, z)$,称为速度位或位函数(也称势函数),是个标量。式(2.49)是 ϕ 的定义方程。由此式得

$$u = \frac{\partial \phi}{\partial x}, \quad v = \frac{\partial \phi}{\partial y}, \quad w = \frac{\partial \phi}{\partial z} \tag{2.50}$$

这就是说,位函数在某个方向的偏导数等于速度在那个方向的分量。这句话不仅适用于 3 个坐标轴方向,而且也适用于任意指定的方向 s。如图 2.17 所示,譬如要用 ϕ 表达过 P 点的某个指定方向 s 上的速度分量 V_s,假定 s 的 3 个方向余弦是 $\cos(\boldsymbol{s}, \boldsymbol{x})$,$\cos(\boldsymbol{s}, \boldsymbol{y})$,$\cos(\boldsymbol{s}, \boldsymbol{z})$,则 P 点的 3 个坐标方向的分速在 s 向的投影和为

$$\begin{aligned} V_s &= u\cos(\boldsymbol{s}, \boldsymbol{x}) + v\cos(\boldsymbol{s}, \boldsymbol{y}) + w\cos(\boldsymbol{s}, \boldsymbol{z}) \\ &= \frac{\partial \phi}{\partial x}\cos(\boldsymbol{s}, \boldsymbol{x}) + \frac{\partial \phi}{\partial y}\cos(\boldsymbol{s}, \boldsymbol{y}) + \frac{\partial \phi}{\partial z}\cos(\boldsymbol{s}, \boldsymbol{z}) \end{aligned} \tag{2.51}$$

而

$$\cos(\boldsymbol{s}, \boldsymbol{x}) = \frac{\mathrm{d}x}{\mathrm{d}s}, \quad \cos(\boldsymbol{s}, \boldsymbol{y}) = \frac{\mathrm{d}y}{\mathrm{d}s}, \quad \cos(\boldsymbol{s}, \boldsymbol{z}) = \frac{\mathrm{d}z}{\mathrm{d}s} \tag{2.52}$$

所以

$$V_s = \frac{\partial \phi}{\partial x}\frac{\mathrm{d}x}{\mathrm{d}s} + \frac{\partial \phi}{\partial y}\frac{\mathrm{d}y}{\mathrm{d}s} + \frac{\partial \phi}{\partial z}\frac{\mathrm{d}z}{\mathrm{d}s} = \frac{\partial \phi}{\partial s} \tag{2.53}$$

速度位这个词是从力的位沿用过来的。在保守力场(如引力场)中,力的位对某个方向取偏导数就等于那个方向的分力。现在,无旋流场的速度位 ϕ 对某个方向取偏导数等于那个方向的分速度。由式(2.49)可知(见图 2.18),流场上 A 点和 B 点的 ϕ 值之差等于沿一条连接

A 和 B 两点曲线进行速度线积分所得的数值,即

$$\phi_B - \phi_A = \int_A^B \mathrm{d}\phi = \int_A^B (u\,\mathrm{d}x + v\,\mathrm{d}y + w\,\mathrm{d}z) \tag{2.54}$$

一般的线积分,其值与积分所遵循的曲线形状有关,即所取的积分路线不同,积分所得的值就不同。但在无旋流场内,这个线积分的值既然等于两端点 A 和 B 处的 ϕ 值之差,那么就和积分的路线无关了。做这种无旋流场上的速度线积分时,可以取最方便的路线来进行。

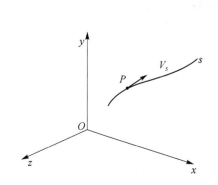 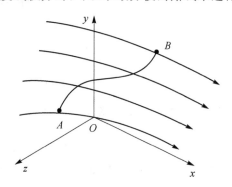

图 2.17　ϕ 的偏导数与分速的关系　　　　　图 2.18　沿 A—B 对 ϕ 的积分

在刚体力学里,对计算力的位而言,起点位置的不同仅引起位能值相差一个常数,有意义的是两点的位能之差在流体力学里也一样,速度位的绝对值不重要,两点位函数的差值较为重要。

式(2.50)说明,一个无旋流场一旦知道了它的位函数 $\phi(x,y,z)$ 的具体函数形式,按这个方程就可以算出流场上任何一点的流速。所以要解决一个具体的无旋流问题,就归结为去求这样一个能描写整个流动的位函数。后续将展开 ϕ 所应满足的方程、条件以及解法等问题的讨论。

2.2.3　质量方程

1. 微分形式的质量方程(又称连续方程)

质量方程是质量守恒定律在空气动力学中的具体表现形式,又称连续方程。早期处理的流动都是连续流动,流场的速度及其空间导数也都是有界的连续函数,在这种情况下,质量守恒定律可以表现为一个微分的关系式。因为这个关系式是在流动的连续性的前提下推导出来的,所以把这个关系式称为连续方程。

在流场中划定一个边长分别为 $\mathrm{d}x$、$\mathrm{d}y$、$\mathrm{d}z$ 的矩形六面区,如图 2.19 所示。假设此区的中心点坐标为 (x,y,z)。在 t 瞬时,过此中心点的流体微团的 3 个分速是 u、v、w,密度是 ρ。那么在此中心点通过一个与 x 轴垂直的单位面积的流量便是 (ρu),把 (ρu) 当作一个物理量来看,称为密流。(ρu) 是坐标与时间的函数。在 t 瞬时,通过侧面 $ABCD$ 中心点的密流为

$$(\rho u) + \frac{\partial(\rho u)}{\partial x}\left(-\frac{\mathrm{d}x}{2}\right) \tag{2.55}$$

而通过整个侧面流入的流量为

$$\left[(\rho u) - \frac{\partial(\rho u)}{\partial x}\frac{\mathrm{d}x}{2}\right]\mathrm{d}y\,\mathrm{d}z \tag{2.56}$$

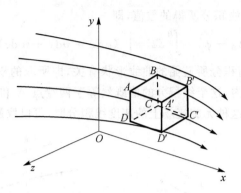

图 2.19　连续方程的推导示意图

同理，通过整个侧面 $ABCD$ 流出的流量为

$$\left[(\rho u) + \frac{\partial(\rho u)}{\partial x}\frac{\mathrm{d}x}{2}\right]\mathrm{d}y\,\mathrm{d}z \tag{2.57}$$

流入的流量减去流出的流量，差值是单位时间内积存在划定区内的质量，现在就 $ABCD$ 和 $A'B'C'D'$ 两侧面的流量而言，单位时间内存入的质量等于

$$\left\{\left[(\rho u) - \frac{\partial(\rho u)}{\partial x}\frac{\mathrm{d}x}{2}\right] - \left[(\rho u) + \frac{\partial(\rho u)}{\partial x}\frac{\mathrm{d}x}{2}\right]\right\}\mathrm{d}y\,\mathrm{d}z = -\frac{\partial(\rho u)}{\partial x}\mathrm{d}x\,\mathrm{d}y\,\mathrm{d}z \tag{2.58a}$$

同理，就另外两对侧面做计算，也得类似的两个量，即

$$-\frac{\partial(\rho v)}{\partial y}\mathrm{d}x\,\mathrm{d}y\,\mathrm{d}z \tag{2.58b}$$

和

$$-\frac{\partial(\rho w)}{\partial z}\mathrm{d}x\,\mathrm{d}y\,\mathrm{d}z \tag{2.58c}$$

单位时间内该划定区总的质量增量为

$$-\left[\frac{\partial(\rho u)}{\partial x} + \frac{\partial(\rho v)}{\partial y} + \frac{\partial(\rho w)}{\partial z}\right]\mathrm{d}x\,\mathrm{d}y\,\mathrm{d}z \tag{2.59}$$

在该划定区中原有的质量为

$$\rho\,\mathrm{d}x\,\mathrm{d}y\,\mathrm{d}z \tag{2.60}$$

ρ 为 (x,y,z,t) 的函数，假定它随时间增加，那么 $\mathrm{d}t$ 时间后，划定区内的质量应该为

$$\left(\rho + \frac{\partial\rho}{\partial t}\mathrm{d}t\right)\mathrm{d}x\,\mathrm{d}y\,\mathrm{d}z \tag{2.61}$$

单位时间的密度增量为

$$\frac{\partial\rho}{\partial t}\mathrm{d}x\,\mathrm{d}y\,\mathrm{d}z \tag{2.62}$$

这个值应等于流过边界的存入量，故得

$$\frac{\partial\rho}{\partial t} + \left[\frac{\partial(\rho u)}{\partial x} + \frac{\partial(\rho v)}{\partial y} + \frac{\partial(\rho w)}{\partial z}\right] = 0 \tag{2.63a}$$

即

$$\frac{\partial\rho}{\partial t} + u\frac{\partial\rho}{\partial x} + v\frac{\partial\rho}{\partial y} + w\frac{\partial\rho}{\partial z} + \rho\left(\frac{\partial u}{\partial x} + \frac{\partial v}{\partial y} + \frac{\partial w}{\partial z}\right) = 0 \tag{2.63b}$$

或

$$\frac{\mathrm{D}\rho}{\mathrm{D}t} + \rho\left(\frac{\partial u}{\partial x} + \frac{\partial v}{\partial y} + \frac{\partial w}{\partial z}\right) = 0 \tag{2.63c}$$

式(2.63)就是微分形式的连续方程。如果流体的密度在流动过程中是不变的,即 $\rho=$ 常数,则这种流动称为不可压流,连续方程可简化为

$$\frac{\partial u}{\partial x} + \frac{\partial v}{\partial y} + \frac{\partial w}{\partial z} = 0 \tag{2.64}$$

式(2.64)所表达的事实是很清楚的。它说明,若密度不变,则流体微团在运动中如果有一个或两个方向的线变形率是正的,那么剩余的两个方向或一个方向的线变形率必为负,否则无法满足体积不变的要求,即无法满足质量守恒定律。

2. 积分形式的质量方程

在流动有不连续的地方(如后面要讲的激波)微分形式的质量方程不能用,这就需要用积分形式的质量方程。现将积分形式的方程推导一下。

在流场内取一个固定的空间曲面 S 作为控制面。S 内部的空间域称为 τ 域,如图 2.22(a)所示。质量守恒定律规定,τ 域内质量如果有变化,其变化率必等于单位时间内越过 S 面流入的质量。τ 域中的质量为

$$\int_{(\tau)} \rho \mathrm{d}\tau \tag{2.65}$$

它的变化率为

$$\frac{\partial}{\partial t}\int_{(\tau)} \rho \mathrm{d}\tau = \int_{(\tau)} \frac{\partial \rho}{\partial t}\mathrm{d}\tau \tag{2.66}$$

以增加为正。令 V_n 代表在 S 面上的法向分速,以外法线为正。于是单位时间内流入 τ 域的质量为

$$-\int_{(S)} \rho V_\mathrm{n}\mathrm{d}S \tag{2.67}$$

按质量守恒定律而有方程

$$\int_{(\tau)} \frac{\partial \rho}{\partial t}\mathrm{d}\tau + \int_{(S)} \rho V_\mathrm{n}\mathrm{d}S = 0 \tag{2.68}$$

如用于连续的流动,也可以由此导出微分形式的质量方程。用高斯定理可将式(2.68)的第 2 项面积分改为体积分,则此式变为

$$\int_{(\tau)} \left[\frac{\partial \rho}{\partial t} + \frac{\partial(\rho u)}{\partial x} + \frac{\partial(\rho v)}{\partial y} + \frac{\partial(\rho w)}{\partial z}\right]\mathrm{d}\tau = 0 \tag{2.69}$$

这个方程用在任何大小的控制区上都是成立的。如果用于一个十分微小的控制面 S 上,则通过中值定理,被积式可以用 τ 域中某点作为平均值而被提到积分号之外,这样就可以重得式(2.63)。

2.2.4 运动方程

空气动力学中的动量方程是牛顿第二定律在运动流体上的应用。动量方程有微分形式和积分形式两种。微分形式的动量方程是就流体微团所受的力和它的加速度所建立的关系。积分形式的动量方程则是划定一个有限大小的控制区,并就区内那些流体的动量变化和控制区边界上的作用力所建立的关系式。下面先讲微分形式的动量方程。

微分形式的动量方程又称欧拉方程，或运动方程。欧拉方程是在不计流体黏性的前提下推导的。

1. 欧拉方程的推导

在流场中划出一块 3 边分别为 dx、dy、dz 的微元六面体的流体，如图 2.20 所示。若不计黏性力，这块微团所受的表面力就没有切向力，仅有法向力（压力）一种。彻体力是可以有的。假定微元六面体的中心点坐标为(x,y,z)，而处于此点的流体速度为 u、v、w，压强为 p，密度为 ρ，$ABCD$ 侧面中心点的压强为

$$p + \frac{\partial p}{\partial x}\left(-\frac{dx}{2}\right) \tag{2.70}$$

这也是作用在该面上的平均压强，所以这个侧面上的压力为

$$\left(p - \frac{\partial p}{\partial x}\,\frac{dx}{2}\right)dy\,dz \tag{2.71a}$$

这个力指向正 x。

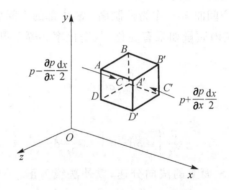

图 2.20　欧拉方程的推导示意图

同理，作用在 $A'B'C'D'$ 侧面上的压力为

$$\left(p + \frac{\partial p}{\partial x}\,\frac{dx}{2}\right)dy\,dz \tag{2.71b}$$

这个力指向负 x。结果得正 x 向的合力为

$$-\frac{\partial p}{\partial x}dx\,dy\,dz \tag{2.72}$$

其他 4 个侧面上的压力在 x 方向都没有投影。

假定这块流体的中心点的彻体力的 3 个分量为 f_x、f_y、f_z，这些都是单位质量的彻体力，则这些力也都是坐标的函数。

加速度的表达式就是前面的式（2.30）。这块流体的质量为 $\rho dx\,dy\,dz$。于是按运动第二定律得 x 方向的欧拉方程为

$$-\frac{\partial p}{\partial x}dx\,dy\,dz + f_x\rho\,dx\,dy\,dz = \frac{Du}{Dt}(\rho\,dx\,dy\,dz) \tag{2.73}$$

整理一下，把实质导数各项写出来，可得

$$\frac{\partial u}{\partial t} + u\frac{\partial u}{\partial x} + v\frac{\partial u}{\partial y} + w\frac{\partial u}{\partial z} = -\frac{1}{\rho}\frac{\partial p}{\partial x} + f_x \tag{2.74a}$$

同理，y 方向和 z 方向的欧拉方程为

$$\frac{\partial v}{\partial t} + u\,\frac{\partial v}{\partial x} + v\,\frac{\partial v}{\partial y} + w\,\frac{\partial v}{\partial z} = -\frac{1}{\rho}\,\frac{\partial p}{\partial y} + f_y \tag{2.74b}$$

$$\frac{\partial w}{\partial t} + u\,\frac{\partial w}{\partial x} + v\,\frac{\partial w}{\partial y} + w\,\frac{\partial w}{\partial z} = -\frac{1}{\rho}\,\frac{\partial p}{\partial z} + f_z \tag{2.74c}$$

如果在欧拉方程中加进一个黏性项，则以上 3 式就成为

$$\frac{\partial u}{\partial t} + u\,\frac{\partial u}{\partial x} + v\,\frac{\partial u}{\partial y} + w\,\frac{\partial u}{\partial z} = -\frac{1}{\rho}\,\frac{\partial p}{\partial x} + f_x + \nu\,\nabla^2 u \tag{2.74d}$$

$$\frac{\partial v}{\partial t} + u\,\frac{\partial v}{\partial x} + v\,\frac{\partial v}{\partial y} + w\,\frac{\partial v}{\partial z} = -\frac{1}{\rho}\,\frac{\partial p}{\partial y} + f_y + \nu\,\nabla^2 v \tag{2.74e}$$

$$\frac{\partial w}{\partial t} + u\,\frac{\partial w}{\partial x} + v\,\frac{\partial w}{\partial y} + w\,\frac{\partial w}{\partial z} = -\frac{1}{\rho}\,\frac{\partial p}{\partial z} + f_z + \nu\,\nabla^2 w \tag{2.74f}$$

这 3 个描写黏性流体运动的方程，称为纳维-斯托克斯（Navier - Stokes）方程，或 N - S 方程。

式（2.74a）～（2.74c）这 3 个微分方程规定了气流中压强变化、速度变化与彻体力之间的关系，不妨把速度的变化和彻体力看作是压强变化的原因。从这几个方程还可以看到这两个使压强起变化的因素是彼此独立的，对于压强的作用是分开来计算的。只要彻体力存在，不论是否存在流动，其乘以流体的密度就等于压强在那个方向的梯度，与流体的静平衡情况相同。如果彻体力只是由重力场产生的，那么只在竖直方向有梯度，这种压强差作用在一个物体上的合力就是流体的浮力。在空气中运动的飞行器，由重力场的彻体力而产生的压力差是极小的，因为空气的密度很小，例如在海平面，$\rho = 1.255 \ \text{kg/m}^3$，竖直方向上单位质量的彻体力 $f_y = -g$，则 $\partial p/\partial y = -1.225 \ \text{kg/m}^3 \times 9.8 \ \text{N/kg} = -12 \ \text{N/m}^3$，高度每相差 1 m，压强相差 12 Pa，这个量与因流动而引起的压强差相比，往往是个很小的数，可以忽略不计。不过气体的彻体力也并不都是可以忽略的，例如叶轮机的离心力场所产生的彻体力是可以很大的，这时彻体力就是产生气流压强变化的主要因素了。

从式（2.74）的一系列方程可知，正的加速度产生负的压强梯度，也就是说，在流动过程中如果流速越来越大，相应的压强必是越来越小，或者说加速过程是对应于压强下降的；反之，流速下降的过程对应于压强上升。如果在某个方向没有流速，则在那个方向就不会有压强梯度，即压强不会有变化。例如机翼在大迎角下，上翼面后半段的气流发生了分离，如图 2.21 所示。在分离区内，气流基本上没有什么流动，这个区称为死水区，压强几乎是同一个常数。

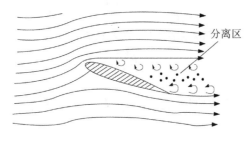

图 2.21 机翼的大迎角绕流示意图

式（2.74）还可以有另一种形式，把加速度的迁移部分改写成包含角速度的项，即

$$u\frac{\partial u}{\partial x}+v\frac{\partial u}{\partial y}+w\frac{\partial u}{\partial z}=\left(u\frac{\partial u}{\partial x}+v\frac{\partial v}{\partial x}+w\frac{\partial w}{\partial x}\right)-v\left(\frac{\partial v}{\partial x}-\frac{\partial u}{\partial x}\right)+w\left(\frac{\partial u}{\partial x}-\frac{\partial w}{\partial x}\right)$$

$$=\frac{\partial}{\partial x}\left(\frac{V^2}{2}\right)-2(v\omega_z-w\omega_y) \tag{2.75}$$

式中的 V 是合速。另两个迁移加速度也可以改为类似的方程,则式(2.74a)～(2.74c)可写为

$$\begin{cases}\dfrac{\partial u}{\partial t}+\dfrac{\partial}{\partial x}\left(\dfrac{V^2}{2}\right)-2(v\omega_z-w\omega_y)=-\dfrac{1}{\rho}\dfrac{\partial p}{\partial x}+f_x\\[2mm]\dfrac{\partial v}{\partial t}+\dfrac{\partial}{\partial y}\left(\dfrac{V^2}{2}\right)-2(w\omega_x-u\omega_z)=-\dfrac{1}{\rho}\dfrac{\partial p}{\partial y}+f_y\\[2mm]\dfrac{\partial w}{\partial t}+\dfrac{\partial}{\partial z}\left(\dfrac{V^2}{2}\right)-2(u\omega_y-v\omega_x)=-\dfrac{1}{\rho}\dfrac{\partial p}{\partial z}+f_z\end{cases} \tag{2.76}$$

这种形式的欧拉方程又称格罗米柯方程,仍是在理想无黏前提下推出来的。原来的无黏流可以无旋也可以有旋,既然无黏,微团就不会受到切向力的作用,因而流体微团是不会改变它的旋度的,即原来旋度为零(即无旋流)会继续保持为无旋流;原来有旋则继续保持为有旋流,且其旋度不变。

2. 欧拉方程的积分

如果流动是无旋的,那就有速度位存在。假设式(2.76)各式中的角速度都是零,彻体力有位 Ω,即

$$\frac{\partial\Omega}{\partial x}=-f_x,\qquad\frac{\partial\Omega}{\partial y}=-f_y,\qquad\frac{\partial\Omega}{\partial z}=-f_z \tag{2.77}$$

那么式(2.76)的 3 个方程分别乘以 dx、dy、dz,然后相加可得

$$\frac{\partial}{\partial t}\left(\frac{\partial\phi}{\partial x}dx+\frac{\partial\phi}{\partial y}dy+\frac{\partial\phi}{\partial z}dz\right)+\left[\frac{\partial}{\partial x}\left(\frac{V^2}{2}\right)dx+\frac{\partial}{\partial y}\left(\frac{V^2}{2}\right)dy+\frac{\partial}{\partial z}\left(\frac{V^2}{2}\right)dz\right]+$$

$$\frac{1}{\rho}\left(\frac{\partial p}{\partial x}dx+\frac{\partial p}{\partial y}dy+\frac{\partial p}{\partial z}dz\right)+\left(\frac{\partial\Omega}{\partial x}dx+\frac{\partial\Omega}{\partial y}dy+\frac{\partial\Omega}{\partial z}dz\right)=0 \tag{2.78}$$

即

$$d\left(\frac{\partial\phi}{\partial t}\right)+\frac{1}{2}d(V^2)+\frac{1}{\rho}dp+d\Omega=0 \tag{2.79}$$

用于不可压($\rho=$ 常数)的定常流($\partial\phi/\partial t=0$),此式可以积分成为

$$\frac{p}{\rho}+\frac{V^2}{2}+\Omega=C' \tag{2.80}$$

若彻体力只限于气体重力,Ω 可略去,则式(2.80)变为

$$p+\frac{\rho V^2}{2}=C \tag{2.81}$$

这就是在低速气流中经常使用的伯努利公式。p 表示静压,$\dfrac{\rho V^2}{2}$ 表示动压,C 表示总压,可改写为 p_0,即

$$p_0=p+\frac{\rho}{2}V^2 \tag{2.82}$$

这个公式和一维流的伯努利公式在形式上完全一样,但意义略有不同。式(2.79)的积分

是在无黏又无旋的前提下进行的。积分常数 C（即总压 p_0）在一个无旋流场上各处是同一个常数。如果不是无旋流呢？欧拉方程仍可积分，那就要沿流线积分了。以 $\mathrm{d}x$、$\mathrm{d}y$、$\mathrm{d}z$ 分别乘以定常流的式（2.74a）～（2.74c），得

$$u\,\frac{\partial u}{\partial x}\mathrm{d}x + v\,\frac{\partial u}{\partial y}\mathrm{d}x + w\,\frac{\partial u}{\partial z}\mathrm{d}x = -\frac{1}{\rho}\,\frac{\partial p}{\partial x}\mathrm{d}x + f_x\mathrm{d}x \tag{2.83a}$$

$$u\,\frac{\partial v}{\partial x}\mathrm{d}y + v\,\frac{\partial v}{\partial y}\mathrm{d}y + w\,\frac{\partial v}{\partial z}\mathrm{d}y = -\frac{1}{\rho}\,\frac{\partial p}{\partial y}\mathrm{d}y + f_y\mathrm{d}y \tag{2.83b}$$

$$u\,\frac{\partial w}{\partial x}\mathrm{d}z + v\,\frac{\partial w}{\partial y}\mathrm{d}z + w\,\frac{\partial w}{\partial z}\mathrm{d}z = -\frac{1}{\rho}\,\frac{\partial p}{\partial z}\mathrm{d}z + f_z\mathrm{d}z \tag{2.83c}$$

把式（2.83a）中第 2 项和第 3 项中的 $v\mathrm{d}x$ 和 $w\mathrm{d}x$ 分别用流线方程的关系改成 $u\mathrm{d}y$ 和 $u\mathrm{d}z$，下面的两个方程也做类似的替换，最后加起来就得到

$$u\mathrm{d}u + v\mathrm{d}v + w\mathrm{d}w = -\frac{1}{\rho}\mathrm{d}p - \mathrm{d}\Omega \tag{2.84}$$

这里仍设彻体力有位，在不可压流（$\rho=$ 常数）下，式（2.84）的积分仍得式（2.80），即

$$\frac{1}{2}V^2 + \frac{p}{\rho} + \Omega = C' \tag{2.85}$$

不过现在是用了流线方程才把积分做出来的。所以常数 C' 在式（2.80）和式（2.85）中的用法是不一样的：如果是无旋流，那么全流场只有一个常数 C'；如果是有旋流，那就只能在一条流线上用一个 C' 值，流线改变了，C' 值也随之改变。

3. 积分形式的动量方程

微分形式的动量方程（即欧拉方程）适用于流场上每一点，对有些问题要想弄清楚每一点的流动情况就比较复杂，几乎无法做到。但如果关心的是总作用力，就可以用积分形式的动量方程。如图 2.22 所示，略去推导过程，得到的结果如下：

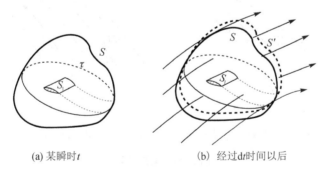

(a) 某瞬时 t　　　　　　　(b) 经过 $\mathrm{d}t$ 时间以后

图 2.22　推导积分形式质量方程及动量方程的控制体

沿 x 方向

$$\int_{(\tau)}\frac{\partial}{\partial t}(\rho u)\mathrm{d}\tau + \int_{(S)}\rho V_n u\mathrm{d}S = -\int_{(S)}p\cos(\boldsymbol{n},\boldsymbol{x})\mathrm{d}S + \int_{(\tau)}\rho f_x\mathrm{d}\tau - X \tag{2.86a}$$

同样，还有 y 方向和 z 方向的积分形式的动量方程

$$\int_{(\tau)}\frac{\partial}{\partial t}(\rho v)\mathrm{d}\tau + \int_{(S)}\rho V_n v\mathrm{d}S = -\int_{(S)}p\cos(\boldsymbol{n},\boldsymbol{y})\mathrm{d}S + \int_{(\tau)}\rho f_y\mathrm{d}\tau - Y \tag{2.86b}$$

$$\int_{(\tau)} \frac{\partial}{\partial t}(\rho w)\mathrm{d}\tau + \int_{(S)} \rho V_n w \mathrm{d}S = -\int_{(S)} p\cos(\boldsymbol{n},\boldsymbol{z})\mathrm{d}S + \int_{(\tau)} \rho f_z \mathrm{d}\tau - Z \qquad (2.86\mathrm{c})$$

式中：X、Y、Z 这 3 个力指的是物体所受总作用力的分量；下标 n 代表法向。

使用积分形式动量方程的优势在于可以不必详细知道控制面内部的情况，包括几种使用法：第 1 种是在 S 内包有一个物体（如一个机翼），需要计算作用在这个物体上的气动力（不论什么性质的力，可以只是压力，也可以是黏性力），只要知道边界上（即 S 面上）的流速及压强分布情况，按式（2.86）就能计算 X 力、Y 力或 Z 力，计算虽然简单，但前提是必须知道控制面上的流动参数；第 2 种是气流流经一段管子，管内可以有其他物体（如喷气发动机中的压气机、燃烧室、涡轮等），也可以是空的（如风洞的一段管子），知道了进气和出气的两个截面上的流动参数，可求得管壁和管内机件上所受的力，计算的前提也是必须知道气流进出控制面时的流动参数；第 3 种是超声速气流中发生突跃变化（名为激波）时，划一个控制面，把突跃变化包在中间，然后用动量方程建立变化前后的密度、速度和压强之间的关系。

2.2.5　环量与涡

1. 环量与涡的关系

研究流动的问题，还有两个非常重要的概念，分别为环量和涡。

环量是在流场中速度沿一条指定曲线（如图 2.23(a) 中的 AB 曲线）的线积分，即计算速度乘以长度的总和，这里速度指的是在曲线方向的投影值，与功的计算相似。环量的值记为 Γ，可表示为

$$\Gamma_{AB} = \int_A^B V\cos\alpha\,\mathrm{d}s \qquad (2.87\mathrm{a})$$

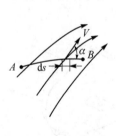
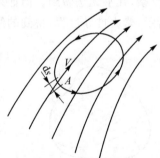

(a) 沿曲线AB做速度的线积分　　(b) 沿闭曲线AB做速度的线积分

图 2.23　速度环量

环量的线积分是有方向的，如果由 A 到 B 为正，那么由 B 到 A 就为负，$\Gamma_{AB} = -\Gamma_{BA}$。虽然对于积分的曲线是否封闭没有做任何规定，但事实上，大多数的计算面向一条封闭曲线的速度线积分，如图 2.23(b) 所示。这时

$$\Gamma = \oint V\cos\alpha\,\mathrm{d}s \qquad (2.87\mathrm{b})$$

如果把一个速度向量分为 3 个坐标轴方向的 3 个分量 u、v、w，把线段 $\mathrm{d}s$ 也分解为 $\mathrm{d}x$、$\mathrm{d}y$、$\mathrm{d}z$ 这 3 个方向的 3 条线段，那么

$$V\cos\alpha\,\mathrm{d}s = u\,\mathrm{d}x + v\,\mathrm{d}y + w\,\mathrm{d}z \qquad (2.88)$$

于是环量又可以写为

$$\Gamma_{AB} = \int_A^B (u\,\mathrm{d}x + v\,\mathrm{d}y + w\,\mathrm{d}z) \tag{2.89}$$

如果流动是无旋的,有位函数存在,那么上式中的 u、v、w 都可用 ϕ 偏导数表达为

$$\Gamma_{AB} = \int_A^B \left(\frac{\partial \phi}{\partial x}\mathrm{d}x + \frac{\partial \phi}{\partial y}\mathrm{d}y + \frac{\partial \phi}{\partial z}\mathrm{d}z \right) = \int_A^B \mathrm{d}\phi = \phi_B - \phi_A \tag{2.90}$$

这时由 A 到 B 的环量值就与所规定的积分曲线 AB 的具体形状没有关系了,只取决于起点和终点的位置,而且其值就等于终点 B 处与起点 A 处的 ϕ 值差,如果在无旋流场上沿如图 2.23(b) 所示的封闭曲线积分,那么

$$\Gamma = \oint \mathrm{d}\phi = \phi_B - \phi_A = 0 \tag{2.91}$$

如果是有旋流,做由 A 点到 B 点的速度线积分,则其环量值与由 A 到 B 的曲线形状有关,沿一条封闭的围线做速度的线积分时,结果并不为零,具体原因可从二维流场着手推导。

在二维流场里划一小块矩形流体微团 $ABCD$,如图 2.24 所示,假定 A 点的坐标为 (x,y),速度为 u 和 v;B 点的坐标为 $(x+\mathrm{d}x,y)$,速度为 $u + \dfrac{\partial u}{\partial x}\mathrm{d}x$ 和 $v + \dfrac{\partial v}{\partial x}\mathrm{d}x$;$D$ 点的坐标为 $(x,y+\mathrm{d}y)$,速度为 $u + \dfrac{\partial u}{\partial y}\mathrm{d}y$ 和 $v + \dfrac{\partial v}{\partial y}\mathrm{d}y$;$C$ 点的坐标为 $(x+\mathrm{d}x,y+\mathrm{d}y)$,速度为 $u + \dfrac{\partial u}{\partial x}\mathrm{d}x + \dfrac{\partial u}{\partial y}\mathrm{d}y$ 和 $v + \dfrac{\partial v}{\partial x}\mathrm{d}x + \dfrac{\partial v}{\partial y}\mathrm{d}y$。

做速度的线积分时,应取各线段中点的速度乘以该线段的长度,即

$$
\begin{aligned}
\Gamma_{ABCD} = &\frac{1}{2}\left[u + \left(u + \frac{\partial u}{\partial x}\mathrm{d}x \right) \right]\mathrm{d}x + \\
&\frac{1}{2}\left[\left(v + \frac{\partial v}{\partial x}\mathrm{d}x \right) + \left(v + \frac{\partial v}{\partial x}\mathrm{d}x + \frac{\partial v}{\partial y}\mathrm{d}y \right) \right]\mathrm{d}y - \\
&\frac{1}{2}\left[\left(u + \frac{\partial u}{\partial y}\mathrm{d}y \right) + \left(u + \frac{\partial u}{\partial x}\mathrm{d}x + \frac{\partial u}{\partial y}\mathrm{d}y \right) \right]\mathrm{d}x - \\
&\frac{1}{2}\left[v + \left(v + \frac{\partial v}{\partial y}\mathrm{d}y \right) \right]\mathrm{d}y \approx \left(\frac{\partial v}{\partial x} - \frac{\partial u}{\partial y} \right)\mathrm{d}x\,\mathrm{d}y \\
= &2\omega_z\,\mathrm{d}x\,\mathrm{d}y = 2\omega_z\,\mathrm{d}S
\end{aligned}
\tag{2.92}
$$

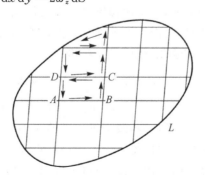

图 2.24　环量与涡的积分关系

这个结果说明,沿一微小的封闭围线做速度的线积分,所得的环量等于 2 乘以该微团的角

速度再乘以围线中的面积。

如果围线 L 所包的不是一块无限小的面积,而是有限大的面积,如图 2.24 所示,则沿 L 的环量等于什么呢?不妨先把 L 所围的面积用两组相交的线划成若干微小的分块,然后沿每一块微小面积的围线做速度的线积分,按右手定则规定指向纸面外为正方向,那么每一小块的环量等于 2 乘以该微团的角速度再乘以该围线所围的面积。在做所有微小面积围线的线积分时,在 S 内的部分割线上都走过两次,一次过去,一次回来,而当地的速度却只有一个,所以一来一去的线积分值恰好对消。结果把这些小分块的环量全加起来得到的是沿最外的一条围线 L 的线积分。这个积分值等于所有微小块的角速度乘以各自的微元面积乘 2 之和,即

$$\Gamma = \oint V\cos\alpha\,\mathrm{d}s = \oint_{(S)} 2\omega_z\,\mathrm{d}S \tag{2.93}$$

虽然图 2.24 中用的是矩形围线,但其实所推得的结果适用任何形状的围线,两组相交的线也不必是正交的。这一点可以用二维的格林定理写出来,即

$$\oint_{(L)} (u\,\mathrm{d}x + v\,\mathrm{d}y) = \oint_{(S)} \left(\frac{\partial v}{\partial x} - \frac{\partial u}{\partial y}\right)\mathrm{d}S \tag{2.94}$$

L 是 S 的围线,如果线积分顺正向走,则 S 是单连域。如果 S 是双连域,那么将其划分成两个单连域后,结论仍一致,即沿围线的环量等于围线的角速度与微元面积乘积的 2 倍之和。

流场中任何一点微团的角速度的 2 倍,如平面问题的 2ω,称为流体的涡度。涡度是个纯运动学的概念。

从上面的推导可知:沿一条围线计算环量时,如果围线内包有涡,则环量是有值的,其值等于所包含的涡度乘以相应的微元面积后求和;如果围线内没有涡,那么沿围线的环量必是零,假如把围线放大一些,尽管面积放大了,只要包进去的面积里没有涡,那么环量值并不会改变,仍然是零。

2. 涡线与涡管

在三维流里,流体微团可以有 3 个方向的角速度 ω_x、ω_y、ω_z,三者的和为一个合角速度,记为 $\boldsymbol{\omega}$,即

$$|\boldsymbol{\omega}| = \omega = \sqrt{\omega_x^2 + \omega_y^2 + \omega_z^2} \tag{2.95}$$

旋转轴线都按右手定则确定。合角速度是个向量,它的 3 个方向余弦是 ω_x/ω、ω_y/ω、ω_z/ω,涡度仍定义为 2ω,涡有轴线,其轴线与角速度 ω 的轴线相同,如图 2.25 所示。计算环量时,仍等于 2 倍角速度乘以围线所包的面积,但这面积应取其在与涡线相垂直的平面上的投影值。沿一块有限大曲面 S 的围线 L 的环量仍等于 S 面上各点的 2 倍角速度乘以面积 $\mathrm{d}S$ 并乘以 $\mathrm{d}S$ 的法线与角速度轴线之间夹角的余弦,然后累加求和,即

$$\int_{(S)} 2\omega\cos\gamma\,\mathrm{d}S = \int_{(L)} V\cos\alpha\,\mathrm{d}s \tag{2.96}$$

式中:γ 是 $\mathrm{d}S$ 的法线和轴线之间的夹角;α 是速度 V 和微线段 $\mathrm{d}s$ 之间的夹角。

像流线一样,如在流场中有一条曲线,线上每一点的涡轴线都与曲线相切,则这条曲线叫涡线,或说从某点的涡向量出发,顺涡向量走一个微小的距离到第 2 点,接着按第 2 点的涡向量再走一个微小距离到第 3 点,依次接下去,当每个微段长度趋于零时,那条曲线就叫涡线。涡线的微分方程为

$$\frac{\mathrm{d}x}{\omega_x} = \frac{\mathrm{d}y}{\omega_y} = \frac{\mathrm{d}z}{\omega_z} \tag{2.97}$$

与流管的定义一样,涡管是由经过一条封闭围线的许多涡线组成的。涡线是截面积趋于零的涡管。涡线和涡管的强度都定义为绕涡线或涡管的一条封闭线的环量。

一条强度为 Γ 的涡线上的一段 ds 对线外的一点 P 会产生一个诱导速度,情况正像电流产生磁力一样。表达涡段所产生的诱导速度的公式为

$$dV = \frac{\Gamma ds}{4\pi r^2}\sin\theta \tag{2.98}$$

这个 dV 是一个垂直于线段 ds 与受扰点 P 所组成的平面的速度(见图 2.26)。其值正比于涡强 Γ 和线段长度 ds,但反比于距离 r 的平方,另外还要乘以 r 与 ds 的夹角 θ 的正弦。这个公式在形式上与电磁学的电磁感应毕奥-萨瓦公式一样,仍叫毕奥-萨瓦公式。

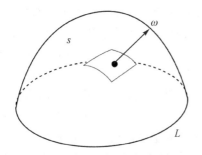

图 2.25　三维流中环量与涡的关系

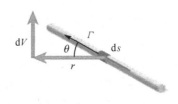

图 2.26　毕奥-萨瓦公式

涡线和环量的概念在空气动力学中十分重要。凡是升力的问题都与涡及环量有关。

3. 关于涡的定理

描述流体中的涡线或涡管有 3 条定理。

定理 1:沿涡线或涡管涡强不变。这条定理称为亥姆霍兹第一定理,简称第一涡定理。

定理 2:一根涡管在流体里不会中断:① 可以延伸到无限远处;② 自相连接成一个涡环(不一定是圆环);③ 止于边界,如固体的边界或自由边界(自由液面)。

这条定理可以用第一定理的结论推演而得到证明。第一定理说,涡强沿涡管不变。如果涡管到某处突然中止了,那么涡强也就应该随之变为零,而这是违反第一定理的,所以是不可能的。

这条定理称为亥姆兹第二定理,简称第二涡定理。

上述涡管的 3 种存在形式都有实际的例子。吸香烟的人会吐出烟圈来,烟圈是一种自相连接的涡。三维机翼上的涡线(与翼展同向的)在左右两端折转向后,成为尾涡,向后伸展到无限远的后方去。在二维风洞中做机翼的实验时,机翼上的涡线(翼展方向的)止于两侧的洞壁。

定理 3:在理想流中,涡的强度不随时间变化,既不会增强也不会削弱或消失。

实际流体都是有黏性的,涡强是会随时间变化的,不过空气的黏性是很小的,机翼上的涡随着气流流下去,离机翼很远之后它对机翼的作用就趋于零了,而在离机翼不太远的范围内,黏性使涡强的衰减并不很显著,所以计算涡对机翼的作用时,可以不必考虑黏性的衰减作用,仍按照理想流中涡强度不衰减的方法处理。

2.2.6 定常和非定常流

前面讨论的内容没有明确流动参数是否随时间变化。但在实际流动中,流动参数是会随时间变化的。这里所说的随时间变化,是在欧拉坐标系中随时间的变化,即在欧拉坐标系中,流动参数既是空间坐标的函数也是时间坐标的函数。有关欧拉坐标系与拉格朗日坐标系的严格定义,可参考相关的空气动力学教材。

如果考虑的是拉格朗日坐标系,那么任何有意义的流动参数都是随时间变化的。定常流动与非定常流动之分是针对欧拉坐标系而言的。由流体力学基础可知,拉格朗日坐标系是跟随流体质点运动的坐标系,采用拉格朗日坐标系时,描述的是流体质点随时间的变化规律。采用欧拉坐标系时,描述的是空间固定点流动参数随时间的变化。如果在给定的欧拉坐标系中,流动参数不随时间变化(但可以是空间坐标的函数),那么流动就是定常流动,否则就是非定常流动。也就是说,非定常流动中的流动参数不仅是空间坐标的函数,也是时间坐标的函数。

为了方便,往往把空气动力学分为外流空气动力学和内流空气动力学。外流空气动力学是指绕封闭物体的流动,流场范围向外延伸至无穷远;内流空气动力学指某封闭物体内部的流动,当然在内部流场中也可以存在封闭的物体。对于外流空气动力学,如果把坐标系固定在运动物体上,那么无穷远的流体就有了速度。如果把坐标系建立在相对无穷远空气静止的参照系上,那么物体便有了速度。在实际飞行中,无穷远空气是静止的,物体是运动的。但在风洞试验时,如果忽略风洞壁的存在,把绕实验模型的流动看成外流时,物体往往固定在试验台架上,那么远方空气是运动的。发动机里面的流动则属于典型的内流空气动力学问题。飞机发动机进气道周围的流动则是一种外流与内流同时存在的流动。因此,内流与外流的界限在许多场合下并不严格。

在分析外流空气动力学时,如果物体相对于无穷远的空气是在做匀速运动,那么一般把坐标系固定在物体上。如果绕流不再随时间变化,那么流动就是定常的。当然,对于某些流动条件,即使物体在做匀速运动,从固定在物体上的坐标系来看,虽然无穷远处速度是恒定的,但是在物体附近可能存在一些随时间变化的流动结构,从而也属于非定常流动。例如,如果翼型的攻角很大,则可能因大面积分离导致在物面上持续地抛洒一些集中涡,涡的脱落导致物体周围流场随时间变化。飞机机翼的翼尖涡在向后的过程中,也可能出现相互缠绕与破裂,导致流动是非定常的。

如果飞行器做机动飞行,从而存在加速或角加速运动,那么周围流场肯定是非定常的。飞行器的机动飞行来自于各种操纵面(副翼、方向舵或升降舵)的控制,因此属于主动非定常运动。鸟与昆虫扇动翅膀的运动也属于主动非定常运动。还有一些运动属于被动非定常运动,例如,雪花或纸片下落时,受空气作用产生使雪花或纸片翻滚或漂移的非定常运动。飞机在迎角太大或者遇到很强的非均匀气流后导致失速,出现的螺旋形下降也属于被动非定常运动。由于物体做非定常运动而导致的非定常流动属于强迫非定常流动。在光、电磁热的作用下导致的非定常流动也属于强迫非定常流动。

如果物体不做非定常运动,但流动是非定常的,那么这种非定常流动属于自激非定常流动,两股具有不同流动参数的流体接触,也会因惯性作用和黏性扩散产生非定常流动,这种非定常流动属于自激非定常流动。大迎角翼型和圆柱周围的涡脱落导致的非定常流动,也属于自激非定常流动。

因此,非定常流动可以按下面的方式分类:

① 强迫非定常流动,来自于物体的非定常运动,包括主动运动和被动运动,以及外加作用源包括光、电磁、热等的作用。

② 自激非定常运动,来自流场本身的不稳定导致的非定常运动,包括涡脱落引起的非定常运动和具有不同性质的流体相互接触引起的非定常运动。

③ 混合非定常运动,即强迫和自激同时存在时的非定常运动。

这些非定常运动或非定常流动的常见例子如下:

① 昆虫的翅膀呈 8 字形上下前后回旋扇动。

② 扑翼飞行器的扑翼运动。

③ 飞机做机动飞行。

④ 气球加速上升的运动。

⑤ 树叶与雪花的飘落。

⑥ 飞机失速。

⑦ 激波管流动(由膜片将具有不同压力的静止流体分开,膜片取走后因压力差引起的流动)。

⑧ 激光推进。

⑨ 发动机因压缩机旋转引起的流动等。

非定常空气动力学是研究物体相对于空气的运动随时间变化时作用于物体上空气动力变化规律的学科,是现代空气动力学的前沿研究内容,尤其是动气动弹性研究的重要组成部分。动气动弹性计算需要两方面的基础数据,一是结构动力特性,二是非定常空气动力特性。气动弹性问题所涉及的非定常气动力往往是由于物体位置和姿态的变化,或弹性结构与流体之间的耦合效应产生的,即由于物体运动而产生的非定常气动力。

20 世纪 20 年代,人们从飞机坠毁事故中初步认识到气动力、弹性力和惯性力三者耦合的机翼颤振现象,非定常空气动力学研究也随之开始;30 年代末期出现了二维振荡机翼的Theodorsen 非定常气动力模型,奠定了非定常空气动力学的基础;60 年代以后,振荡机翼非定常气动力理论由二维发展到三维,其中最典型的是基于偶极子网格法的非定常气动力模型。同时也发展出一些工程化的跨声速和超声速非定常气动力模型。

2.3　飞行器绕流及其求解层次

2.3.1　飞行器绕流

具有什么样特性的流动才能适合飞机设计工程应用,是飞行器气动设计的核心和关键。一般来说,应该满足以下几个基本准则:

① 流动应该是定常而稳定的。这意味着随时间而脉动和振荡的流动一般来说是不适合的。流动还应该是完全确定的,并对大气飞行中将遇到的扰动不敏感,任何扰动都不应全然搅乱这种流动;相反,它应该是非常稳定的,很容易恢复到它的初始状态。

② 流动应该是可控的。在能够存在某种流型的飞行范围内,气流对飞行器应该能够产生相当大范围的力和力矩。力和力矩的任何变化都不应该很突然,而应该是逐渐的、平滑的,并且应该是唯一确定的。理想的状况是在整个飞机飞行包线内都应该有相同的流型。

③ 流动应该是高效率的。这意味着升力和推进力的产生不应该伴随有很大的能量损失。在流动过程中飞行器必然对空气做功,飞行器以燃料的形式随身携带着做这些功所需要的能量,而我们希望的是,有用的升力功占燃料热能的比例尽可能大,产生升力和推力所伴随的能量损失应该尽可能小。

图 2.27 所示为流过两种不同翼型的绕流图,图 2.28 所示为不同马赫数范围的流动。

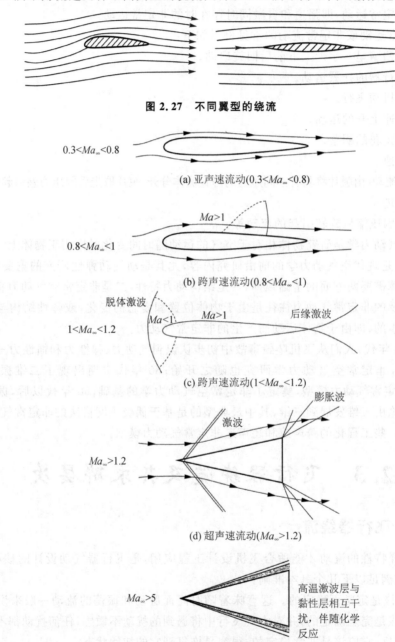

图 2.27　不同翼型的绕流

$0.3<Ma_\infty<0.8$

(a) 亚声速流动($0.3<Ma_\infty<0.8$)

$Ma>1$

$0.8<Ma_\infty<1$

(b) 跨声速流动($0.8<Ma_\infty<1$)

脱体激波

$1<Ma_\infty<1.2$　　$Ma<1$　　$Ma>1$　　后缘激波

(c) 跨声速流动($1<Ma_\infty<1.2$)

膨胀波

激波

$Ma_\infty>1.2$

(d) 超声速流动($Ma_\infty>1.2$)

$Ma_\infty>5$　　高温激波层与黏性层相互干扰,伴随化学反应

(e) 高超声速流动($Ma_\infty>5$)

图 2.28　不同马赫数范围的流动

2.3.2 飞行器气动分析坐标系

飞行器气动分析所采用的坐标系一般包括欧美坐标系和苏联坐标系两种。两种坐标系的原点可以取在飞机的机头或重心处,不同的坐标原点对气动力分析没有影响,只是在统计力矩时的积分点有所差异。

欧美坐标系的定义如图 2.29 所示,其中坐标原点位于机头;x 轴沿来流方向位于飞机的纵向对称面上;y 轴是指向右机翼并垂直于机翼的对称面;z 轴是飞机的立轴,垂直于 Oxy 平面,x 轴、y 轴和 z 轴组成右手正交坐标系。

苏联坐标系的定义如图 2.30 所示,其中坐标原点位于机头;x 轴沿来流方向位于飞机的纵向对称面上;z 轴是指向右机翼并垂直于机翼的对称面;y 轴是飞机的立轴,垂直于 Oxz 平面,x 轴、y 轴和 z 轴组成右手正交坐标系。

图 2.29 欧美坐标系

图 2.30 苏联坐标系

本书后续章节对飞机气动力的分析和计算均采用苏联坐标系,作用在原点的气动力除以动压后,沿 x 轴、y 轴和 z 轴的气动力系数分别为阻力系数 C_D、升力系数 C_L、侧力系数 C_C;作用在原点的气动力矩除以动压和平均气动弦长后绕 x 轴、y 轴和 z 轴的气动力矩系数分别为滚转力矩系数 C_l、偏航力矩系数 C_n、俯仰力矩系数 C_m。

2.3.3 飞行器气动特性

飞行器的气动特性是决定飞行器飞行性能的关键要素,也是飞行性能分析的基础。飞行器的气动特性包括多方面的指标,宏观上通常用升力、阻力、极曲线、气动力矩、失速特性等参数表征,如图 2.31～2.38 所示。飞行器的气动特性主要通过理论估算、数值分析、风洞试验三种手段获得,在飞行器设计的不同阶段采用不同的方法。

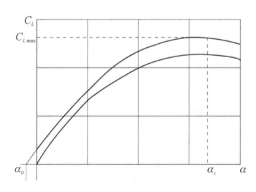

图 2.31 机翼升力特性

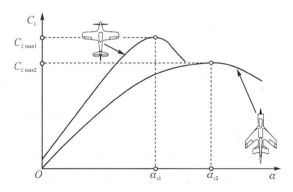

图 2.32 亚声速飞机和超声速飞机的升力系数曲线

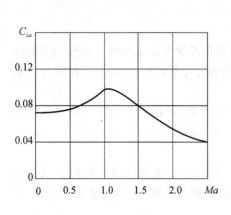

图 2.33　升力线斜率与马赫数的关系

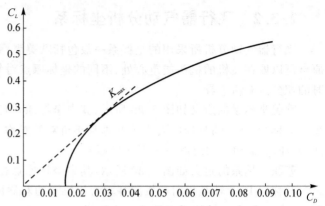

图 2.34　飞机极曲线(无弯扭)

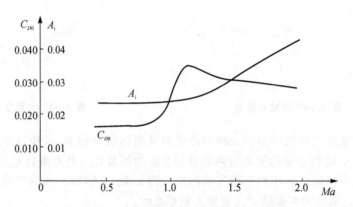

图 2.35　零升阻系数和诱导因子随马赫数的变化

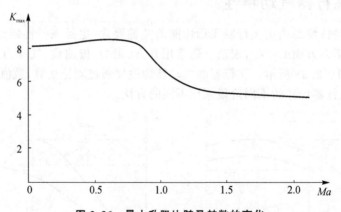

图 2.36　最大升阻比随马赫数的变化

　　飞机的气动特性是飞行性能分析的重要原始数据。在方案论证和方案设计阶段,飞机的布局参数还未最终确定,因此获得初始方案的气动力数据主要靠简捷的工程估算方法。有时,也可以利用对同类飞机的统计分析方法得到。在方案确定以后,必须进行风洞试验。利用风洞试验获得飞机的升阻特性等,由于吹风模型、风洞试验条件与真实飞机、真实大气中飞行条件间的差异,必须进行适当的相关性修正。

只有有了飞行器的气动特性,才能进一步结合发动机性能等参数,分析得出飞行包线、最大/最小/巡航平飞速度、升限、机动性能、续航性能、起降性能等。

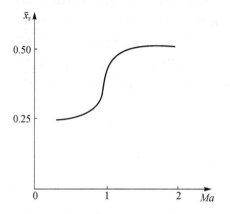 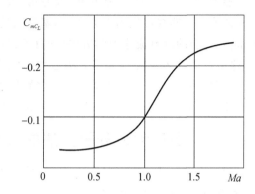

图 2.37　机翼的焦点位置随马赫数的变化　　　图 2.38　俯仰力矩系数对升力系数的导数随马赫数的变化

2.3.4　飞行器气动分析方法

飞行器气动设计使用的工具经历了显著的变化,从早期大量依赖经验公式和风洞试验,到如今广泛使用 CFD 工具。CFD 的分析工具也经历了从面元法、全速势方程、欧拉方程到 N-S 方程的过程。这些方法计算精度和计算时间各不相同。在气动设计过程的不同设计阶段,需要根据计算精度和计算时间的需求进行综合和折中,多种不同精度方法的综合运用可以有效提高气动优化设计的效率和结果的可信性。

1. 线性气动力方法

目前,应用于气动分析与设计的定常气动力方法有多种,不同方法对于分析结果的精确性具有较大的影响,这里仅介绍几类常见的定常气动力分析方法。

基于线化气动力势流理论的面元法能够在亚声速和超声速情况下快速提供相对初步的气动力载荷。这类方法建模简单,能够很好地与结构有限元分析方法相结合进行耦合分析,是工程中常用的气动力分析计算方法。使用该方法往往只需要通过求解线性方程组就可以得到所需结果,而不需要进行反复迭代,计算耗费较小。这类方法是目前国内外普遍使用的一类方法,已经应用于许多型号的设计中。MSC. Nastran、ASTROS、FASTOP 等工程结构有限元分析软件的气动弹性模块都使用这类气动力分析方法。

线性气动力计算方法包括基于线化势流理论的低阶面元法和高阶面元法等方法。面元法气动力计算模型可以分为两种类型:平板气动力模型和三维实体气动力模型。对于平板气动力模型,低阶面元方法在压力点和控制点的分布位置上受到一定的限制,分别分布在每个气动网格四分之一和四分之三弦线上。然而,高阶面元方法不需要特定位置的基本解(又称奇点)分布,压力点和控制点分布基于大量不同翼型和气流条件下的数值模拟。对于基于真实几何外形建立的三维气动力模型,在每个面元上和结点上分别分布连续点源和偶极子等基本解。此外,采用频域气动力的形式,还可进行快速非定常气动力的计算和分析。但是,线性气动力分析方法也存在不足,不能用于流场压缩效应显著的跨声速范围以及大迎角等具有强流动分离的情况。

2. 非线性气动力方法

采用线性气动力方法进行飞行载荷分析的适用范围是比较有限的。在气动力的非线性行为比较强烈的情况下（如在跨声速、大迎角/大舵偏角情况下，激波、旋涡、分离问题都非常突出），就必须采用非线性气动力方法，即基于高精度 N-S 方程（适用于黏性流）或欧拉方程（适用于非黏性流）的计算流体力学方法（简称 CFD 方法）。关于 CFD 方法的教材、专著以及论文很多，这里不做过多介绍。CFD 方法适用于大多数情况，但这类方法需要前期花费大量精力进行网格划分并且分析耗费非常大，在工程实践中使用往往局限于对有限个状态进行校核分析。如果在时域内进行 CFD 的非定常气动力仿真，则计算耗费进一步增加。

2.3.5 各气动力分析方法的关系和适用范围

综合前面各小节的内容可以看出，从流体的连续方程、运动方程、能量方程、状态方程出发，再考虑边界条件，可以得到 Navier-Stokes 方程（简称 N-S 方程）。以此为基础引入理想气体假设，就成为欧拉方程。再在欧拉方程的基础上引入无旋假设，成为全速势方程；引入小扰动假设，可以导出小扰动方程。以小扰动方程为基础的常用方法有面元法、涡格法等，这两类方法是亚声速和超声速状态飞行载荷与气动弹性分析中的常用线性方法。对于非线性情况和精度有更高要求的状态则需要使用基于 N-S 方程或欧拉方程的 CFD 方法。高超声速气动力的分析，工程上可以使用激波-膨胀波理论、活塞理论、牛顿冲击流理论等，但当精度有更高要求时则还需要使用 CFD 方法。各种气动力分析方法的关系和使用条件如图 2.39 所示。

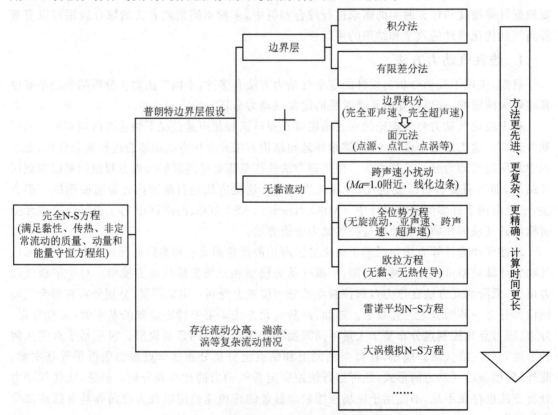

图 2.39 不同气动力分析方法的层级示意图

思考题

1. 试对比完全气体、理想气体、绝热气体三个概念的含义。
2. 试解释散度、旋度在流体力学中的物理含义。
3. 试概括位函数的物理含义和使用位函数给求解带来的好处。
4. 试从微分形式的质量方程推导出位函数满足的拉氏方程。
5. 试对比分析定常和非定常流的特点,并概括两种流场的主要分析方法。
6. 试概括各气动力分析方法的关系和适用范围。

第 3 章　低速和亚声速部件空气动力学

本章主要以翼面为对象介绍低速和亚声速部件空气动力学。在基本方程方面,从连续方程和运动方程出发,导出全速位方程;引入小扰动假设,导出小扰动非线性和线性方程;在此基础上介绍常用的升力面理论、升力线理论、面元法、涡格法等,以及不同类翼面的气动特性;还介绍了亚声速可压流和低速不可压流的气动变换法则。

3.1　机翼的几何特性

机翼一般有一个与飞机对称面重合的对称面。机翼的几何形状主要指的是机翼的平面形状、机翼翼型、扭转角和上反角等。

本书仍采用第 2 章中介绍的苏联坐标系来说明机翼的几何特性,如图 3.1 所示,坐标原点 O 位于机翼对称面前缘点,x 轴是机翼的纵轴,沿来流方向位于机翼的对称面上;z 轴是机翼的横轴,指向左翼并垂直于机翼的对称面;y 轴是机翼的立轴,垂直于 Oxz 平面,x、y、z 轴组成右手正交坐标系。坐标的原点一般放在翼根根弦的前缘点上。在 Oxz 平面上定义机翼的平面形状;在 Oxy 平面上定义机翼的扭转角;在 Oyz 平面上定义机翼的上反角。

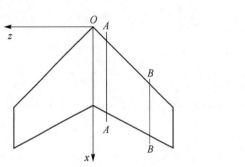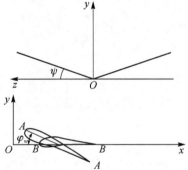

图 3.1　机翼的坐标系

1. 机翼的平面形状

常用机翼的平面形状有矩形、梯形和三角形等,如图 3.2 所示。机翼的主要几何参数是翼展、梢根比(或根梢比)、机翼面积、展弦比和后掠角等。

翼展 l 是机翼在 z 轴方向的最大长度。

梢根比 η 是机翼的梢弦 b_t 和根弦 b_r 之比,根梢比 ξ 是梢根比 η 的倒数,η 和 ξ 分别如下:

$$\eta = \frac{b_t}{b_r}, \quad \xi = \frac{b_r}{b_t} \tag{3.1}$$

机翼的面积 S 指的是机翼在 Oxz 平面上的投影面积,即

$$S = \int_{-l/2}^{l/2} b(z) \mathrm{d}z \tag{3.2}$$

式中:$b(z)$ 为当地弦长。

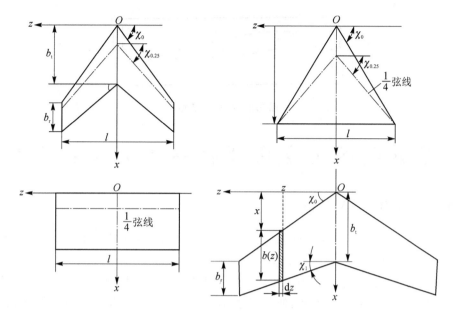

图 3.2　机翼的平面形状及参数

展弦比 λ 是机翼展向伸长程度的量度,定义为

$$\lambda = \frac{l^2}{S} \tag{3.3a}$$

对于矩形机翼,因 $b(z)=b=$ 常量,又 $S=lb$,所以

$$\lambda = \frac{l}{b} \tag{3.3b}$$

平均几何弦长 b_G 定义为

$$b_G = \frac{S}{l} \tag{3.4}$$

后掠角 χ 是表示机翼各剖面在 x 轴上的相对位移。机翼沿翼展方向各剖面等百分比弦长点的连线与机翼对称面法线的夹角称为后掠角,规定后掠为正。后掠角一般在前缘线或 25% 等弦线或后缘线测量,分别称为前缘后掠角 χ_0、1/4 弦线后掠角 $\chi_{0.25}$ 和后缘后掠角 χ_1。

2. 几何扭转角

机翼上平行于对称面的翼剖面的弦线相对于翼根翼剖面弦线的角度称为机翼的几何扭转角 φ_w,如图 3.1 所示。若该翼面的局部迎角大于翼根翼剖面的迎角,则扭转角为正。沿展向翼面的局部迎角从翼根到翼梢是减少的扭转称为外洗,扭转角为负;反之,称为内洗。但注意,除了几何扭转角外尚有气动扭转角,指的是平行于机翼对称面任一翼剖面的零升力线和翼根翼剖面的零升力线之间的夹角。

3. 上反角

上反角 ψ 表示左右半机翼相对于 Oxz 平面的倾斜程度,这也是表示在 y 轴方向上各翼剖面的相对位移,如图 3.1 所示。规定上反为正,下反为负。

4. 安装角

机翼安装在机身上时,翼根翼剖面弦线与机身轴线之间的夹角 φ 称为安装角,如图 3.3 所示。

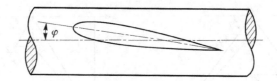

图 3.3　机翼安装角

3.2　薄翼绕流的定常线化位流方程和边界条件

3.2.1　线化位流方程

不可压位流中,求解一个具体问题,在数学上可归结为求一个速度位 ϕ 满足拉氏方程

$$\nabla^2 \phi = 0 \quad 或 \quad \Delta \phi = 0 \tag{3.5}$$

而且满足给定的具体边界条件。因为拉氏方程是线性的,所以具体问题的解决方法可把若干个各自满足拉氏方程的解叠加起来,使其满足所给定的边界条件,从而得到给定问题的解。

对于可压流,速度位所满足的方程要复杂得多而且是非线性的,要在给定的边界条件下直接解这样的方程是很困难的,然而在小扰动假设下可将方程简化成线性方程,最后使用叠加原理进行求解。小扰动方程可以从连续方程、运动方程出发,结合密度变化、压强变化与声速的关系,并引入小扰动的假设条件,推导得出。

根据第 2 章公式(2.63a),不考虑时间项,无黏、定常、可压流的连续方程为

$$\frac{\partial \rho V_x}{\partial x} + \frac{\partial \rho V_y}{\partial y} + \frac{\partial \rho V_z}{\partial z} = 0 \tag{3.6}$$

需要注意的是,这里的 V_x、V_y、V_z 对应于第 2 章的 u、v、w,分别为 x、y、z 三个方向的分速度,本章 3.2.5 小节也使用了 u、v、w。V_x、V_y、V_z 为全速度,后文的 v_x、v_y、v_z 为扰动速度。

从第 2 章公式(2.74)出发,不考虑彻体力并忽略黏性,运动方程为

$$\begin{cases} \dfrac{1}{\rho} \dfrac{\partial p}{\partial x} = -\left(V_x \dfrac{\partial V_x}{\partial x} + V_y \dfrac{\partial V_x}{\partial y} + V_z \dfrac{\partial V_x}{\partial z} \right) \\[2mm] \dfrac{1}{\rho} \dfrac{\partial p}{\partial y} = -\left(V_x \dfrac{\partial V_y}{\partial x} + V_y \dfrac{\partial V_y}{\partial y} + V_z \dfrac{\partial V_y}{\partial z} \right) \\[2mm] \dfrac{1}{\rho} \dfrac{\partial p}{\partial z} = -\left(V_x \dfrac{\partial V_z}{\partial x} + V_y \dfrac{\partial V_z}{\partial y} + V_z \dfrac{\partial V_z}{\partial z} \right) \end{cases} \tag{3.7}$$

因为

$$\begin{cases} \dfrac{\partial \rho}{\partial x} = \dfrac{\mathrm{d}\rho}{\mathrm{d}p} \dfrac{\partial p}{\partial x} = \dfrac{1}{a^2} \dfrac{\partial p}{\partial x} \\[2mm] \dfrac{\partial \rho}{\partial y} = \dfrac{\mathrm{d}\rho}{\mathrm{d}p} \dfrac{\partial p}{\partial y} = \dfrac{1}{a^2} \dfrac{\partial p}{\partial y} \\[2mm] \dfrac{\partial \rho}{\partial z} = \dfrac{\mathrm{d}\rho}{\mathrm{d}p} \dfrac{\partial p}{\partial z} = \dfrac{1}{a^2} \dfrac{\partial p}{\partial z} \end{cases} \tag{3.8}$$

式中:a 为当地声速。这里声速与密度和压强的关系见第 4 章公式(4.2)。

将式(3.8)代入连续方程得到

$$\frac{1}{a^2}\left(\frac{V_x}{\rho}\frac{\partial p}{\partial x}+\frac{V_y}{\rho}\frac{\partial p}{\partial y}+\frac{V_z}{\rho}\frac{\partial p}{\partial z}\right)+\left(\frac{\partial V_x}{\partial x}+\frac{\partial V_y}{\partial y}+\frac{\partial V_z}{\partial z}\right)=0 \qquad (3.9)$$

将运动方程代入上式得到

$$\left(1-\frac{V_x^2}{a^2}\right)\frac{\partial V_x}{\partial x}+\left(1-\frac{V_y^2}{a^2}\right)\frac{\partial V_y}{\partial y}+\left(1-\frac{V_z^2}{a^2}\right)\frac{\partial V_z}{\partial z}-$$

$$\frac{V_xV_y}{a^2}\left(\frac{\partial V_x}{\partial y}+\frac{\partial V_y}{\partial x}\right)-\frac{V_yV_z}{a^2}\left(\frac{\partial V_y}{\partial z}+\frac{\partial V_z}{\partial y}\right)-\frac{V_zV_x}{a^2}\left(\frac{\partial V_z}{\partial x}+\frac{\partial V_x}{\partial z}\right)=0 \quad (3.10)$$

从第 2 章公式(2.50)可以得到,对于等熵位流存在速度位 ϕ,而且

$$V_x=\frac{\partial \phi}{\partial x}, \quad V_y=\frac{\partial \phi}{\partial y}, \quad V_z=\frac{\partial \phi}{\partial z} \qquad (3.11)$$

将式(3.11)代入式(3.10)得到速度位满足的方程

$$\left(1-\frac{V_x^2}{a^2}\right)\frac{\partial^2 \phi}{\partial x^2}+\left(1-\frac{V_y^2}{a^2}\right)\frac{\partial^2 \phi}{\partial y^2}+\left(1-\frac{V_z^2}{a^2}\right)\frac{\partial^2 \phi}{\partial z^2}-$$

$$2\frac{V_xV_y}{a^2}\frac{\partial^2 \phi}{\partial x\partial y}-2\frac{V_yV_z}{a^2}\frac{\partial^2 \phi}{\partial y\partial z}-2\frac{V_zV_x}{a^2}\frac{\partial^2 \phi}{\partial z\partial x}=0 \qquad (3.12)$$

式(3.12)就是无黏、定常、等熵、可压缩位流的全速位方程。关于等熵的概念在后面的 4.1.2 小节有专门介绍。

但是由于式(3.12)是非线性的、非常复杂,求解很困难,因此需要加以简化。

考虑到飞机高速飞行时,为了减小阻力,机翼的相对厚度、弯度都较小,而且迎角也不大,因此可以假设其对流场的扰动是小扰动。

取 x 轴与未经扰动的直匀来流一致。当直匀流以速度 V_∞ 绕机翼流动时,流场受到扰动,在流场中各点除具有速度 V_∞ 外,还有扰动速度 v_x、v_y、v_z。这样速度的 3 个分量可以分别表示为

$$\begin{cases} V_x=\dfrac{\partial \phi}{\partial x}=V_\infty+v_x \\[2mm] V_y=\dfrac{\partial \phi}{\partial y}=v_y \\[2mm] V_z=\dfrac{\partial \phi}{\partial z}=v_z \end{cases} \qquad (3.13)$$

令 φ 表示扰动速度位,则

$$\begin{cases} v_x=\dfrac{\partial \varphi}{\partial x} \\[2mm] v_y=\dfrac{\partial \varphi}{\partial y} \\[2mm] v_z=\dfrac{\partial \varphi}{\partial z} \end{cases} \qquad (3.14)$$

这样 ϕ 和 φ 之间的关系为

$$\mathrm{d}\phi=\frac{\partial \phi}{\partial x}\mathrm{d}x+\frac{\partial \phi}{\partial y}\mathrm{d}y+\frac{\partial \phi}{\partial z}\mathrm{d}z=V_x\mathrm{d}x+V_y\mathrm{d}y+V_z\mathrm{d}z$$

$$=(V_\infty+v_x)\mathrm{d}x+v_y\mathrm{d}y+v_z\mathrm{d}z$$

$$= V_\infty \mathrm{d}x + \frac{\partial \varphi}{\partial x} \mathrm{d}x + \frac{\partial \varphi}{\partial y} \mathrm{d}y + \frac{\partial \varphi}{\partial z} \mathrm{d}z = V_\infty \mathrm{d}x + \mathrm{d}\varphi \tag{3.15}$$

则

$$\phi = V_\infty x + \varphi \tag{3.16}$$

将式(3.16)代入式(3.12)可得

$$\left(1 - \frac{V_x^2}{a^2}\right)\frac{\partial^2 \varphi}{\partial x^2} + \left(1 - \frac{V_y^2}{a^2}\right)\frac{\partial^2 \varphi}{\partial y^2} + \left(1 - \frac{V_z^2}{a^2}\right)\frac{\partial^2 \varphi}{\partial z^2} -$$

$$2\frac{V_x V_y}{a^2}\frac{\partial^2 \varphi}{\partial x \partial y} - 2\frac{V_y V_z}{a^2}\frac{\partial^2 \varphi}{\partial y \partial z} - 2\frac{V_z V_x}{a^2}\frac{\partial^2 \varphi}{\partial z \partial x} = 0 \tag{3.17}$$

考虑到对于完全气体等熵流动,从能量方程有

$$a^2 + \frac{\kappa - 1}{2}V^2 = \mathrm{const} \quad 或 \quad a^2 + \frac{\kappa - 1}{2}V^2 = a_\infty^2 + \frac{\kappa - 1}{2}V_\infty^2 \quad 或$$

$$a^2 = a_\infty^2 - \frac{\kappa - 1}{2}(V^2 - V_\infty^2) \tag{3.18}$$

考虑到

$$V^2 = V_x^2 + V_y^2 + V_z^2 \tag{3.19}$$

将式(3.19)和式(3.13)代入式(3.18)可得

$$a^2 = a_\infty^2 - \frac{\kappa - 1}{2}(2V_\infty v_x + v_x^2 + v_y^2 + v_z^2) \tag{3.20}$$

将式(3.20)代入式(3.17),并考虑到小扰动情况 $\dfrac{v_x}{V_\infty}$、$\dfrac{v_y}{V_\infty}$、$\dfrac{v_z}{V_\infty}$ 均远小于 1.0,这样如果忽略二阶以上的项,且当 Ma_∞ 不接近 1 时,则方程可以简化为

$$(1 - Ma_\infty^2)\frac{\partial^2 \varphi}{\partial x^2} + \frac{\partial^2 \varphi}{\partial y^2} + \frac{\partial^2 \varphi}{\partial z^2} = 0 \tag{3.21}$$

式(3.21)称为定常小扰动线化位流方程,适用于 $Ma < 5$ 且不接近 1 的定常、无黏、无热传导、可压、等熵情况,该方程将在后面经常使用。

式(3.21)是线性方程,可以用叠加的办法来求解。

对于亚声速流,$Ma_\infty < 1$,记 $1 - Ma_\infty^2 = \beta^2$,则式(3.21)变为

$$\beta^2 \frac{\partial^2 \varphi}{\partial x^2} + \frac{\partial^2 \varphi}{\partial y^2} + \frac{\partial^2 \varphi}{\partial z^2} = 0 \tag{3.22}$$

式(3.22)为椭圆型线性二阶偏微分方程。

对于超声速流,$Ma_\infty > 1$,记 $Ma_\infty^2 - 1 = B^2$,则式(3.21)变为

$$B^2 \frac{\partial^2 \varphi}{\partial x^2} - \frac{\partial^2 \varphi}{\partial y^2} - \frac{\partial^2 \varphi}{\partial z^2} = 0 \tag{3.23}$$

式(3.23)为双曲型线性二阶偏微分方程。

3.2.2 亚声速绕流时薄翼的边界条件

为了确定薄翼流场的扰动速度位 φ,必须根据薄翼流场的边界条件对方程(3.21)进行求解。薄翼流场边界条件包括翼面边界条件、无穷远处(远场)边界条件和机翼后缘条件。这里仅对亚声速绕流时薄翼的边界条件进行介绍。

1. 翼面上的近似边界条件

在定常无黏流中,翼面上的边界条件是翼面上气流方向必须与翼面相切,也即翼面上任一点的气流合速度必须与翼面在该点的法线相垂直。在小扰动条件下,可得到较简单的线化边界条件。

图 3.4 所示为一个几乎是平板的翼,其上下表面距 Oxz 平面都很接近,而且几乎都平行于 Oxz 平面。远前方未经动气流的方向与 x 轴一致。设机翼上下表面的翼面方程为

$$y_u = y_u(x,z) \quad \text{和} \quad y_1 = y_1(x,z) \tag{3.24}$$

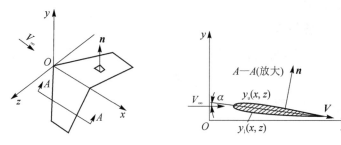

图 3.4　翼面的边界条件

V 和 n 分别为翼面上的当地气流速度和单位法向向量,则翼面上的边界条件可写为

$$V \cdot n = 0 \tag{3.25}$$

对于上翼面,n 在 x、y、z 三个方向的分量分别正比于 $\left(-\dfrac{\partial y_u}{\partial x}\right)$、$1$ 和 $\left(-\dfrac{\partial y_u}{\partial z}\right)$。另一方面,$V$ 在 x、y、z 方向的三个分量分别为 $(V_\infty + v_x)$、v_y 和 v_z,则根据式(3.25)有

$$v_y(x, y_u, z) = (V_\infty + v_x)\frac{\partial y_u}{\partial x} + v_z \frac{\partial y_u}{\partial z} \tag{3.26}$$

在小扰动的条件下,因为机翼很薄所以有

$$\left|\frac{\partial y_u}{\partial x}\right|, \left|\frac{\partial y_u}{\partial z}\right| \ll 1$$

则式(3.26)等号右侧除 $V_\infty \dfrac{\partial y_u}{\partial x}$ 项以外,其他各项均系二阶小量,略去二阶小量后式(3.26)变为

$$v_y(x, y_u, z) = V_\infty \frac{\partial y_u}{\partial x} \tag{3.27}$$

进一步把上式左边的 v_y 在 $y=0_+$ 处展成级数

$$v_y(x, y_u, z) = v_y(x, 0_+, z) + y_u \frac{\partial v_y}{\partial y}(x, 0_+, z) + \frac{y_u^2}{2!}\frac{\partial^2 v_y}{\partial y^2}(x, 0_+, z) + \cdots \tag{3.28}$$

在无黏流中,可假设 v_y 对 y 的变化率是不大的,所以式(3.28)可近似为

$$v_y(x, y_u, z) \approx v_y(x, 0_+, z) \tag{3.29}$$

把式(3.29)代入式(3.27)得

$$\frac{\partial \varphi}{\partial y}(x, 0_+, z) = v_y(x, 0_+, z) \approx V_\infty \frac{\partial y_u(x,z)}{\partial x} \tag{3.30}$$

对于机翼下表面,同理可推得

$$\frac{\partial \varphi}{\partial y}(x,0_-,z) = v_y(x,0_-,z) \approx V_\infty \frac{\partial y_1(x,z)}{\partial x} \tag{3.31}$$

式(3.30)和式(3.31)是薄翼面的近似边界条件或称为线化边界条件,也就是说边界条件是在机翼对 Oxz 平面的投影面上满足,而不是在机翼表面上满足的。这样处理的好处是线化边界条件配合线化位流方程,可用叠加的方法来计算薄翼的绕流问题。

2. 远场边界条件

在远离机翼的无穷远处,扰动速度位为零,即当 $y \to \pm\infty$、$z \to \pm\infty$、$x \to \pm\infty$(厚度问题)或 $x \to -\infty$(升力问题)时,$\varphi = 0$。

3. 后缘条件(库塔条件)

在定常不分离的条件下,机翼上下表面的气流总是在机翼后缘平滑地会合,当机翼承受有气动载荷时,上下表面的压强差在后缘处趋于零。

3.2.3 线化压强系数

压强系数定义为

$$C_p \equiv \frac{p - p_\infty}{\frac{1}{2}\rho_\infty V_\infty^2} = \frac{2}{\kappa Ma_\infty^2}\left(\frac{p}{p_\infty} - 1\right) \tag{3.32}$$

式中:p 为当地压强,可用伯努利方程把 p 与当地速度 V 联系起来,即

$$\frac{\kappa}{\kappa - 1}\left(\frac{p}{\rho} - \frac{p_\infty}{\rho_\infty}\right) = \frac{1}{2}(V_\infty^2 - V^2) \quad \text{或} \quad \frac{\kappa}{\kappa - 1}\frac{p_\infty}{\rho_\infty}\left(\frac{\rho_\infty p}{p_\infty \rho} - 1\right) = \frac{V_\infty^2}{2}\left(1 - \frac{V^2}{V_\infty^2}\right) \tag{3.33}$$

用 $a_\infty = \kappa \dfrac{p_\infty}{\rho_\infty}$ 代入式(3.33),然后用等熵关系式 $\dfrac{\rho_\infty}{\rho} = \left(\dfrac{p_\infty}{p}\right)^{\frac{1}{\kappa}}$ 代入,整理后得

$$\frac{p}{p_\infty} = \left[1 + \frac{\kappa - 1}{2}Ma_\infty^2\left(1 - \frac{V^2}{V_\infty^2}\right)\right]^{\frac{\kappa}{\kappa - 1}} \tag{3.34}$$

把式(3.34)代入式(3.32)得

$$C_p = \frac{2}{\kappa Ma_\infty^2}\left\{\left[1 + \frac{\kappa - 1}{2}Ma_\infty^2\left(1 - \frac{V^2}{V_\infty^2}\right)\right]^{\frac{\kappa}{\kappa - 1}} - 1\right\} \tag{3.35}$$

在小扰动假设下,式(3.35)可进一步简化,因为

$$V^2 = (V_\infty + v_x)^2 + v_y^2 + v_z^2$$

或

$$1 - \frac{V^2}{V_\infty^2} = -\left[2\frac{v_x}{V_\infty} + \left(\frac{v_x}{V_\infty}\right)^2 + \left(\frac{v_y}{V_\infty}\right)^2 + \left(\frac{v_z}{V_\infty}\right)^2\right] \tag{3.36}$$

将式(3.35)中的方括号项按二项式展开

$$\left[1 + \frac{\kappa - 1}{2}Ma_\infty^2\left(1 - \frac{V^2}{V_\infty^2}\right)\right]^{\frac{\kappa}{\kappa - 1}}$$

$$= 1 + \frac{\kappa}{\kappa - 1}\left(\frac{\kappa - 1}{2}\right)Ma_\infty^2\left(1 - \frac{V^2}{V_\infty^2}\right) + \frac{1}{2}\left(\frac{\kappa}{\kappa - 1}\right) \times$$

$$\left(\frac{\kappa}{\kappa - 1} - 1\right)\left[\left(\frac{\kappa - 1}{2}\right)Ma_\infty^2\left(1 - \frac{V^2}{V_\infty^2}\right)\right]^2 + \cdots$$

$$= 1 + \frac{\kappa Ma_\infty^2}{2} \left[\frac{-2v_x}{V_\infty} - \frac{v_x^2 + v_y^2 + v_z^2}{V_\infty^2} \right] +$$

$$\frac{1}{2} \frac{\kappa}{(\kappa-1)^2} \left[\frac{(\kappa-1)^2}{4} Ma_\infty^4 \right] \left[\frac{4v_x^2}{V_\infty^2} + \frac{4v_x}{V_\infty} \left(\frac{v_x^2 + v_y^2 + v_z^2}{V_\infty^2} \right) + \right.$$

$$\left. \left(\frac{v_x^2 + v_y^2 + v_z^2}{V_\infty^2} \right)^2 \right] + \cdots \tag{3.37}$$

忽略式(3.37)中 $\dfrac{v_x^3}{V_\infty^3}$、$\dfrac{v_y^3}{V_\infty^3}$、$\dfrac{v_z^3}{V_\infty^3}$ 等三阶和更高阶的小量则得

$$\left[1 + \frac{\kappa-1}{2} Ma_\infty^2 \left(1 - \frac{V^2}{V_\infty^2} \right) \right]^{\frac{\kappa}{\kappa-1}}$$

$$= 1 - \frac{\kappa Ma_\infty^2}{2} \left(\frac{2v_x}{V_\infty} + \frac{v_x^2 + v_y^2 + v_z^2}{V_\infty^2} \right) + \frac{1}{2} \kappa Ma_\infty^4 \frac{v_x^2}{V_\infty^2}$$

$$= 1 - \frac{\kappa Ma_\infty^2}{2} \left[\frac{2v_x}{V_\infty} + (1 - Ma_\infty^2) \frac{v_x^2}{V_\infty^2} + \frac{v_y^2 + v_z^2}{V_\infty^2} \right] \tag{3.38}$$

将式(3.38)代入式(3.35)得

$$C_p = - \left[\frac{2v_x}{V_\infty} + (1 - Ma_\infty^2) \frac{v_x^2}{V_\infty^2} + \frac{v_y^2 + v_z^2}{V_\infty^2} \right] \tag{3.39}$$

若只取一级近似,则对于薄翼式(3.39)等号右端后两项与第一项相比是小量可略去,则

$$C_p \approx - \frac{2v_x}{V_\infty} = - \frac{2}{V_\infty} \frac{\partial \varphi}{\partial x} \tag{3.40a}$$

对于细长旋成体必须保留右端第三项,这一点在第 6 章还要提到,则 C_p 应为

$$C_p \approx - \left(\frac{2v_x}{V_\infty} + \frac{v_y^2 + v_z^2}{V_\infty^2} \right) \tag{3.40b}$$

3.2.4　叠加原理

由于小扰动速位 φ 所满足的方程(3.5)是线性的,因此如 φ_1 和 φ_2 分别都是方程(3.21)的解,则 $\varphi_1 + \varphi_2$ 也是方程(3.21)的解。而且,因为近似边界条件式(3.30)和式(3.31)也都是线性的,所以薄翼的绕流问题可分成厚度问题和弯度(包括迎角的作用)问题分别处理,然后线性叠加得到问题的解。叠加原理的好处不言自明,基于该原理可以把复杂流动方程的解分成若干满足方程的基本解,再进行线性叠加。

令 $y_f(x,z)$ 为机翼中弧面的坐标,则上表面 $y_u(x,z)$ 和下表面 $y_1(x,z)$ 的坐标分别为

$$\begin{cases} y_u(x,z) = y_f(x,z) + y_t(x,z) \\ y_1(x,z) = y_f(x,z) - y_t(x,z) \end{cases} \tag{3.41}$$

式(3.41)中 $y_t(x,z)$ 为机翼局部厚度的一半(见图 3.5)。

图 3.5　翼型绕流叠加图

流场的小扰动速位 φ 可看成是气流 V_∞ 以零迎角流经厚度为 $2y_t$ 的对称翼型机翼的小扰动速位 φ_t(厚度问题)与气流 V_∞ 以迎角 α 流经中弧面为 $y_f(x,z)$ 的无厚度机翼的小扰动速位 φ_f(弯度问题)之和。φ_f 和 φ_t 都分别满足方程(3.21),又从式(3.41)、(3.30)和式(3.31)可知,φ_t 和 φ_f 应满足的翼面边界条件分别为

$$\frac{\partial \varphi_t}{\partial y}(x,0_\pm,z) \approx \pm V_\infty \frac{\partial y_t}{\partial x}(x,z), \quad (x,z) \text{ 在 } \Sigma \text{ 上} \tag{3.42}$$

和

$$\frac{\partial \varphi_f}{\partial y}(x,0_\pm,z) \approx V_\infty \frac{\partial y_f}{\partial x}(x,z), \quad (x,z) \text{ 在 } \Sigma \text{ 上} \tag{3.43}$$

这里 Σ 代表机翼在 $y=0$ 平面上的投影面积。对弯度问题还必须满足机翼后缘的库塔条件。此外,对上述两种情况远场的边界条件都必须满足。

对于压强系数,从式(3.40a)可看出,在小扰动条件下,线化压强系数 C_p 也是可以叠加的,所以薄翼小扰动流场的压强系数也可分别由其相应的厚度问题和弯度问题的压强系数叠加而得。显然,由于厚度问题流场的对称性,它对机翼的升力以及与升力有关的气动特性没有贡献,而弯度问题(包括迎角)对升力和与升力有关的气动特性则起着主要作用,所以本章后面讨论的重点是弯度问题(升力问题)。

3.2.5　几种简单的二维位流及其叠加

为了更加清楚地了解位流的可叠加性,这里以二维不可压流为例介绍几种用简单函数表示的位流。它们是最基本的流动,许多复杂的流动可以由它们组合而成。

对于不可压无旋流,其全速度位 ϕ 满足拉普拉斯方程:

$$\frac{\partial^2 \phi}{\partial x^2} + \frac{\partial^2 \phi}{\partial y^2} + \frac{\partial^2 \phi}{\partial z^2} = 0 \tag{3.44}$$

对于二维问题,$\dfrac{\partial^2 \phi}{\partial x^2} + \dfrac{\partial^2 \phi}{\partial y^2} = 0$,除了位函数之外,还有流函数 φ:

$$\frac{\partial \phi}{\partial x} = \frac{\partial \varphi}{\partial y} = u, \quad \frac{\partial \phi}{\partial y} = -\frac{\partial \varphi}{\partial x} = v \tag{3.45}$$

这说明等位线和流线是相互正交的(见图 3.6)。流函数也满足拉普拉斯方程。

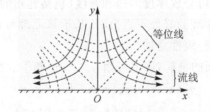

图 3.6　下冲气流在平壁上的流线与等位线

1. 直匀流

直匀流是一种速度不变的最简单的平行流动,如图 3.7 所示。

这种流动的位函数为

$$\phi = ax + by \tag{3.46}$$

流函数为

$$\varphi = -bx + ay \qquad (3.47)$$

其流速为

$$\begin{cases} u = \dfrac{\partial \phi}{\partial x} = a \\[2mm] v = \dfrac{\partial \phi}{\partial y} = b \end{cases} \qquad (3.48)$$

常用这样的直匀流：它与 x 轴平行，从左面远方流来，流速为 V_∞，则它的位函数为

$$\phi = V_\infty x \qquad (3.49)$$

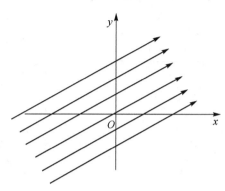

图 3.7　直匀流

2. 点源、点汇

源可正可负，通常将正的称为源，负的称为汇。这种流动只有径向流，没有切向流。

点源：流场上某一点有一定的流量向四面八方散开的一种流动。

点汇：流场上从四面八方有一定的流量向某一点流进去的一种流动。

如果把源放在坐标原点上（见图 3.8），设半径为 r 处的流速为 V_r，那么源的总流量通常可以表示为

$$Q = 2\pi r V_r = \text{const} \qquad (3.50)$$

这样径向速度为

$$V_r = \frac{Q}{2\pi r} \qquad (3.51)$$

位函数可以从 V_r 的积分得到

$$\phi = \frac{Q}{2\pi} \ln r = \frac{Q}{2\pi} \ln \sqrt{x^2 + y^2} \qquad (3.52)$$

如果源不在原点（见图 3.9），则位函数可写成

$$\phi = \frac{Q}{2\pi} \ln r = \frac{Q}{2\pi} \ln \sqrt{(x-\xi)^2 + (y-\eta)^2} \qquad (3.53)$$

其流速可写为

$$\begin{cases} u = \dfrac{\partial \phi}{\partial x} = \dfrac{Q}{2\pi} \dfrac{(x-\xi)}{(x-\xi)^2 + (y-\eta)^2} \\[3mm] v = \dfrac{\partial \phi}{\partial y} = \dfrac{Q}{2\pi} \dfrac{(y-\eta)}{(x-\xi)^2 + (y-\eta)^2} \end{cases} \qquad (3.54)$$

如果源在源点,则流速可写为

$$\begin{cases} u = \dfrac{\partial \phi}{\partial x} = \dfrac{Q}{2\pi} \dfrac{x}{x^2 + y^2} \\ v = \dfrac{\partial \phi}{\partial y} = \dfrac{Q}{2\pi} \dfrac{y}{x^2 + y^2} \end{cases} \tag{3.55}$$

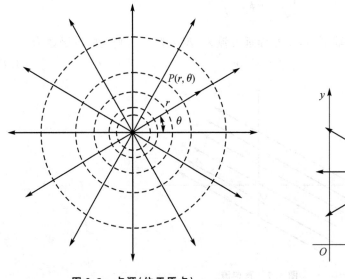

图 3.8　点源(位于原点)

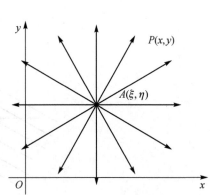

图 3.9　点源(不在原点)

3. 偶极子

将等强度的一个源和一个汇,放在 x 轴线上,源位于 $(-h, 0)$ 处,汇放在原点。流动图如图 3.10 所示,可以看出,从源出来的流量都进入汇。

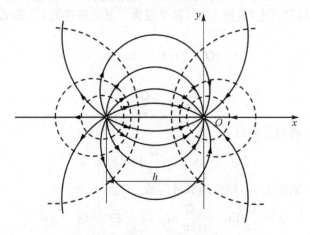

图 3.10　一个源加一个汇

应用叠加原理,位函数可写为

$$\phi = \frac{Q}{2\pi} \left[\ln \sqrt{(x+h)^2 + y^2} - \ln \sqrt{x^2 + y^2} \right] = \frac{Q}{2\pi} \ln \frac{\sqrt{(x+h)^2 + y^2}}{\sqrt{x^2 + y^2}} \tag{3.56}$$

现在考虑一种极限情况,当 $h \to 0$ 但同时增大 Q 时,使 $\dfrac{Qh}{2\pi} = M$ 保持不变的极限情况。这时位函数变为

$$\phi(x,y) = \frac{Q}{4\pi}\lim_{h \to 0}\left(\ln\frac{x^2+y^2+2hx+h^2}{x^2+y^2}\right) = \frac{Q}{4\pi}\lim_{h \to 0}\left(\frac{2hx}{x^2+y^2}\right) = M\frac{x}{x^2+y^2}$$

(3.57)

这种极限情况,并不是把一个有极限强度的源和另一个同强度的汇放在一起,彼此相互抵消,而是随 $h \to 0$,$Q \to \infty$ 的一种极限情况,其流动情况如图 3.11 所示,称为偶极子。

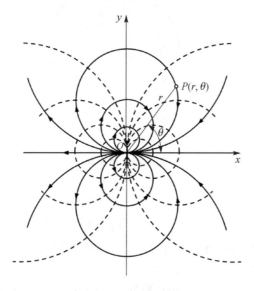

图 3.11　偶极子图

偶极子具有轴线方向,原来的源和汇所在的直线即为它的轴线。如果偶极子轴线和 x 轴成 θ 角,则位函数可写为

$$\phi(x,y) = \frac{M}{x^2+y^2}(x\cos\theta + y\sin\theta)$$

(3.58)

4. 点　涡

位于原点的一个点涡的流动,其图形和点源很像,只是流线和等位线对调一下,如图 3.12 所示。流线是一些同心圆,等位线是一些过中心的直线。没有径向流速,只有切向流速。整个流场除了涡所在的那一点之外,全是无旋流。

其位函数为

$$\phi = \frac{\Gamma_0}{2\pi}\theta$$

(3.59)

式中:Γ_0 为常数,称为点涡的强度。

流速为

$$V_\theta = \frac{\partial\phi}{r\partial\theta} = \frac{\Gamma_0}{2\pi r}$$

(3.60)

将位函数写成直角坐标为

$$\phi = \frac{\Gamma_0}{2\pi}\arctan\frac{y}{x} \tag{3.61a}$$

对于点涡不在原点的情况：

$$\phi = \frac{\Gamma_0}{2\pi}\arctan\frac{y-\eta}{x-\xi} \tag{3.61b}$$

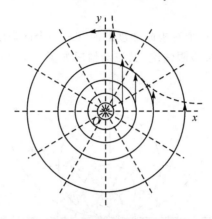

图 3.12　点涡图

当绕一个封闭圆做环量计算时，可以得到

$$\Gamma = V_\theta(2\pi r) = \frac{\Gamma_0}{2\pi r}(2\pi r) = \Gamma_0 \tag{3.62}$$

需要注意的是：不论绕哪个圆积分计算环量，只要包含涡的中心，其结果都是一样的。如果积分区域不包括涡的中心，则积分值为零。

直匀流、点源/点汇、偶极子、点涡是几种最简单的基本解，如果将它们叠加起来将产生一些有意义的流动。

5. 直匀流＋点源

平行于 x 轴从左向右流动的直匀流和点源叠加，会产生如图 3.13 所示的流动。

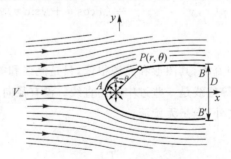

图 3.13　半无限体的绕流

这种流动的位函数为

$$\phi(x,y) = V_\infty x + \frac{Q}{2\pi}\ln\sqrt{x^2+y^2} \tag{3.63}$$

两个分速为

$$\begin{cases} u = \dfrac{\partial \phi}{\partial x} = V_\infty + \dfrac{Q}{2\pi} \dfrac{x}{x^2 + y^2} \\[3mm] v = \dfrac{\partial \phi}{\partial y} = \dfrac{Q}{2\pi} \dfrac{y}{x^2 + y^2} \end{cases} \tag{3.64}$$

在 x 轴线上有一个合速为零的点,即驻点 A,对应的坐标为

$$x_A = -\frac{Q}{2\pi V_\infty} \tag{3.65}$$

在这一点,流速之所以为零,是由于点源的速度在那里恰好与直匀流的速度相抵消的缘故。

6. 直匀流＋偶极子

由"5. 直匀流＋点源"可以看出,在直匀流中加点源,只能出现绕半无限体的流动,物形不会收口。要它收口得到一个封闭的物形,还需要加汇。只有当源和汇的总强度等于零时,物形才是封闭的。在直匀流中加一个偶极子,就可以得到绕封闭圆柱的绕流。

从左向右的直匀流与指向负 x 轴、置于坐标原点处的偶极子相叠加,所得到的流型如图 3.14 所示。

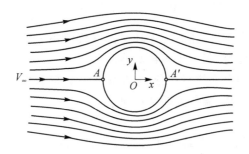

图 3.14　圆柱体的无环量绕流

流动的位函数为

$$\phi(x,y) = V_\infty x + M \frac{x}{x^2 + y^2} \tag{3.66}$$

流速的两个分量为

$$\begin{cases} u = \dfrac{\partial \phi}{\partial x} = V_\infty \left(1 - \dfrac{a^2}{r^2} \cos 2\theta \right) \\[3mm] v = \dfrac{\partial \phi}{\partial y} = -V_\infty \dfrac{a^2}{r^2} \sin 2\theta \end{cases} \tag{3.67}$$

式中:$a^2 = M/V_\infty$,a 是圆的半径。

式(3.67)是一个适用于全场的公式。令 $r = a$ 可以得到圆柱表面的流动:

$$\begin{cases} u = V_\infty (1 - \cos 2\theta) \\ v = -V_\infty \sin 2\theta \end{cases} \tag{3.68}$$

绕圆柱的流动,在圆柱的表面上只有圆周方向的速度,而没有径向速度:

$$V_\theta = \sqrt{u^2 + v^2} = 2V_\infty \sin \theta \tag{3.69}$$

7. 直匀流＋偶极子＋点涡

在直匀流和偶极子基础上叠加点涡,得到如图 3.15 所示的绕流。

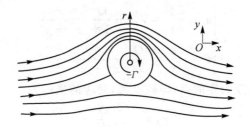

图 3.15　圆柱体的有环量绕流

相应的位函数为

$$\phi(x,y) = V_\infty\left(1 + \frac{a^2}{r^2}\right)x - \frac{\Gamma}{2\pi}\theta \tag{3.70}$$

流动的两个分速为

$$\begin{cases} V_r = V_\infty\left(1 - \dfrac{a^2}{r^2}\right)\cos\theta \\[3mm] V_\theta = -V_\infty\left(1 + \dfrac{a^2}{r^2}\right)\sin\theta - \dfrac{\Gamma}{2\pi r} \end{cases} \tag{3.71}$$

此时,$r=a$ 仍是一条流线,但驻点与无环量圆柱绕流不一样,具体与环量 Γ 对 aV_∞ 的比值有关。这种流动左右仍对称,但上下不再对称。

如果对圆柱表面的压力分布进行积分,会发现在 y 方向有力的作用,这个力称为升力,垂直于来流。这个结果称为库塔-儒科夫斯基定理。

$$L = \rho V_\infty \Gamma \tag{3.72}$$

至于其他形状(如不同翼型)的绕流如何通过叠加进行求解,可参考有关资料。

8. 库塔-儒科夫斯基定理

库塔-儒科夫斯基定理表明:作用在单位展长物体上的升力大小与绕物体的环量成正比。

虽然式(3.72)是借助于圆柱绕流而得到的,但它可以应用于任意截面形状的柱状物体,如图 3.16 所示的翼型的不可压缩绕流问题。

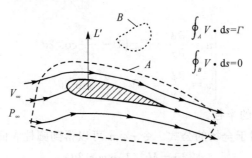

图 3.16　有升力翼型环量

由于翼型绕流的外部流场是无旋的,所以流场中任何不包含翼型的封闭曲线上的环量都为 0。因此,在应用库塔-儒科夫斯基定理时,所选取的环量积分曲线可以是任意形状的,但必须将绕流物体包含在内。

可以发现,二维的无黏、不可压缩流动的绕流问题的关键就在于如何求出绕物体的环量,一旦绕流的环量求出来了,就可以直接应用库塔-儒科夫斯基定理求出单位展长上的升力。在实际的无黏、不可压流动理论中,应用环量理论来计算任意截面形状的绕流物体升力比用压力分布计算升力要简便容易得多。

3.3　不可压流中机翼的弯度问题

3.3.1　机翼的低速绕流图画和气动模型

在一大展弦比直机翼的后缘上,沿其展向均匀地贴上一排丝线,在丝线的末端系着小棉花球,然后将机翼置于低速风洞中,当迎角 α 很小时,可看到翼尖的两棉花球有方向相反的旋转,如图 3.17(a)所示。若 α 增大,则翼尖的棉花球旋转速度加快,而且靠里端的棉花球也和翼尖的棉花球一样地旋转起来,但速度较慢,如图 3.17(b)所示。若 α 不变但将系棉花球的丝线加长,则只有翼尖的棉花球旋转,如图 3.17(c)所示。这些现象说明了紧接机翼后面近似地与机翼处于同一平面中的气流是做环行运动的,而稍远以后即只有翼尖后面的气流做环行运动。

发生上述现象的原因是,对于有限翼展机翼,在正升力时机翼下表面压强较高的气流将从机翼翼尖翻向上翼面,使得上翼面的流线向对称面偏斜,下翼面的流线向翼尖偏斜,而且这种偏斜从机翼的对称面到翼尖逐渐增大,如图 3.17(d)所示。

机翼上下翼面的压强系数分布如图 3.17(e)所示。由于上下翼面气流流线的偏斜,上下

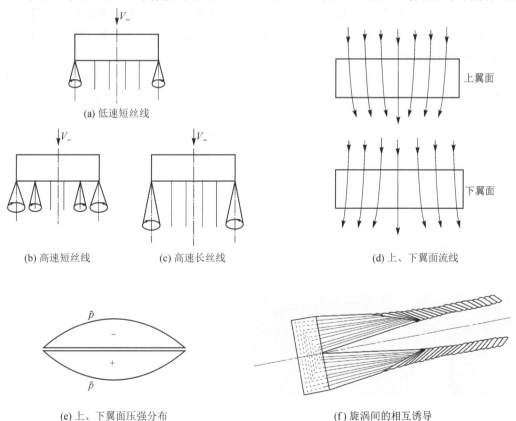

(a) 低速短丝线

(b) 高速短丝线　　　　(c) 高速长丝线

(d) 上、下翼面流线

(e) 上、下翼面压强分布

(f) 旋涡间的相互诱导

图 3.17　有限展长直机翼的绕流图

翼面气流在机翼后缘汇合时,尽管压强一样,但展向分速是相反的,所以在后缘处要拖出轴线几乎与来流方向平行的旋涡组成的涡面,这种涡面称为自由涡面。

因为气流的偏斜从机翼对称面到翼尖是逐渐增大的,所以自由涡面在两翼尖处的旋涡强度也较大,这也就是上面看到的在两翼尖的棉花球旋转速度比其他棉花球来得快的原因。

由于旋涡的相互诱导作用,在离开后较远的地方自由涡面将卷成两条方向相反的涡索,涡索的轴线大约与来流的方向平行,如图 3.17(f)所示,所以在上述观察实验中,如丝线较长时,只有翼尖的棉花球落在涡索之中才发生旋转,而其他棉花球不会旋转。

3.3.2　升力面理论

根据上述流动特点,可以建立气动模型。对于翼型(无限展长机翼)可以在翼型的中弧面上分布其轴线与展向平行的旋涡(附着涡面)来代替机翼的作用,而在三维机翼上除了附着涡面外,还应增加一个从后缘托出的自由涡面,并假设该自由涡面不卷起而顺着来流的方向伸向下游无穷远处。这样有限展长机翼在直匀流中的绕流模型可以看成:

直匀流＋附着涡面＋自由涡面

这也就是升力面理论所用的气动模型,如果能从理论上求出涡面的强度分布,就可以求出机翼所受的力和力矩。

在实用中,还可以把上述绕流模型进一步简化。将机翼沿翼展方向分成许多展向宽度很小的微段,并假设在这微段上环量沿展向是个常量,在这些微段上分布离散的马蹄涡系来代替附着涡面和自由涡面,如图 3.18(a)所示。考虑到环量沿弦向是变化的,所以每一微段的马蹄涡系由许多根马蹄涡组成。

如图 3.18(b)所示,每根马蹄涡由一根等强度的涡线弯折成 Ⅱ 字形而成,轴线为展向的部分称为附着涡,平行于来流方向伸向下游无穷远的部分称为自由涡。如图 3.18(c)所示,机翼

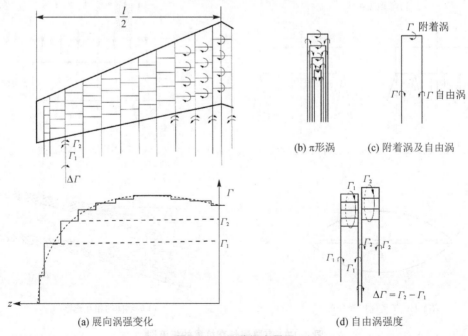

(a) 展向涡强变化　　　　　(b) π形涡　　(c) 附着涡及自由涡　　(d) 自由涡强度

图 3.18　马蹄涡布置图

展向每一微段马蹄涡系附着涡的强度总和(也是自由涡的强度)等于绕该微段机翼的环量 Γ。由于每一微段马蹄涡系的自由涡都与相邻微段的自由涡重合,它们的方向相反,因此此相互抵消了一部分,所以从机翼后缘托出的自由涡线的强度应是相邻两微段机翼环量之差,如图 3.18(d)所示。

根据这种气动力模型建立起来的理论称为简化升力面理论。

3.3.3　升力线理论

对于大展弦比的直机翼,上述的气动模型还可以进一步简化。由于机翼的弦长比展长小得多,而且机翼每一剖面的 1/4 弦点的连线是一条垂直于来流的直线段,因此可将所有沿弦向分布的附着涡合并成一条,全部附着涡就成为一条变强度的直线涡段,称为升力线。这样简化后的机翼就可用一根位于 1/4 弦线变强度 $\Gamma(z)$ 的直线涡段来代替,附着涡在任一展向 z 处的强度等于机翼在该展向位置的环量,简化后的气动模型为

直匀流＋附着直线涡段＋自由涡系

如图 3.19(a)所示,若附着涡强度分布为 $\Gamma(z)$,则从该展向位置 $\mathrm{d}z$ 段所托出的自由涡强度为 $\dfrac{\mathrm{d}\Gamma}{\mathrm{d}z}\mathrm{d}z$,这是因为如在 z 处附着涡的强度为 $\Gamma(z)$,则在 $z+\mathrm{d}z$ 处附着涡的强度为 $\Gamma(z)+\dfrac{\mathrm{d}\Gamma}{\mathrm{d}z}\mathrm{d}z$,在 $\mathrm{d}z$ 段附着涡的强度改变了 $\dfrac{\mathrm{d}\Gamma}{\mathrm{d}z}\mathrm{d}z$,根据旋涡的亥姆霍兹定理,从 $\mathrm{d}z$ 段拖出的自由涡的强度就应是 $\dfrac{\mathrm{d}\Gamma}{\mathrm{d}z}\mathrm{d}z$。基于该气动力模型建立起来的机翼理论称为升力线理论。

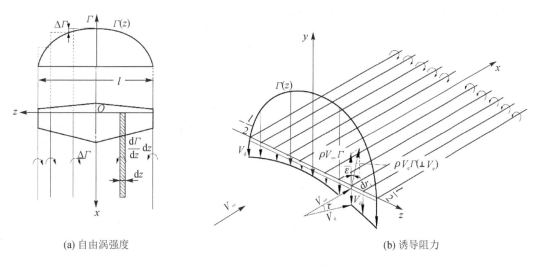

(a) 自由涡强度　　　　　　　　　　　　　　(b) 诱导阻力

图 3.19　适用于直机翼的升力线理论的涡

1. 下洗和诱导阻力

如图 3.19(b)所示,大展弦比直机翼任一剖面上的绕流情况与无限翼展机翼绕流的主要差别是从机翼后缘有自由涡系拖出,自由涡系对翼面上会引起 y 方向的诱导速度 V_d,因为诱导速度是向下的,故又称为下洗速度。由于下洗的存在,机翼各微段的有效迎角会减小,从而产生诱导阻力,如图 3.20 所示。

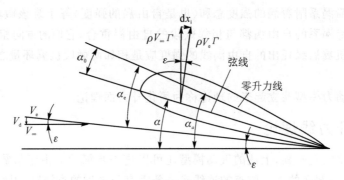

图 3.20　翼型的有效迎角

根据儒可夫斯基升力定理可得机翼的总升力和机翼的总诱导阻力。

机翼的总升力为

$$L = \rho V_\infty \int_{-l/2}^{l/2} \Gamma(z) \, \mathrm{d}z \tag{3.73}$$

机翼的总诱导阻力为

$$D_i = \rho \int_{-l/2}^{l/2} \Gamma(z) V_y(z) \, \mathrm{d}z = -\frac{\rho}{4\pi} \int_{-l/2}^{l/2} \Gamma(z) \left(\int_{-l/2}^{l/2} \frac{\mathrm{d}\Gamma}{\mathrm{d}z_b} \frac{\mathrm{d}z_b}{z_b - z} \right) \mathrm{d}z \tag{3.74}$$

从以上各式可见,当计算机翼的气动特性时,首先要确定机翼上附着涡的展向环量分布 $\Gamma(z)$。机翼环量的展向分布的计算方法有几种,通常用基本积分-微分方程的三角级数近似解法。

图 3.21 和图 3.22 给出了不同平面形状的机翼环量展向分布和升力线斜率。

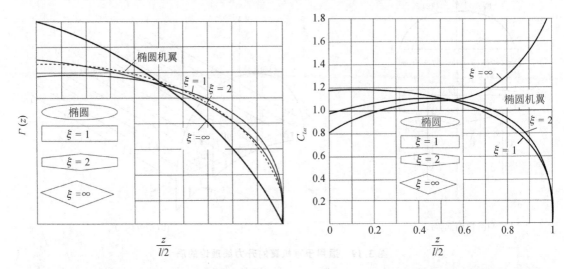

图 3.21　不同平面形状的机翼环量展向分布　　**图 3.22　不同平面形状的机翼升力线斜率**

从图 3.21 和图 3.22 中可以看出,对于矩形机翼最大升力线斜率发生在根部,根梢比较大的梯形机翼的最大升力线斜率发生在翼尖,且随着根梢比的增大,而越靠近翼尖。这使得:对于矩形机翼,翼根先失速;对于梯形机翼尤其是根梢比较大时,翼尖先失速。

2. 展向环量分布为椭圆形无扭转机翼的气动特性

根据推算,可以得到以下公式:

① 椭圆机翼的升力系数等于剖面的升力系数,即

$$C_L = C'_L(z) \tag{3.75}$$

② 机翼的升力线斜率 $C_{L\alpha}$ 与剖面升力线斜率 $C'_{L\alpha}(z)$ 的关系为

$$C_{L\alpha} = \frac{C'_{L\alpha}(z)}{1 + \dfrac{C'_{L\alpha}(z)}{\pi\lambda}} \tag{3.76}$$

这说明,机翼的升力线斜率 $C_{L\alpha}$ 比剖面升力线斜率 $C'_{L\alpha}(z)$ 要小,且随着 λ 的减小而减小。不同展弦比机翼的升力系数随迎角变化曲线如图 3.23 所示。

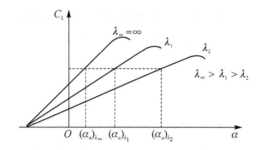

图 3.23   不同展弦比机翼的升力系数随攻角变化曲线

③ 机翼的诱导阻力系数为

$$C_{Di} = \frac{C_L^2}{\pi\lambda} \tag{3.77}$$

这说明,展弦比越大,诱导阻力越小。

3. 一般无扭转机翼的气动特性

对于一般无扭转机翼,由于翼尖涡的存在,其气动特性的公式与展向环量分布为椭圆的无扭转机翼略有差别,需要加上修正系数。

① 此时机翼升力系数不等于剖面的升力系数,即

$$C_L \neq C'_L(z) \tag{3.78}$$

② 机翼的升力线斜率 $C_{L\alpha}$ 与剖面升力线斜率 $C'_{L\alpha}(z)$ 的关系为

$$C_{L\alpha} = \frac{C'_{L\alpha}(z)}{1 + \dfrac{C'_{L\alpha}(z)}{\pi\lambda}(1+\tau)} \tag{3.79}$$

③ 机翼的诱导阻力系数为

$$C_{Di} = \frac{C_L^2}{\pi\lambda}(1+\delta) \tag{3.80}$$

④ τ 和 δ 可以按图 3.24 和表 3.1 确定。

从表 3.1 可以看出,梯形机翼的 τ 和 δ 最接近椭圆形机翼,尤其是在根梢比为 $2\sim3$ 时。

需要说明的是,以上有关机翼升力和诱导阻力的计算公式,适用于展弦比 3 以上的机翼。

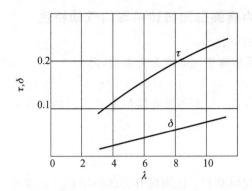

图 3.24 机翼诱导阻力系数修正因子随展弦比的变化

表 3.1 不同平面形状诱导阻力系数修正系数

机翼的平面形状	$\frac{1}{\pi}(1+\tau)$	$\frac{1}{\pi}(1+\delta)$	附　注
椭圆	0.318	0.318	椭圆情况：
梯形	0.318	0.318	$\tau=\delta=0$;
矩形	0.375	0.335	$\xi=2\sim3$;
菱形	0.363	0.363	$\lambda=5\sim8$

3.3.4 工程分析法

1. 面元法

以基于小扰动假设的小扰动速度势方程为基础,工程人员发展了多种方法计算小迎角薄翼的绕流。面元法就是其中的一种。在面元法中,认为飞行器的外形是由很多基元四边形面元来模拟的(见图 3.25),这些面元可以放在实际的飞机表面上,也可以放在某个平均表面上(如中弧面上),还可以是两者的组合。对于每一个面元,在它上面附着一种或几种基本解,如源、涡、偶极子等。基本解的强度通过求解相应的边界条件方程式来确定。一旦确定了这些基本解的强度,速度场和压强场就可以计算出来(见图 3.26)。基于面元法发展的不同程序,差别在于基本解分布的类型和形式的选择、面元的几何形状以及边界条件的类型。

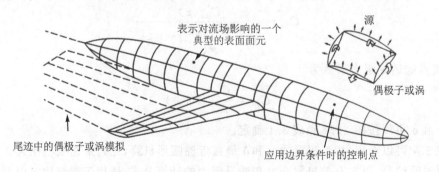

图 3.25 用面元法描述一架飞机的流场

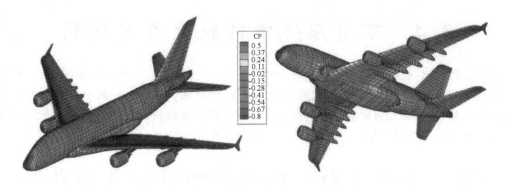

图 3.26　利用面元法计算得到的飞机表面压力分布

应用面元求解时,每个面元要设置一个控制点,认为其他面元对该面元的影响集中在此点。各个面元上的基本解对这个控制点的诱导速度要叠加起来,反映出与物面相切的边界条件,从而形成线性代数方程组。

2. 涡格法

对于薄机翼还可以采用更为简化的涡格法进行空气动力分析。涡格法将机翼当作一个平面来处理,在此平面上叠加了马蹄涡的网格,各个马蹄涡放置在梯形面元里面,从而将连续分布在机翼表面上的附着涡用有限数目的离散马蹄涡代替(见图 3.27)。每个马蹄涡由一段附着涡线和两段自由涡线构成,附着涡线与面元的 1/4 弦线平行,两个自由涡线从所在面元的 1/4 弦线的端点向下游延伸至无穷远处。每个马蹄涡在一个指定控制点上所诱导的速度按毕奥-萨瓦定律算出。对所有机翼表面上的控制点完成求和后,就得到满足不穿越机翼表面边界条件的有关马蹄涡强度的线性代数方程组。这些涡强度都与机翼的环量有关,因而与机翼上下表面的压强差有关。求出涡强度从而求出压强差,再对这些压强差进行积分即可得到合力和合力矩。

涡格法实质上是升力面理论的一种数值解法,也是一种平板面元法。

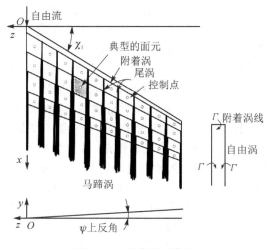

图 3.27　涡格法示意图

3.4　不可压流中的机翼厚度问题

前文已经指出,在小扰动的条件下对于具有迎角、弯度和厚度的机翼绕流问题,可把它分解成弯度(包括迎角)问题和厚度问题来处理,然后线性叠加。在弯度问题中只能给出机翼的升力等气动特性,如要知道机翼表面上的压强分布就需要求出机翼厚度的贡献。通常可以采用源(汇)基本解研究机翼的厚度问题。限于篇幅,在此不再赘述。

3.5　不同平面形状机翼的低速气动特性

3.5.1　后掠翼的低速气动特性

高速飞机为了提高机翼的临界马赫数,使翼面不产生激波或减弱激波的强度以降低波阻,大都采用后掠机翼。下面我们讨论后掠机翼的低速气动特性。

1. 后掠翼的绕流图和弦向压强分布特点

将一等弦长的后掠翼置于风洞中,当来流 V_∞ 以一小的正迎角绕机翼流动时,可以发现机翼上表面的流线呈 S 形,如图 3.28(a)所示。为了分析后掠翼的这个绕流特点,首先讨论无限翼展斜置翼的绕流问题(见图 3.28(b))。设无限翼展斜置机翼的后掠角(斜置角)为 χ。这时可将来流速度 V_∞ 分解成两个分速:一个是垂直于前缘的法向分速 $V_n = V_\infty \cos\chi$;另一个是平行于前缘的展向分速 $V_t = V_\infty \sin\chi$。不考虑黏性作用时,显然,展向分速 V_t 不影响机翼表面的压强分布,因而它对机翼的升力没有贡献,而只有法向分速流经机翼时会产生升力,这与来流以流速 $V_n = V_\infty \cos\chi$ 流过平直机翼一样,因此,无限翼展斜置机翼的空气动力特性仅取决于法向分量 V_n,而与展向分量 V_t 无关。

展向分速 V_t 虽然对机翼的升力特性不发生影响,但它会使气流绕无限翼展斜置翼的流动图不同于绕无限翼展平直机翼的流动图。在不考虑黏性时,展向分速 V_t 是个常量,而法向分速 V_n 不断地改变,所以流线就会左右偏斜,其形状呈 S 形,如图 3.28(b)所示。这是因为气流从远前方流向机翼前缘时,其法向分速 V_n 受到阻滞而越来越慢,致使气流的合速越来越向左偏斜;当气流从前缘流向最小压强点时,法向分速又逐渐增大,而展向分速 V_t 仍保持不变,所以气流的合速度越来越大并向右偏转;当气流流过最小压强点后,法向分速又逐渐减小,致使气流的合速度又向左偏转。因此,气流流经斜置翼时,流线呈现 S 形。

后掠机翼可认为是由两个对称的斜置机翼所组成的,绕流图如图 3.28(a)所示。后掠机翼半翼展的中间部分的绕流图与无限翼展斜置机翼十分接近。无限翼展斜置机翼的分析结论可用来定性地分析后掠角对机翼绕流的影响。但是,后掠翼由于有翼根和翼尖的存在,引起"翼根效应"和"翼尖效应",这将使后掠翼的气动特性与无限翼展斜置机翼有所不同。从图 3.28(a)可看出,在翼根上表面的前段,流线偏离对称面,流管扩张变粗,而在后段流线向内偏斜,流管收缩变细。在低速或亚声速时,由于前段流管变粗,导致流速减慢、压强升高(吸力变小),而后段流管变细,导致流速加快、压强降低(吸力增大)。至于翼尖部分,情况正好相反,在翼剖面前段吸力变大,后段吸力变小。因此,在翼根和翼尖处,沿弦向的压强系数分布将与半翼展中间部分的压强系数分布不同,如图 3.29 所示。

后掠机翼的"翼根效应"与"翼尖效应"引起翼弦的压强分布发生变化,这种变化在机翼上

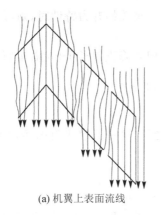
(a) 机翼上表面流线

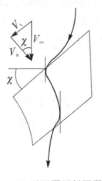
(b) 无限翼展斜置翼

图 3.28　后掠翼的流线

表面前段较为明显。由于上表面前段对升力贡献较大,所以"翼根效应"使翼根部分的升力系数减小,而"翼尖效应"使翼尖部分的升力系数增大。因此,后掠机翼剖面升力系数 $C_L'(z)$ 沿展向的分布如图 3.30 所示。

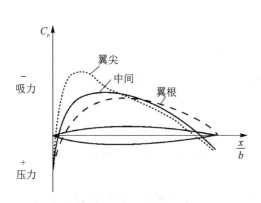

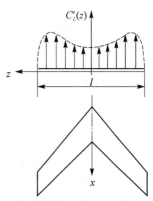

图 3.29　后掠机翼不同展向位置的弦向压力分布　图 3.30　后掠机翼不同展向位置的剖面升力系数

2. 后掠翼的升阻特性

根据推算,后掠翼的升阻特性及有关公式如下:

(1) 后掠翼的升力线斜率

无限斜置翼升力线斜率与正置二维机翼的关系如下:

$$C_{L\alpha} = (C_{L\alpha})_n \cos \chi \tag{3.81}$$

有限翼展后掠翼的升力线斜率可用下式进行估算:

$$C_{L\alpha} = \frac{C_{L\alpha}'(z) \cos \chi_e}{1 + K C_{L\alpha}'(z) \cos \chi_e (1 + \tau)} \tag{3.82}$$

式中:χ_e 为后掠翼有效后掠角,可以用下式确定:

$$\tan \chi_e = \tan \chi_{0.25} \left[- \frac{\chi_{0.25}(°)}{45\lambda \left(1 + \dfrac{1}{\xi}\right)} \right] \tag{3.83}$$

式中:K 为展弦比修正因子;τ 为根梢比修正因子,可以通过查图或查表获得。

上述计算方法比较粗略,若需要较精确计算后掠翼的升力特性时,则可用升力面理论。

(2) 后掠翼的诱导阻力

后掠翼的诱导阻力系数仍可按下式来估算,但其修正因子 $1+\delta$ 需按照新的图表来确定。

$$C_{Di} = \frac{C_L^2}{\pi\lambda}(1+\delta) \tag{3.84}$$

(3) 机翼的平均空气动力弦长

平均空气动力弦长是一个假想矩形机翼的弦长,这一假想机翼的面积 S 和实际机翼的面积相等,它的力矩特性和实际机翼也相同。

假想矩形机翼的零升俯仰力矩为

$$M'_{z0} = C_{m0} q_\infty S b_A \tag{3.85}$$

式中:C_{m0} 为假想机翼的零升俯仰力矩系数,也是实际机翼的零升俯仰力矩系数;q_∞ 为来流的动压。

如图 3.2 所示,实际机翼微元面积 $b(z)\mathrm{d}z$ 的零升俯仰力矩为

$$\mathrm{d}M_{z0} = q_\infty C'_{m0}(z) b(z) b(z)\mathrm{d}z \tag{3.86}$$

式中:C'_{m0} 为翼型的零升俯仰力矩系数,则实际机翼的零升俯仰力矩为

$$M_{z0} = 2q_\infty \int_0^{l/2} C'_{m0}(z) b^2(z)\mathrm{d}z \tag{3.87}$$

假设 $C'_{m0} = C_{m0} = $ 常量,则式(3.87)变为

$$M_{z0} = 2q_\infty C_{m0} \int_0^{l/2} b^2(z)\mathrm{d}z \tag{3.88}$$

由于假想矩形机翼的零升俯仰力矩与实际机翼的零升俯仰力矩相同,令式(3.85)与式(3.88)相等得

$$b_A = \frac{2}{S} \int_0^{l/2} b^2(z)\mathrm{d}z \tag{3.89}$$

从式(3.89)可见,只要机翼的几何形状给定后,它的平均空气动力弦长就可按此式计算。

(4) 后掠机翼和小展弦比机翼的焦点位置

对于大展弦比直机翼可以假设机翼的每个剖面的焦点与翼型一样仍在该剖面的 1/4 弦长处。但对于后掠机翼和小展弦比机翼来说与实际是有出入的,因为后掠翼根据其压强分布的特点,翼根剖面的焦点位置一般要在 1/4 弦长之后,而翼尖剖面的焦点位置则要在 1/4 弦长之前,如图 3.31 所示。

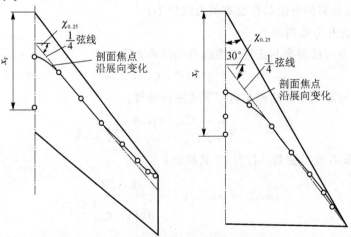

图 3.31　后掠机翼和三角翼的焦点位置

3.5.2　直机翼和后掠翼的失速特性

飞机的失速特性直接影响飞行安全,这里以直机翼和后掠翼为例介绍其失速特性,并简要介绍防止和延缓失速的措施。

1. 直机翼的失速特性

小迎角时,机翼的升力系数 C_L 和迎角 α 呈线性关系。但当 α 继续增大到一定程度时曲线开始偏离直线关系。这时翼面上后缘附近的附面层开始有局部分离,但还没有遍及整个翼面,所以再继续增大时,C_L 仍然会有所增大。而后,由于分离区逐渐扩展,最后几乎遍及整个翼面,当 C_L 上升到某最大值 $C_{L\max}$ 后,若 α 再增大,则 C_L 就要下降,这种现象称为失速。

影响机翼失速特性的因素很多,例如所用的翼型、雷诺数、马赫数和机翼的平面形状等。下面仅讨论机翼的平面形状对失速特性的影响。我们要对无扭转的椭圆、矩形和梯形机翼的失速特点分别加以说明。

从升力线理论可知,对于椭圆形的机翼,诱导下洗速度沿翼展是固定不变的,因而沿展向各翼剖面的有效迎角也固定不变。所以,随着 α 的增大,各剖面应同时达到 $C_{L\max}$(指的是翼型的最大升力系数),同时发生失速,如图 3.32(a)所示。

矩形机翼的诱导下洗速度从翼根向翼尖增大,翼根剖面的有效迎角将比翼尖大。因此,分离首先发生在翼根部分,如图 3.32(b)所示。

梯形直机翼情况正好相反,诱导下洗速度从翼根向翼尖方向减小。因此,翼剖面的有效迎角是向着翼尖方向增大,且随着根梢比的增大,这种趋势越明显,所以分离首先发生在翼尖附近,如图 3.32(c)所示。

由于梯形翼分离首先发生在翼尖附近,使翼尖先失速,所以就失速特性来说,上述三种机翼中梯形直机翼最差。但是梯形机翼的平面形状最接近最佳平面形状,所以一般还是经常采用梯形直机翼,再采取措施来改善其失速特性。常用的办法有:

① 采用扭转法,如外洗扭转减少翼尖区域的迎角,以避免翼尖过早达到失速状态。

② 翼尖附近采用失速迎角较大的翼型。

③ 在机翼外段采用前缘缝翼,使压强较大的气流从下翼面通过前缘缝隙流向上表面,加速上翼面的气流,从而延缓了机翼外段附面层的分离。

2. 后掠翼的失速特性

后掠翼与根梢比较大的梯形直机翼相似,分离先在翼尖部分发生,然后再往翼根方向扩展。

下面我们通过实验来观察后掠翼翼面上气流分离的发生和发展过程。在后掠翼的上翼面均匀地贴上丝线,然后将此后掠翼置于低速风洞中,观察翼面上的流谱,如图 3.33 所示。

当 $\alpha=0°$ 时,所有丝线都顺着气流的方向(见图 3.33(a));当 α 增大时,就可发现丝线向翼尖方向偏斜(见图 3.33(b)),这表明翼面附层内的气流已有展向流动;当 α 再增大时,展向流动加强,翼尖部分的丝线开始卷起,有不规则的流动(见图 3.33(c));当 α 继续增大时,翼尖部分的气流开始发生分离(见图 3.33(d));当 α 再续增大时,分离再往翼根方向扩展,几乎遍及整个翼面(见图 3.33(e))。

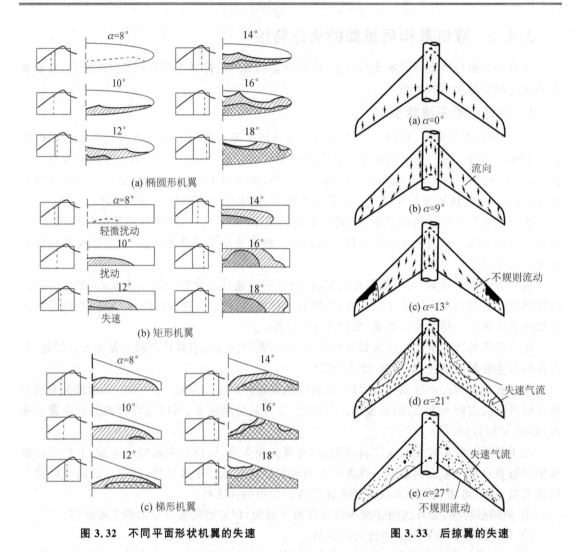

图 3.32　不同平面形状机翼的失速　　　　　图 3.33　后掠翼的失速

　　上述实验说明,当 α 增大到一定程度时,后掠面上的气流分离在翼尖附近先发生。这是因为"翼根效应"使翼根部分的压强比机中部的压强高,而"翼尖效应"却使翼尖部分的压强比机翼中部的压强低,于是从翼根到翼尖,沿展向存在压强差。其次,因后掠机翼展向的各个面在来流的方向上是前后错开的,所以也使翼面上产生展向的压强差。这一点可从图 3.34 中看出, $A—A$ 截面上 C 点的弦向压强比截面 $B—B$ 上 C' 点的弦向压强高(负压小),上述这两种压强差使翼面上附面层内的气流发生展向流动,即气流从翼根向翼尖流动,从而使部分的附面层变厚。随着 α 增大,展向流动就增强,促使翼尖的附面层分离,产生旋涡,最后导致翼尖失速。显而易见,后掠角越大,分离现象就越容易发生。

　　后掠翼的翼尖部分失速后,虽然翼尖部分的 C_L 急剧下降(见图 3.35),但由于机翼中间部分尚未失速,因此整个机翼的 C_L 仍随着 α 的增大而增大,不过增长的速度比较缓慢,而且失去线性关系。翼尖区域失速后,所产生的分离旋涡打到尾面上,使飞机产生抖动现象。因此,翼尖区域开始失速的迎角称为抖动迎角着 α_{bu} ,其相应的升力系数称为抖动升力系数 C_{Lbu} 。 α_{bu} 是后掠机翼的一个重要参数,当 $\alpha > \alpha_{bu}$ 时,阻力系数就要急剧地增长,同时由于翼尖失速使翼尖部分的升力减小,从而产生不稳定的抬头力矩 $\left(\dfrac{\mathrm{d}C_m}{\mathrm{d}C_L}>0\right)$,如图 3.36 所示,使飞机抬头。为了保证飞机的安全,所采用的升力系数不应超过 $C_{L\mathrm{bu}}$,更不能取 $C_{L\mathrm{max}}$。

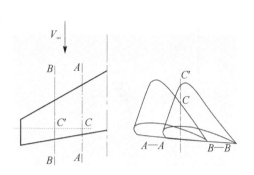

图 3.34　后掠翼不同剖面的弦向压力分布

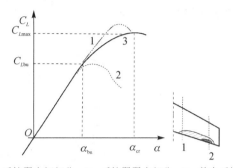

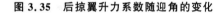

1—后掠翼中间部分；2—后掠翼翼尖部分；3—整个后掠翼

图 3.35　后掠翼升力系数随迎角的变化

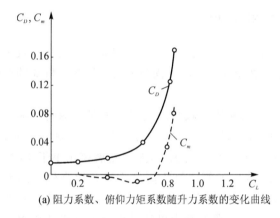

(a) 阻力系数、俯仰力矩系数随升力系数的变化曲线

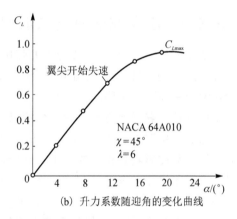

(b) 升力系数随迎角的变化曲线

图 3.36　升力系数、阻力系数、俯仰力矩系数的变化曲线

3. 防止和延缓失速的措施

为了防止或延缓后掠翼的翼尖失速,可采用以下措施:

① 在机翼设计中,适当减小根梢比,降低翼尖附近剖面的升力系数。

② 采用几何扭转,减小翼尖区域的迎角,以避免过早地达到失速状态。

③ 在翼尖区域采用失速迎角较大的翼型。

④ 在后掠翼的上表面上安装翼刀,如图 3.37 所示,这样可以防止附面层内气流的展向流动,以延缓翼尖失速的发生。

⑤ 在机翼上表面翼尖区域的前部安装涡流发生器,如图 3.38 所示,发生器产生的尾涡可起扰动作用,使附面层外具有较高动量的气流质点与附面层内低动量的气流质点相混合,以增大附面层内气流质量的平均动量从而增强它承受逆压梯度的能力,推迟了气流的分离。

图 3.37　机翼的翼刀

⑥ 机翼前缘制成锯齿或缺口等形状,如图 3.39 所示。在锯齿或缺口处所产生的旋涡使翼尖区域附面层外的气流向翼面附面层输入能量,延缓翼尖失速。

应说明一点,这里讨论的仅是后掠翼的低速气动特性,而后掠翼的许多优点在高速飞行中才能表现出来。

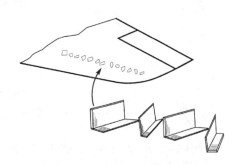 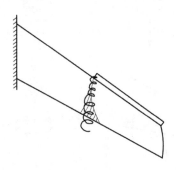

图 3.38　机翼的涡流发生器　　　　　　　图 3.39　机翼的前缘锯齿

3.5.3　小展弦比机翼的低速气动特性

展弦比 $\lambda < 3$ 的机翼一般称为小展弦比机翼。在超声速飞行时,小展弦比机翼具有较小的阻力,因此超声速飞机特别是导弹,广泛采用小展弦比机翼。下面我们对小展弦比机翼的低速气动特性做一简要的说明。

小展弦比机翼低速绕流图的一个特点是:下翼面压强较高的气流通过翼尖翻向上翼面形成的侧缘涡特别明显。图 3.40(a)给出了在水洞中观察到的翼尖绕流图。当翼展较大时,翼尖的侧缘涡只能影响到翼展的很小一部分;但对小展弦比的机翼,尤其是展弦比小于 1 时,侧缘涡的影响范围相对来说就很大。图 3.40(b)给出了低速气流流过小展弦比直机翼的流动图。即使在迎角不大时,除了后缘的自由涡面外,在两翼尖侧缘都形成侧缘涡面,随着 α 的增大或展弦比的减小,翼尖侧缘涡面的影响就越大。机翼的升力仍然是由上下翼面的压力差产生的,但这时上翼面的低压不仅是由流线疏密引起的,还有一部分是由气流分离和旋涡引起的。

(a) 翼尖绕流　　　　　　　　　　(b) 侧缘涡面

图 3.40　小展弦比机翼的低速绕流图

由于绕流图的不同,小展弦比机翼的升力特性和大展弦比机翼的升力特性有所不同,$C_L - \alpha$ 不再呈线性关系。图 3.41 给出了 $\lambda = 0.2$、$\lambda = 0.5$、$\lambda = 1.0$ 和 $\lambda = 5.0$ 的矩形翼按一般升力面理论计算出的结果和实验得出的 $C_L - \alpha$ 曲线。从图上显然可见,小展弦比机翼的 $C_L - \alpha$ 关系和线性理论有很大的偏差,其主要原因是对于小展比机翼再也不能像线性理论那样假设自由涡面是从后缘拖出,而且与机翼处在同一平面上。

　　因此,采用线性升力面理论计算出的结果和试验得到的曲线有较大的偏差。要想得到精确的解需要使用非线性方法。

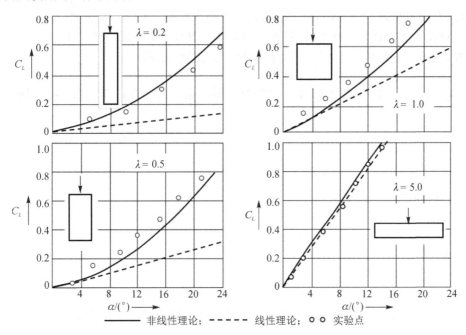

　　　　　　—— 非线性理论；- - - - - 线性理论；○ ○ 实验点

图 3.41　采用不同方法得到的不同展弦比矩形翼的升力系数随迎角变化的曲线

　　对于具有大后掠角、尖前缘、小展弦比的三角翼,在迎角很小时就会产生前缘气流分离,下翼面压强较高的气流从前缘翻向上翼面,在上翼面前缘形成两个涡面,这对涡的旋转方向相反,其强度从机翼顶点到机翼后缘逐渐增大,然后从后缘伸向下游。这种效应随着攻角的增大而加剧,在后掠角很大或展弦比很小时,这对涡甚至会相撞,如图 3.42 所示。

　　对于三角翼,由于前缘涡的位置很难确定,所以要精确计算 $C_L - \alpha$ 的关系是比较困难的。可以采用一种近似解法,将升力分成两部分:位流升力＋旋涡升力。三角翼升力随迎角变化的曲线如图 3.43 所示。

　　位流升力的计算,假设在前缘处气流不发生分离,不存在前缘吸力。

　　而旋涡升力,则是由于翼面上存在有上述旋涡产生负压而引起的升力增量。

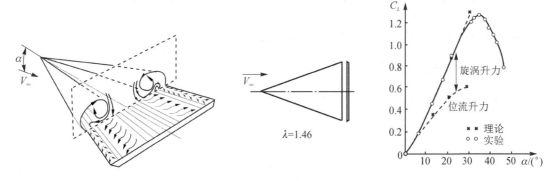

图 3.42　三角翼在 15° 迎角时的流动图　　　图 3.43　三角翼升力随迎角变化的曲线

因此,尖前缘三角翼的升力系数可写为

$$C_L = C_{Lp} + C_{Lv} \tag{3.90}$$

式中:位流升力系数为 $C_{Lp} \propto \sin \alpha \cos^2 \alpha$;旋涡升力系数增量为 $C_{Lv} \propto \sin^2 \alpha \cos \alpha$。

当后掠角增大或展弦比减小时,旋涡升力增量将占升力的主要部分。

另外,尖前缘三角翼的升力线斜率随着展弦比的减小而下降。

3.6　亚声速可压流中机翼的气动特性

对于亚声速气流绕薄翼流动,在小扰动条件下扰动速度位 φ 满足线化方程

$$\beta^2 \frac{\partial^2 \varphi}{\partial x^2} + \frac{\partial^2 \varphi}{\partial y^2} + \frac{\partial^2 \varphi}{\partial z^2} = 0 \tag{3.91}$$

并在 $y=0$ 平面上,满足绕流边界条件

$$V_y \big|_{y=0} = \frac{\partial \varphi}{\partial y} \bigg|_{y=0} = V_\infty \frac{\partial y(x,z)}{\partial x} \tag{3.92}$$

在远场满足

$$\left(\frac{\partial \varphi}{\partial x}\right)_{-\infty} = \left(\frac{\partial \varphi}{\partial y}\right)_{\pm\infty} = \left(\frac{\partial \varphi}{\partial z}\right)_{\pm\infty} = 0 \tag{3.93}$$

根据边界条件式(3.92)和式(3.93),从方程(3.91)解出 φ 后,就可按下式计算得到机翼表面上的压强系数分布:

$$C_p = -\frac{2}{V_\infty} \frac{\partial \varphi}{\partial x} \tag{3.94}$$

有了压强系数分布后,其他的气动特性如升力、力矩等就可容易地通过积分求得。实际应用中,还有个简便的方法,即所谓戈泰特法则和普朗特-葛劳沃法则。其主要思路如下:亚声速的小扰动位流方程式(3.22)在不可压流的特殊情况下(声速为无穷大,这样 $Ma_\infty \to 0$,因此 $\beta = \sqrt{1-Ma_\infty^2} \to 1$),变成拉普拉斯方程,即

$$\frac{\partial^2 \varphi}{\partial x^2} + \frac{\partial^2 \varphi}{\partial y^2} + \frac{\partial^2 \varphi}{\partial z^2} = 0 \tag{3.95}$$

比较式(3.91)和式(3.95),可以发现,其中仅差一常数因子 β^2。因此,在数学处理上,可以通过适当的坐标变换,将可压流的线化位流方程及其边界条件变成不可压流的线化位流方程和相应的边界条件,从而建立两流场之间的关系。这样,就可把求解可压流的问题变为求解不可压流的问题。

这也就出现了戈泰特法则和普朗特-葛劳沃法则。

3.6.1　戈泰特法则

(1) 线性位流方程的变换

令

$$\begin{cases} x' = x \\ y' = \beta y \\ z' = \beta z \\ \varphi' = \beta^2 \varphi \end{cases} \tag{3.96}$$

式的左边为不可压流,右边为可压流。

这样将式(3.96)代入式(3.91),不可压流位流方程变为

$$\frac{\partial^2 \varphi'}{\partial x'^2} + \frac{\partial^2 \varphi'}{\partial y'^2} + \frac{\partial^2 \varphi'}{\partial z'^2} = 0 \tag{3.97}$$

式(3.97)即为不可压位流的拉氏方程。由此可看到,
式(3.96)是构成两个流场(可压流和不可压流)之间联系
的变换式。由于 x 坐标与 y、z 坐标用的是不同的比例系
数,因此两个流场中的机翼几何形状并不是几何相似的
(见图 3.44),这样的变换关系在数学上叫作仿射变换。
按照这种变换所得的不可压流中机翼外形与可压流中原
机翼的外形之间的关系称为仿射相似,所得到两机翼气
动特性之间的关系称为相似律。

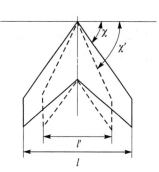

图 3.44　机翼平面形状的仿射变换图

(2) 边界条件的变换

远场边界条件式(3.93)经式(3.96)仿射变换后仍然满足,这是明显的。

对于机翼翼面上的边界条件,在小扰动的条件下为

$$\left(\frac{\partial \varphi}{\partial y}\right)_{y=0} = V_\infty \frac{\partial y(x,z)}{\partial x} \tag{3.98}$$

式中:$y(x,z)$ 为翼面方程。将式(3.96)代入上式后得

$$\left(\frac{\partial \varphi'}{\partial y'}\right)_{y'=0} = V_\infty \frac{\partial y'(x',z')}{\partial x'} \tag{3.99}$$

式(3.99)正是不可压流中扰动速度位 φ' 在新的翼面 $y'(x',z')$ 所应满足的翼面边界
条件。

(3) 变换前后几何参数的换算

由于翼面方程是按风轴坐标系(即取 x 轴沿远前方来流方向)写出的,根据变换式(3.96)
不可压流中翼面的 y' 和 z' 坐标分别为可压流中翼面的 y 和 z 坐标乘以一个小于 1 的因子 β,
故可压流中翼型几何参数 $\bar{c}$、$\bar{f}$、α 与对应的不可压流中翼型的几何参数 $\bar{c}'$、$\bar{f}'$、α' 之间存在如
下关系:

$$\begin{cases} \text{相对厚度}: \bar{c}' = \beta \bar{c} \\ \text{相对弯度}: \bar{f}' = \beta \bar{f} \\ \text{迎角}: \alpha' = \beta \alpha \end{cases} \tag{3.100}$$

相对应的两机翼平面形状的几何参数存在如下关系:

$$\begin{cases} \text{梢根比}: \eta' = \eta \\ \text{展弦比}: \lambda' = \beta \lambda \\ \text{后掠角}: \tan \chi' = \dfrac{1}{\beta} \tan \chi \end{cases} \tag{3.101}$$

从式(3.100)和式(3.101)可见,因为亚声速流中 $\beta<1$,故所对应的不可压流中机翼的翼型要
比原来可压流中机翼的翼型薄;弯度和迎角也都来得小;所对应不可压流中机翼的展弦比也比
原可压流中机翼的展弦比来得小;后掠角则较原可压流中的机翼的后掠角来得大,如图 3.33
所示。

（4）变换前后气动力的换算

根据式（3.94）和式（3.96），可得可压流场中的机翼与其对应不可压流场中机翼压强系数之间的关系，即

$$C_p = -\frac{2}{V_\infty}\frac{\partial \varphi}{\partial x} = -\frac{2}{V_\infty}\frac{1}{\beta^2}\frac{\partial \varphi'}{\partial x'} = \frac{1}{\beta^2}C_p' \tag{3.102}$$

式中：C_p' 为不可压流场中对应点的压强系数。

有了压强系数关系式（3.102）后，两机翼相应的其他气动特性就可求出。可压缩流中机翼的升力系数为

$$C_L = \frac{1}{S}\iint_S (C_{pl} - C_{pu})\mathrm{d}x\,\mathrm{d}z \tag{3.103}$$

式中：S 为可压流中机翼的面积；C_{pl} 和 C_{pu} 分别为机翼下表面和上表面的压强系数。考虑式（3.96）和式（3.102）后，式（3.103）变为

$$C_L = \frac{1}{\beta^3 S}\iint_{S'} (C_{pl}' - C_{pu}')\mathrm{d}x'\,\mathrm{d}z' = \frac{C_L'}{\beta^2} \tag{3.104}$$

式中：S' 为不可压流中的机翼面积 $S' = \beta S$；C_{pu}'、C_{pl}' 和 C_L' 分别为不可压流中对应机翼上、下表面的压强系数和升力系数。

同理，相对应机翼的俯仰力矩系数之间的关系为

$$C_m = \frac{C_m'}{\beta^2} \tag{3.105}$$

式中：C_m 和 C_m' 分别为可压和不可压流中相应机翼的俯仰力矩系数。

式（3.104）中的 C_L，如用升力线斜率 C_{La} 表示则有

$$C_{La}\alpha = \frac{C_{La}'}{\beta^2}\beta\alpha \quad 或 \quad C_{La} = \frac{1}{\beta}C_{La}' \tag{3.106}$$

式中：C_{La} 和 C_{La}' 分别表示可压流和不可压流中相应机翼的升力线斜率。

根据以上各式，可压流中机翼的气动特性就可从对应的不可压流中机翼的气动特性求出，这就是戈泰特法则。

3.6.2　普朗特-葛劳沃法则

在戈泰特法则中，可压流和不可压流中对应机翼的剖面形状、平面形状和气流迎角都不同，因此用起来不是太方便。

人们在使用中总是希望用一个翼型在迎角相同，但展弦比不同的情况下，来比较相对应机翼的气动特性。

研究表明，机翼在来流 Ma_∞ 的可压流中的压强系数等于同样翼型和迎角，但展弦比变成 $\beta\lambda$，后掠角的正切变成 $\frac{1}{\beta}\tan\chi$ 的机翼在不可压流中的对应点的压强系数除以 β。

$$(C_p)_{Ma_\infty, \bar{c}, \bar{f}, \alpha, \lambda, \tan\chi, \eta} = \frac{1}{\beta}(C_p)_{0, \bar{c}, \bar{f}, \alpha, \beta\lambda, \frac{1}{\beta}\tan\chi, \eta} \tag{3.107}$$

式中：左边为可压流，右边为不可压流。

考虑到基于线化理论，升力与翼型的厚度无关，因此可以略去 $\bar{c}$；又因为两机翼的气流迎角相同，再考虑到一般超声速飞机常采用对称翼型或弯度很小的翼型，因此又可忽略 $\bar{f}$ 和 α。

这样,式(3.107)改写为

$$(C_p)_{Ma_\infty,\lambda,\tan\chi,\eta} = \frac{1}{\beta}(C_p)_{0,\beta\lambda,\frac{1}{\beta}\tan\chi,\eta} \rightarrow (C_L)_{Ma_\infty,\lambda,\tan\chi,\eta} = \frac{1}{\beta}(C_L)_{0,\beta\lambda,\frac{1}{\beta}\tan\chi,\eta} \quad (3.108)$$

又因为两机翼攻角相同,故

$$(C_{L\alpha})_{Ma_\infty,\lambda,\tan\chi,\eta} = \frac{1}{\beta}(C_{L\alpha})_{0,\beta\lambda,\frac{1}{\beta}\tan\chi,\eta} \quad (3.109)$$

俯仰力矩系数的关系同升力系数:

$$(C_m)_{Ma_\infty,\lambda,\tan\chi,\eta} = \frac{1}{\beta}(C_m)_{0,\beta\lambda,\frac{1}{\beta}\tan\chi,\eta} \quad (3.110)$$

焦点之间的关系如下:

$$(\bar{x}_F)_{Ma_\infty,\lambda,\tan\chi,\eta} = (\bar{x}_F)_{0,\beta\lambda,\frac{1}{\beta}\tan\chi,\eta} \quad (3.111)$$

这就是普朗特-葛劳沃法则。

3.6.3　机翼的气动特性

有了上述普朗特-葛劳沃法则后,亚声速可压流中机翼的气动特性就可从不可流中相对应机翼的气动特性求出。从普朗特-葛劳沃法则可以看出,在亚声速范围,同一平面形状的机翼,机翼的升力线斜率 $C_{L\alpha}$ 随着 Ma_∞ 的增大而增大,如图 3.45 所示。这是容易理解的,因为在同一迎角下,随着 Ma_∞ 增大,机翼表面负压强的绝对值和下表面正压强的绝对值都增大,所以 $C_{L\alpha}$ 是增大的。

在亚声速范围内,机翼的最大升力系数 $C_{L\max}$ 与翼型有关,一般随 Ma_∞ 的增大而下降,如图 3.46 所示。这是由于随 Ma_∞ 增大,翼型最小压强点的压强降低得最大。这样翼型后部的逆压梯度就增大,使翼型在较小迎角下分离失速。因此, $C_{L\max}$ 随 Ma_∞ 增大而降低。

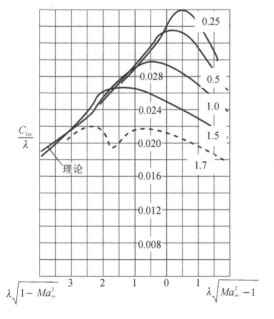

图 3.45　升力线斜率的变化

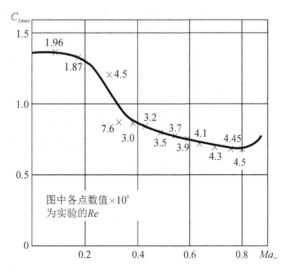

图 3.46　最大升力系数随马赫数的变化

从图 3.47 可见,在给定的 λ 和 $\tan \chi_{0.5}$ 下,随着 Ma_∞ 增大,焦点 $\bar{x}_F$ 将有所变化。根据式(3.111),机翼在亚声速可压流中的焦点位置与机翼在不可压流中的位置一样,展弦比变小为 $\beta \lambda$,后掠角增大为 $\frac{1}{\beta} \tan \chi$ 下;因此 Ma_∞ 越大,所对应的不可压流中机翼的展弦比越小,后掠角越大。而低速实验告诉我们,展弦比越小,机翼压力中心位置越靠前,但后掠角越大,压力中心位置越后移,这两种因素的作用是相反的。因此随着 Ma_∞ 增大,压力中心的移动将由二者的综合作用而定。一般来说,η 和 $\lambda \tan \chi_{0.5}$ 较大的后掠翼,通常起主要作用的是第二个因素,所以压力中心的位置将随 Ma_∞ 增大而后移。对于 η 和 $\lambda \tan \chi_{0.5}$ 都较小的机翼,情况将有所不同,压力中心位置随着 Ma_∞ 增大而略有前移。

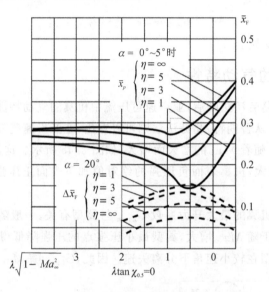

图 3.47 焦点的变化

对中等以上展弦比的机翼,它在亚速可压流中的诱导阻力系数与升力系数的关系可用下式估算:

$$C_{Di} = AC_L^2 = \frac{C_L^2}{\pi \lambda}(1 + \delta) \tag{3.112}$$

这个公式与不可压流公式一样,说明 Ma_∞ 对诱导阻力因子 A 的影响甚微。

对于小展弦机翼,在迎角不大时,气流就要在前缘和侧缘分离,形成前缘涡和侧缘涡。因此,除了考虑自由涡所产生的诱导阻力外,还要考虑由前缘和侧缘涡所产生的诱导阻力。诱导阻力因子可按以下经验公式加以估算:

$$A = \frac{0.38}{\lambda - 0.8C_L(\lambda - 1)} \frac{\dfrac{\lambda}{\cos \chi_{0.5}} + 4}{\lambda + 4} \tag{3.113}$$

3.7　面元法分析实例

3.7.1　轻型运动飞机

图 3.48 和图 3.49 分别为某一轻型运动飞机的平板面元法气动模型和高阶面元法气动模型,包含了副翼、升降舵、方向舵的影响。低阶面元法忽略机身的影响,将机翼、平尾和垂尾简化成平面,并划分气动网格,建模简单求解效率高;高阶面元法可以有效考虑三维物面以及连续奇点分布,结果较为精确。

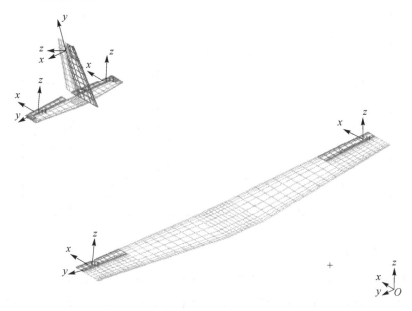

图 3.48　平板气动面

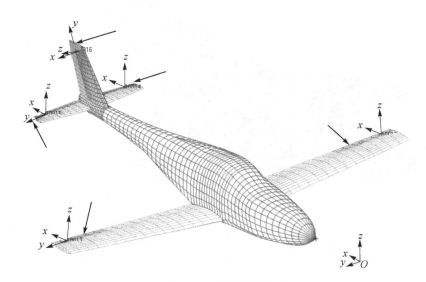

图 3.49　三维气动面

在 $Ma = 0.4$ 时,采用两类方法计算气动力,气动导数对比如表 3.2 所列,其中,ANGLEA、SIDES、ELEV_R、RUDDER、AILE_R 分别表示迎角、侧滑角、右升降舵偏角、方向舵偏角及右副翼偏角;CX、CY、CZ 表示沿飞机体轴系 x、y、z 轴的气动力系数;CMX、CMY、CMZ 表示绕飞机体轴系 x、y、z 轴的气动力矩系数。

表 3.2　气动导数对比

参　数	单　位	高阶面元法	平板面元法
	1/rad		
ANGLEA	CZ	$-6.48E+00$	$-5.81E+00$
	CMY	$-3.45E+00$	$-4.11E+00$
SIDES	CY	$-4.80E-01$	$-2.35E-01$
	CMX	$-4.85E-02$	$-1.04E-01$
	CMZ	$1.26E-01$	$1.19E-01$
ELEV_R	CZ	$-2.29E-01$	$-2.03E-01$
	CMY	$-1.28E+00$	$-1.14E+00$
RUDDER	CY	$-2.29E-01$	$-1.47E-01$
	CMX	$-1.37E-02$	$-1.11E-02$
	CMZ	$1.33E-01$	$8.72E-02$
AILE_R	CZ	$-4.72E-01$	$-4.11E-01$
	CMX	$-1.52E-01$	$-1.39E-01$
	CMY	$-2.53E-01$	$-1.17E-01$

3.7.2　战斗机

某战斗机在 $Ma = 0.8$ 和15°迎角的条件下,采用高阶面元法计算某战斗机的气动性能,全机共划分 6 228 个网格,表面压强系数分布和马赫数分布如图 3.50 和图 3.51 所示。

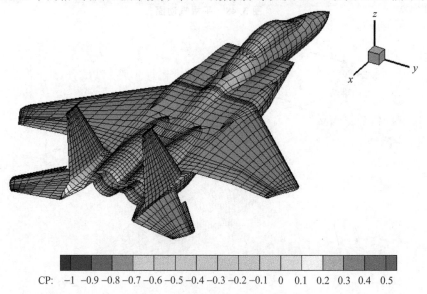

CP:　−1　−0.9　−0.8　−0.7　−0.6　−0.5　−0.4　−0.3　−0.2　−0.1　0　0.1　0.2　0.3　0.4　0.5

图 3.50　表面压强系数分布

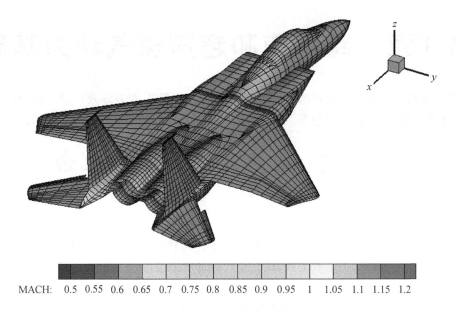

MACH:　0.5　0.55　0.6　0.65　0.7　0.75　0.8　0.85　0.9　0.95　1　1.05　1.1　1.15　1.2

图 3.51　表面马赫数分布

思考题

1. 试归纳线化位流方程的推导思路、假设以及该方法的适用范围。
2. 试以二维位流的叠加为例,分析线化位流方程的优势。
3. 试概括不同速度范围的流动特点,描述流动的模型的差异。
4. 试归纳升力面理论、升力线理论、面元法、涡格法的特点和联系。
5. 试归纳直机翼、后掠翼、小展弦比机翼、三角翼的低速气动特性。
6. 试归纳空气动力学可压缩模型和不可压缩模型的差异和联系。
7. 试分析机翼气动特性随马赫数的变化。

第4章　跨声速和超声速气动力基础

本章主要对跨声速和超声速的气动力基础知识进行介绍,内容涉及声速、马赫数、激波、波阻、跨声速流动特点、超临界翼型等,是后续学习跨声速和超声速相关内容的基础。

4.1　跨、超声速流体基本概念

4.1.1　完全气体

在第 2 章曾对完全气体进行了介绍,并给出了任何状态之下的完全气体,其压强、密度和温度三者之间存在着的某个函数关系,即完全气体的状态方程:

$$p = \rho RT \tag{4.1}$$

式中:p 为气体压强;ρ 为气体密度;R 为气体常数;T 为气体温度。

4.1.2　声　速

研究可压流的运动规律时,关于扰动传播速度以及扰动传播区的概念是很重要的。

只要是流场发生了变化,就可以说,流场受到了扰动。具体地说,如果描写流场的诸物理参数(p,V,ρ,T)发生了变化,就说流场受到了扰动。

扰动在介质中是以一定速度传播的,它不是停留在流场某处的。

从上述现象还可以看出,扰动有强弱之分。使流动参数的数值改变得非常微小的扰动称为微弱扰动(简称弱扰动),例如说话(即使是大声说话)时声带给空气的扰动就是如此。使流动参数改变有限值的扰动,称为有一定强度的扰动(简称强扰动),例如激波。

本小节只讨论弱扰动的传播速度。因为声波是微弱扰动波的一种,人们一般把微弱扰动的传播速度统称为声速。

在不可压流中微弱扰动传播速度是无限大的。在可压流中,情况就不一样了。因为气体是弹性介质,扰动不会在一瞬间传遍整个流场,因此其传播速度不是无限大,而是有一定的数值。微弱扰动在弹性介质中的传播速度——声速,是研究可压流场的一个很重要的物理量,其大小只与介质的物理属性、状态以及波传播过程的热力学性质有关,而与产生扰动的具体原因没有关系。

关于声速,可以用如下公式表示:

$$a^2 = \frac{\mathrm{d}p}{\mathrm{d}\rho} \tag{4.2}$$

式(4.2)说明,在气体中,微弱扰动的传播速度——声速的平方是由气体的压强改变量与密度改变量之比所决定的。从这个公式看出,在同样的压强改变量 $\mathrm{d}p$ 值之下,如果某种介质中的声速 a 值大,则该介质中的 $\mathrm{d}\rho$ 必小,即该介质不易压缩;反之,若在同样的 $\mathrm{d}p$ 之下,某种介质中的 a 小,则 $\mathrm{d}\rho$ 必大,密度改变量大说明介质易于压缩。因此,声速 a 是介质压缩性的一个指标。

从式(4.2)看出,要求声速 a 的具体表达式,就必须知道 p 与 ρ 的关系,而这个关系是由扰动传播的热力学过程决定的。因为研究的是微弱的机械扰动,所有物理参数的改变都是无限微小的,波前波后气体的温差非常小,而扰动波的推进速度又很快,因此,气体之间的热传导是完全可以略去的。如果在扰动开始之前,管内气体温度与管外介质温度相同,则在扰动发生后,因管内气体温度增量是无限小,故与外界的温差也是无限小,因而通过管壁的热传导也可以略去不计。这样,气体所经受的状态变化过程便是等熵过程。在等熵过程中,压强与密度的关系是

$$\frac{p}{\rho^{\gamma}} = \text{const} \tag{4.3}$$

将此式代入式(4.2),得

$$a^2 = \frac{\gamma p}{\rho} \quad \text{或} \quad a = \sqrt{\gamma RT} \tag{4.4}$$

这就是弱扰动传播速度——声速的表达式。

需要说明一下,式(4.4)是按一维扰动导出的。对于二维及三维的微弱扰动,其传播速度仍然是声速,声速的公式与式(4.4)完全相同。因此,式(4.2)~(4.4)的应用不受维数的限制。

由式(4.4)看出,声速的大小只与气体种类(用 γ 及 R 值表示)和气体的热力学温度 T 有关,而且是与热力学温度 T 的平方根成正比。因此,关于声速的大小没法说一个笼统的数值,而是必须指出在什么介质中以及在什么温度之下声速是多大。当介质或温度不同时,声速可以有很大的差别。

4.1.3 马赫数

气流速度 V 与当地声速 a 之比,称为马赫数,记为 Ma,即

$$Ma = \frac{V}{a} \tag{4.5}$$

它是表示可压流场的一个基本物理参数。不过由于声速 a 不是常数,所以相同的马赫数 Ma 并不一定表示速度相同。例如,一架歼击机,在 1 km 高空飞行时,$Ma=2$ 表示 $V=600$ m/s;同一架飞机,若在海平面高度以 $Ma=2$ 飞行时,则表示 $V=682$ m/s。一般地说,流场上各点的流速和声速是不同的,故 Ma 指的是当地值,为当地马赫数。例如,来流马赫数 $Ma_\infty = \frac{V_\infty}{a_\infty}$,即来流速度 V_∞ 与来流温度所对应的声速 a_∞ 之比。

在高速空气动力学中,马赫数是一个非常重要的无量纲参数,是一个反映压缩性大小的相似准则。已知,衡量空气在流动过程中压缩性大小的尺度是密度的相对变化量 $\Delta\rho/\rho$,而 $\Delta\rho/\rho$ 是与马赫数的大小密切相关的。这是因为从量级上说,有下式成立:

$$a^2 = \frac{\mathrm{d}p}{\mathrm{d}\rho} \sim \frac{\Delta p}{\Delta\rho} \sim \frac{\rho V^2}{\Delta\rho} \sim \frac{V^2}{\left(\dfrac{\Delta\rho}{\rho}\right)} \tag{4.6}$$

故

$$\frac{\Delta\rho}{\rho} \sim \frac{V^2}{a^2} = Ma^2 \tag{4.7}$$

可见，Ma 值的大小标志着运动空气压缩性的大小，Ma 值越大则压缩性越大。当 $Ma_\infty < 0.3$ 时，$\Delta\rho/\rho < 5\%$，密度的相对变化很小，这时可将此种流体近似视为不可压流体。

马赫数还代表单位质量气体的动能和内能之比，即

$$\frac{动能}{内能} = \frac{\dfrac{V^2}{2}}{c_V T} = \frac{\dfrac{V^2}{2}}{\dfrac{1}{\gamma - 1}\dfrac{p}{\rho}} = \frac{\gamma(\gamma - 1)}{2} Ma^2 \tag{4.8}$$

因此，当 Ma 值很小时，说明单位质量气体的动能相对于内能而言很小，速度的变化不会引起气体温度的显著变化。这时，对不可压流体来说，不仅可以认为密度 ρ 是常值，而且温度 T 也是常值。当 Ma 值较高时，相对于内能而言动能较大，速度的变化将引起温度显著的变化，因此密度 ρ 和温度 T 都是变数。

4.1.4 激 波

超声速气流中的基本物理现象有两种：一种是膨胀波，凡使气流的压强、密度和温度下降的扰动波都称为膨胀波；另一种是压缩波，凡使气流的压强、密度和温度上升的扰动波都称为压缩波。

集中的突跃式波面前后压力有显著变化的压缩波叫激波，它比声速更快地向前传播。激波通常分为正激波和斜激波。经过激波，气流减速，密度、压力、温度等参数上升。正激波和斜激波的波前与波后参数的变化，可参考有关文献。

飞机在空气中飞行时，前端对空气产生扰动，这个扰动以扰动波的形式以声速传播，当飞机的速度小于声速时，扰动波的传播速度大于飞机前进速度，因此，它的传播方向为四面八方；而当物体以声速或超声速运动时，扰动波的传播速度等于或小于飞机前进速度，这样，后续时间的扰动就会同已有的扰动波叠加在一起，形成较强的波，空气遭到强烈的压缩而形成了激波。

4.1.5 临界马赫数

亚声速气流绕物体流动时，在物面上必然存在有流速低于或高于来流流速的区域。前者物面压强较来流静压高，后者物面压强则较来流静压低，随着来流马赫数的增大，物面附近低压区流速继续增大。图 4.1 中 A 点是翼型流速最大

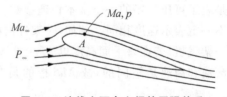

图 4.1 流线上两点之间的压强关系

处，也是压强最低处。当被绕流物体表面上的最大流速（位于图 4.1 的 A 点）恰好达到当地声速时，该处的压强是物面上的最低压强 $p_{\min}$，这时恰为临界压强 p_{cr}，与此相对应的自由流马赫数 Ma_∞ 称为临界马赫数，记为 Ma_{cr}。若被绕流物体为翼型，则其表面压强分布（包括 p_{cr}）是与翼型的厚度、弯度、迎角以及 Ma_∞ 有关的。对于机翼还与机翼的平面形状有关。

4.1.6 马赫锥

亚声速流场和超声速流场有许多质的差别，其中很重要的一个差别就是小扰动的传播范围或者说影响区是不同的。在一个均匀流场中，扰动源发出的小扰动均以声速向四周传播，在

静止气体中($Ma=0$)、亚声速气流中($Ma<1$)、声速气流中($Ma=1$)以及超声速气流中($Ma>1$)的影响区如图 4.2 所示。

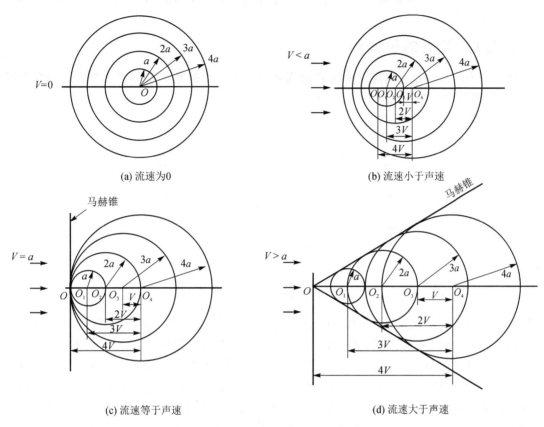

(a) 流速为0

(b) 流速小于声速

(c) 流速等于声速

(d) 流速大于声速

图 4.2　微弱扰动的影响区

从图 4.2 中可以看出：飞行速度小于声速时扰动源的影响区是全流场；飞行速度为声速时，扰动源的影响区仅为右侧；飞行速度大于声速时，扰动源的影响不仅不能到达 O 点的前方，而且还局限在以 O 为顶点的所有扰动球面波的包络面——圆锥面以内，这个圆锥称为马赫锥，锥的边界线称为马赫线，其半顶角为

$$\mu = \arcsin \frac{1}{Ma} \tag{4.9}$$

称为马赫角，Ma 值越大，马赫角越小。可见，在超声速流中，扰动的影响区限于马赫锥以内。马赫线还有个数学名称——特征线，这是指流动参数的导数可以有突跃的线。

由此可知，亚声速流场中小扰动可遍及全流场，气流没有到达扰动源之前已感受到它的扰动，逐渐改变流向和气流参数以适应扰动源的要求；而在声速和超声速流场中，小扰动不会传到扰动源上游，气流未到达扰动源之前没有感受到任何扰动，因此不知道扰动源的存在。

以上所述不论是对二维流还是对三维流均适用。在超声速流中，薄楔形物体的影响区是楔形的；对细长尖锥形物体而言，马赫锥当然是圆锥形的。

4.2　超声速流动的特点

4.2.1　翼型的绕流图

图 4.3 所示为在超声速风洞中所观察到超声速气流以迎角 α 绕双弧形翼型流动的简图（迎角 α 小于翼型前缘半顶角 θ 的情况）。

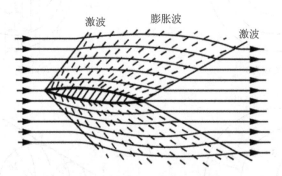

图 4.3　超声速气流流过翼型

超声速气流流过这样的翼型时，在前缘处相当于绕凹角流动，在前缘处将产生上下两道附体斜激波，在有迎角时由于前缘处上下翼面气流相对于来流的偏转角不同，所以上下翼面前缘处的激波强度和倾角也不相同。靠近翼面的气流通过斜激波后，将偏转到与翼型前缘处翼面的切线方向上，随后，气流沿翼面的流动相当于绕凸曲面的流动，通过一系列膨胀波而连续地膨胀。从翼面前部所发生的膨胀波，将与前缘激波相交并削弱激波，使前缘激波相对于来流倾角随着远离翼型逐渐减小，最后退化为马赫波（注：马赫波是一个位置固定的微弱扰动源所发出的一系列扰动在超声速气流中传播的波阵面）。当上下翼面的超声速气流流到翼型的后缘时，由于上下气流的指向不一致，压强也不相等，根据来流迎角情况，在后缘上下必产生两道斜激波，以使通过斜激波在后缘会合的气流具有相同的指向和相等的压强。后缘激波也要被翼面后段所发出的膨胀波所削弱，使后缘激波随着远离翼型而逐渐减弱，最后退化为马赫波。翼面压强在前缘激波后为最大，以后沿翼面经一系列膨胀波而逐渐下降直到后缘为止，由于翼面前半段压强高于后半段压强，因而翼面上压强分布的合力在来流方向将有一分力，此即激波阻力。

当翼型的迎角为正迎角时，由于上翼面的前缘激波较下翼面弱，所以上翼面压强将小于下翼面。因此，压强的合力在与来流相垂直的方向将有向上的分力，此即升力。

4.2.2　波　　阻

空气在通过激波时，受到薄薄一层稠密空气的阻滞，使得气流速度急剧降低，由阻滞产生的热量来不及散布，于是加热了空气，加热所需的能量由消耗的动能而来。在这里能量发生了转化，即由动能变为热能。动能的消耗表示产生了一种特别的阻力，这一阻力由于随激波的形成而来，所以就叫作波阻，从能量的观点来看，波阻就是这样产生的。

不同头部形状的机翼和机身，在进行超声速飞行时，所产生的激波形式是不一样的。如

图 4.4 所示,钝头机翼和机身所产生的激波为正激波,尖头机翼和机身所产生的激波为斜激波,正激波的阻力远大于斜激波的阻力,因此超声速飞机往往都采用尖前缘机翼和尖机头。

　　除了采用尖前缘机翼和尖机头外,使用后掠翼、采用超临界翼型,都可以在一定程度上减小波阻。因此,通过观察机翼前缘的尖锐程度、机翼的后掠角可以大致判断飞机是低速飞机、亚声速飞机还是超声速飞机。

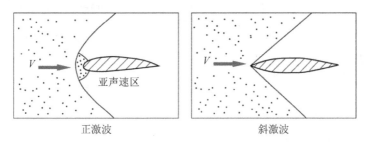

图 4.4　不同头部形状对激波的影响

4.3　跨声速流动的特点

4.3.1　翼型的绕流图

图 4.5 所示为某层流翼型在迎角 $\alpha = 2°$、不同来流 Ma_∞ 时,通过实验所观察到的翼型表面附近激波的产生和发展,以及翼面上的压强分布。

　　① 当来流 Ma_∞ 小于临界 Ma_{cr} 时,翼型上下表面的气流全部为亚声速流。当来流 Ma_∞ 逐渐增大略超过临界 Ma_{cr} 时,由于翼型为正迎角,因此,首先在上翼面某点气流达到声速,并将有一小范围的超声速区,如图 4.5(a)所示。图中点画线表示超声速流场和亚声速流场的界线,在界线上气流的速度为声速,$Ma = 1$,故此界线也称为声速线。这时由于超声速区比较小,气流从超声速到亚声速还可以光滑过渡,没有激波产生,所以上表面的压强分布曲线也是光滑的。

　　② 当来流 Ma_∞ 再继续增大时,上表面小范围内的超声速区随之扩大,如图 4.5(b)所示,气流光滑过渡已不复可能,超声速区以激波结尾,相应地在激波后翼面压强突跃地增大,压强分布曲线在该处也出现了跳跃。

　　③ 随着来流 Ma_∞ 继续增大,上表面的超声速区的范围继续扩大,激波位置后移,而下表面也出现了激波,并且迅速移到后缘,如图 4.5(c)和图 4.5(d)所示,这时上下翼面的大部分地区都是超声速气流了。

　　④ 当 $Ma_\infty > 1$ 后,翼型前方出现弓形脱体激波,并且随着 Ma_∞ 增大,脱体激波逐渐向翼型前缘接近,如图 4.5(e)所示。由于脱体激波的中间一段是正激波,因此,在脱体激波之后,在前缘附近的某一范围内,气流将是亚声速流,随后沿翼面气流不断加速而达到超声速;在翼型后缘处,气流通过后缘斜激波而减速到接近于来流的速度。

　　⑤ Ma_∞ 再继续增大,前缘激波就要附体,整个流场就变成为单一的超声速流场,如图 4.5(f)所示。

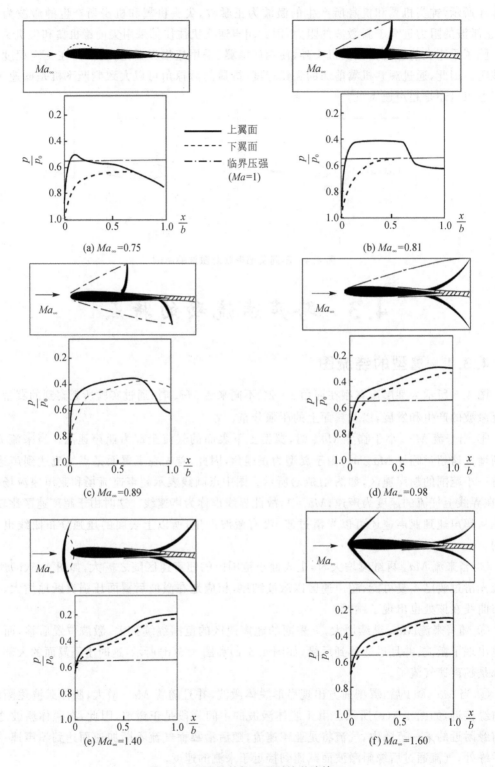

图 4.5　不同马赫数下翼型的激波情况

4.3.2　翼型跨声速气动特性

1. 升力特性

图 4.6 所示为图 4.5 所示翼型的升力系数随来流 Ma_∞ 的变化曲线,由图可见:

① 在 A 点以前,E 点以后,升力系数 C_L 分别按亚声速规律和超声速规律变化。

② 当 Ma_∞ 从 A 点增至 B 点,即 AB 段时,由于上翼面超声速区不断扩大,压强降低(见图 4.5(b)),导致升力系数增大。

③ 在 B 点以后,上翼面激波继续后移且强度增大,附面层内逆压梯度剧增,导致上表面附面层分离,使升力系数骤然下降,这个现象叫激波失速。随着 Ma_∞ 增大,下翼面也出现超声速区和激波,下翼面激波要较上翼面激波更快地移至后缘(见图 4.5(c)),使下翼面压强降低,引起升力系数进一步下降直至 C 点为止。

④ 以后,随着 Ma_∞ 增大,上翼面激波移到后缘,附面层分离点也后移,上翼面压强继续降低,使升力系数又重新回升至 D 点(见图 4.5(d))。

⑤ 在 D 点以后,翼型前方出现弓形脱体激波(见图 4.5(e)),在脱体激波未附体之前,上下翼面压强分布基本不随 Ma_∞ 而变,但 Ma_∞ 增大使来流动压增大,所以升力系数仍随 Ma_∞ 增大而下降。

由此可见,在跨声速范围内翼型升力系数随来流 Ma_∞ 的变化是几上几下的。

升力系数的这种"二起二落"是翼型上下表面出现局部超声速区和局部激波的结果。A 点称为上临界马赫数,E 点称为下临界马赫数。这个概念最早是由钱学森、郭永怀提出的。A 点至 E 点间严格定义为跨声速流态范围,A 点更重要。

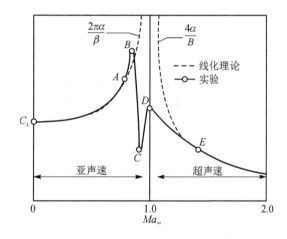

图 4.6　升力系数随来流马赫数的变化

2. 阻力特性

当来流 Ma_∞ 小于临界 Ma_{cr} 时,翼型阻力主要是由气流黏性所引起的,所以阻力系数随 Ma_∞ 的变化不大。

当来流 Ma_∞ 超过临界马赫数翼型表面气流进入声速流后,随着 Ma_∞ 增大,翼面上超声速区逐渐扩大,出现激波,产生激波阻力,使阻力系数开始增大。

当激波越过翼型顶点(翼型顶点定义为平行于来流的线段与翼型表面相切的点,对零迎角绕流,翼型最大厚度点即系翼型顶点)时,由于激波前方超声速流绕过翼型顶点时膨胀加速使激波强度迅速增大,导致波阻力系数急剧增长,出现阻力发散现象,因此激波越过顶点时所对应的来流马赫数称为阻力发散马赫数或以 $C_D - Ma_\infty$ 曲线上 $\dfrac{\mathrm{d}C_D}{\mathrm{d}Ma_\infty} = 0.1$ 的点所对应的来流马赫数定义为阻力发散马赫数,记为 Ma_D。

随着来流 Ma_∞ 继续增大,激波继续后移,激波前超声速气流继续膨胀加速使激波强度继续增大,阻力系数也继续增长。当来流 Ma_∞ 接近于 1 时,上下表面的激波均移至翼型后缘,阻力系数达到最大。

随后,虽然来流 Ma_∞ 继续增大,但由于翼面压强分布基本不变,而来流动压却随 Ma_∞ 增大而增大,因此阻力系数逐渐下降,如图 4.7 所示。

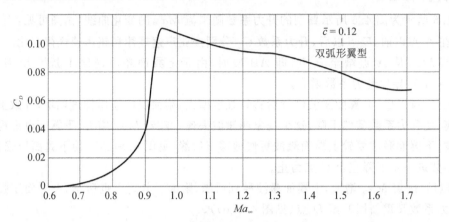

图 4.7　阻力系数随来流马赫数的变化

3. 俯仰力矩特性

在亚声速流中,翼型的压力中心在不同的 Ma_∞ 下略有变化,但变化不大。

当来流 Ma_∞ 超过临界 Ma_{cr} 后,由于上翼面出现局部超声速区,并随着来流 Ma_∞ 增大,低压的超声速区也随之向后扩展,引起压力中心位置 $\bar{x}_p$ 向后移动,使低头力矩增大。

当来流 Ma_∞ 继续增大时,下翼面也出现局部超声速区和局部激波,并且下翼面局部激波比上翼面的局部激波后移得更快,低压的局部超声速区向后也扩展得快,所以翼型下表面后段的吸力迅速增大,致使压力中心位置前移,引起抬头力矩。以后随着上翼面激波也到了后缘,超声速区扩及整个上翼面,压力中心位置又后移了。

由此可见,在跨声速范围内,由于翼面激波移动而使压力中心位置随之前后剧烈移动,导致翼型纵向力矩发生很大的变化,如图 4.8 所示。

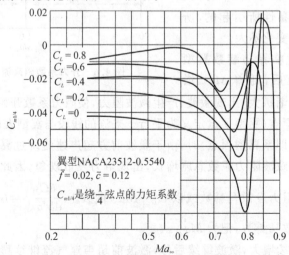

图 4.8　俯仰力矩系数随来流马赫数的变化

4.3.3　超临界翼型

为了提高亚声速运输机的经济性,提高其临界 Ma_{cr} 是很重要的,这样就可以在较高的飞行马赫数之下保持较低的阻力系数。这一方面可以采用后掠翼,另一方面也可以采用超临界机翼。

为此,从 20 世纪 50 年代开始,惠特科姆等人就在研究"超临界翼型",其基本思想是尽量减弱上翼面的激波强度,并推迟激波的出现,具体办法是把上翼面制作得相当平坦(见图 4.9)。

这样,当 $Ma_{\infty}>Ma_{cr}$ 时,沿翼型上表面(在 $\bar{x}<5\%$ 以后),气流基本上是无加速的均匀超声速流,结尾激波前的 Ma 较低,结尾激波位置后移,其强度较

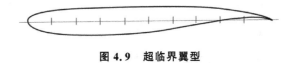

图 4.9　超临界翼型

弱,波阻较小,同时,边界层也不容易分离了。这两个因素都使阻力发散马赫数增大,缓解了阻力发散问题。

超临界翼型的流谱及压强分布如图 4.10(b)所示,与之对比的是图 4.10(a)中的层流翼型流谱及 C_p 分布。在同样的设计升力系数之下,层流翼型的型面不够平坦,结尾激波前的超声速气流一直在加速,激波位置靠前,激波强度较大,波后边界层分离,这导致阻力发散马赫数较小,激波阻力较大。

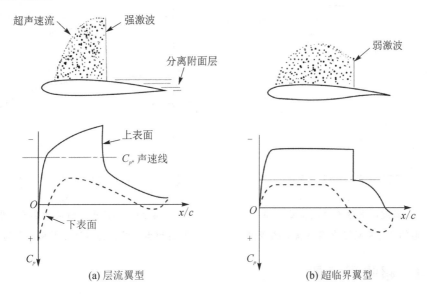

图 4.10　层流翼型及超临界翼型的流谱与压强分布对比

另外,为了补偿超临界翼型前段升力的不足,一般将后缘附近的下表面做成内凹形以增大翼型后段弯度,使后段能产生较大升力。

图 4.11 所示为设计升力系数为 0.6 时,超临界翼型与层流翼型阻力系数的对比。$\bar{c}=0.11$ 的超临界翼型,在 $Ma_{\infty}=0.7$ 时,C_D 只略有增大,直到 $Ma_{\infty}=0.8$。而 NACA64$_1$ - 212 层流翼型,在 $Ma_{\infty}=0.69$ 时,C_D 就急剧增大,即阻力发散马赫数约等于 0.69。这两个翼型的容积是差不多的(见图 4.12),超临界翼型的容积甚至还大些,而超临界翼型的发散马赫数却提高了 0.11。

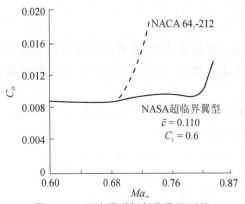

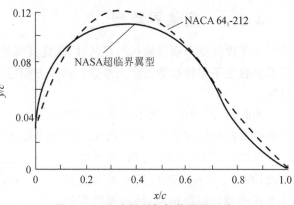

图 4.11　层流翼型与超临界翼型的
阻力系数随来流马赫数的变化对比

图 4.12　层流翼型与超临界翼型的
厚度分布对比

图 4.13 所示为当激波诱导气流分离发生时的翼型升力系数随来流马赫数的变化情况,从该图可见,超临界翼型分离发生时的升力系数远较层流翼型为高,而且,在来流马赫数较大时,超临界翼型的最大升力系数也较大,而且超临界翼型俯仰力矩系数要较层流翼型具有更大的负值,如图 4.14 所示。这些都将显著地改善飞机在跨声速时的机动性。

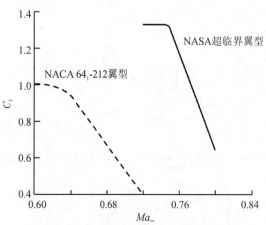

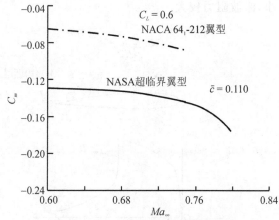

图 4.13　激波诱导分离时层流翼型和
超临界翼型的升力系数随来流马赫数的变化

图 4.14　激波诱导分离时层流翼型和
超临界翼型的俯仰力矩系数随来流马赫数的变化

4.3.4　超临界机翼

超临界机翼是一个适用于超过其临界马赫数的机翼,在使用超临界翼型的基础上还要对机翼进行优化设计。这个机翼上自然有超声速区,有超声速区就有激波,有激波就有波阻,有波阻,飞机阻力就很快增大。因此,要使这个机翼有微弱的激波,在巡航速度下波阻较小。阻力发散马赫数尽可能高一些,使得飞机飞行速度增加了,但阻力增加不太多。图 4.15 给出了典型亚声速运输类飞机的阻力发散趋势。可以看到,世界各国的超临界机翼设计者,都是在这个狭窄的马赫数区间里下功夫,以争取获得更好的机翼性能。

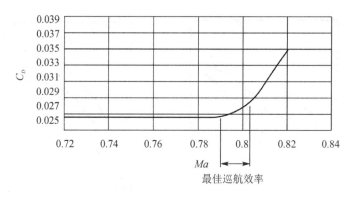

图 4.15　典型亚声速运输类飞机的阻力发散趋势

在超临界机翼方面曾经存在两种设计观点：一种是无激波设计，另一种是弱激波设计。但事实上，在某一马赫数、某一升力系数的特定条件下，一个翼型的无激波压力分布是可以精心设计的。但是，整个机翼各个剖面的无激波会相当困难。而且，这样的机翼抗干扰能力非常脆弱，飞行速度降低一点儿，升力系数（迎角）小一点儿，就会出现双激波；速度稍大一些，就会出现强激波。无激波机翼的巡航阻力系数最小，但是随着飞行速度的提高，波阻迅速增大，阻力发散特性较差；而弱激波设计，则能使较低的阻力系数保持在较大的速度范围内，如图 4.16 所示。因此，从工程使用的角度，显然弱激波的设计更合适。

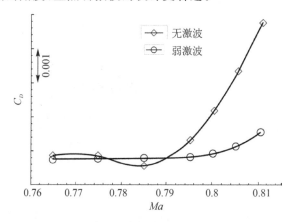

图 4.16　两种设计思想导致机翼阻力发散特性的差别

4.4　跨声速气动设计

4.4.1　后掠机翼气动设计

如图 4.17 所示，在跨声速流动中，后掠角对改善飞机的升阻特性起到了积极的作用，为了兼顾低速和高速特性，航空工程师提出了变后掠机翼的概念，典型的应用有 B-1 轰炸机，如图 4.18 所示，但为此付出了较大的结构重量代价。

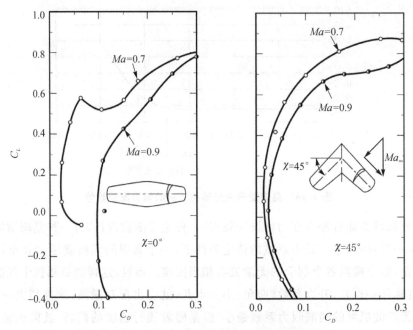

图 4.17　后掠机翼对跨声速升阻特性的影响

图 4.18　变后掠机翼 B - 1 轰炸机

4.4.2　面积律设计

　　根据最小波阻旋成体的截面积分布来调整飞行器的横截面积,可以有效减小飞机跨声速飞行时的零升波阻。F - 102 战斗机是面积律的典型应用,如图 4.19 所示,采用面积律设计后波阻明显下降。

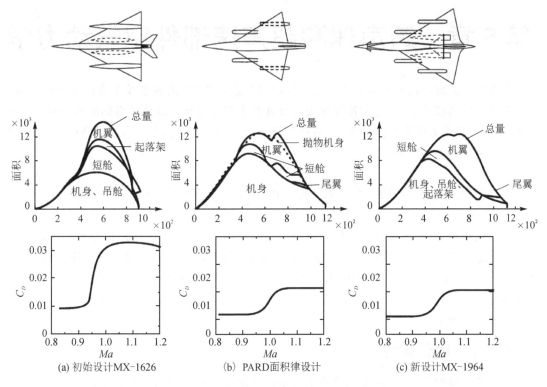

图 4.19 采用面积律设计 F-102 战斗机

思考题

1. 如何理解马赫数这一空气动力学中的重要参数？

2. 试分析正激波和斜激波的特点，以及超声速飞机机翼采用尖前缘、机头采用尖头的原因。

3. 如何理解临界马赫数？分析超临界翼型的特点。

4. 试分析翼型从亚声速经过跨声速到超声速流动的变化情况。

5. 试分析翼型的跨声速气动特性，以及造成升力系数"两起两落"的原因。

第5章　跨声速和超声速部件空气动力学

本章主要对跨声速和超声速部件的空气动力学进行介绍,内容涉及薄翼的超声速气动特性和跨声速气动特性,包括超声速线化理论及其基本解以及基于该理论得到的升力系数、波阻系数、俯仰力矩系数的变化规律等,还包括跨声速小扰动位流方程及其求解思路以及机翼几何参数对跨声速性能的影响。

5.1　超声速流中薄翼的气动特性

为了减小阻力,超声速飞机的机翼翼型都是较薄的,在正常飞行时迎角亦较小,即所谓薄翼情况。这时它对流场的扰动较小。激波强度也较弱,因此作为一级近似可忽略激波引起的气流熵增,在无黏性气流的假设下,就可认为流场是等熵与有位的。这样,就可采用前文所建立的线化位流方程在给定的线化边界条件下对其进行求解,从而获得翼型的气动力,这就是所谓的翼型线化理论。

5.1.1　线化理论

根据第 3 章的结论,超声速二维流动的小扰动速位 φ 所满足的线化位流方程为

$$B^2 \frac{\partial^2 \varphi}{\partial x^2} - \frac{\partial^2 \varphi}{\partial y^2} = 0 \tag{5.1}$$

式中:$B^2 = Ma_\infty^2 - 1$,x 轴沿来流方向,y 轴与 x 轴垂直,组成右手正交坐标系。方程(5.1)是二阶线性双曲型偏微分方程,为了写出其通解,引入如下新变量,令

$$\xi = x - By, \quad \eta = x + By \tag{5.2}$$

这样

$$\frac{\partial \varphi}{\partial x} = \frac{\partial \varphi}{\partial \xi} \frac{\partial \xi}{\partial x} + \frac{\partial \varphi}{\partial \eta} \frac{\partial \eta}{\partial x} = \frac{\partial \varphi}{\partial \xi} + \frac{\partial \varphi}{\partial \eta} \tag{5.3}$$

$$
\begin{aligned}
\frac{\partial^2 \varphi}{\partial x^2} &= \frac{\partial}{\partial x}\left(\frac{\partial \varphi}{\partial \xi}\right) + \frac{\partial}{\partial x}\left(\frac{\partial \varphi}{\partial \eta}\right) \\
&= \left[\frac{\partial}{\partial \xi}\left(\frac{\partial \varphi}{\partial \xi}\right)\frac{\partial \xi}{\partial x} + \frac{\partial}{\partial \eta}\left(\frac{\partial \varphi}{\partial \xi}\right)\frac{\partial \eta}{\partial x}\right] + \left[\frac{\partial}{\partial \xi}\left(\frac{\partial \varphi}{\partial \eta}\right)\frac{\partial \xi}{\partial x} + \frac{\partial}{\partial \eta}\left(\frac{\partial \varphi}{\partial \eta}\right)\frac{\partial \eta}{\partial x}\right] \\
&= \frac{\partial^2 \varphi}{\partial \xi^2} + 2\frac{\partial^2 \varphi}{\partial \xi \partial \eta} + \frac{\partial^2 \varphi}{\partial \eta^2}
\end{aligned} \tag{5.4}
$$

同样可得

$$\frac{\partial^2 \varphi}{\partial y^2} = B^2\left[\frac{\partial^2 \varphi}{\partial \xi^2} - 2\frac{\partial^2 \varphi}{\partial \xi \partial \eta} + \frac{\partial^2 \varphi}{\partial \eta^2}\right] \tag{5.5}$$

将式(5.4)和式(5.5)代入式(5.1)得

$$\frac{\partial^2 \varphi(\xi, \eta)}{\partial \xi \partial \eta} = 0 \tag{5.6}$$

将式(5.6)对 ξ 积分得

$$\frac{\partial \varphi(\xi,\eta)}{\partial \eta} = f^*(\eta) \tag{5.7}$$

式中：$f^*(\eta)$ 是自变量 η 的某一函数，将式(5.7)对 η 积分得

$$\varphi(\xi,\eta) = \int f^*(\eta)\,\mathrm{d}\eta + f_1(\xi) = f_1(\xi) + f_2(\eta) \tag{5.8}$$

式中：$f_2(\eta) = \int f^*(\eta)\,\mathrm{d}\eta$；$f_1(\xi)$ 是自变量 ξ 的某一函数。

将式(5.8)用原自变量 x、y 来表示，则得

$$\varphi(x,y) = f_1(x - By) + f_2(x + By) \tag{5.9}$$

式中：f_1、f_2 为两任意无关的函数。式(5.9)即是方程(5.1)的通解。

为了说明通解式(5.9)右边各项的物理意义，我们注意到 $x - By = \mathrm{const}$ 和 $x + By = \mathrm{const}$ 的两族直线的倾角分别为 $\arctan\left(\dfrac{1}{B}\right)$ 和 $\arctan\left(-\dfrac{1}{B}\right)$。因此，它们正好是代表未受扰动气流的两族马赫线。对于翼型的上半平面流场，函数 $f_1(x - By)$ 沿马赫线族 $x - By = \mathrm{const}$ 为常量，故它代表翼型上表面所发出的扰动沿马赫线 $x - By = \mathrm{const}$ 向下游传播到点 (x,y) 所产生的小扰动速位 φ；而函数 $f_2(x + By)$ 沿马赫线 $x + By = \mathrm{const}$ 为常量，故它代表翼型上表面所发出的扰动沿马赫线 $x + By = \mathrm{const}$ 向上游传播到点 (x,y) 所产生的小扰动速位 φ，但在超声速流中，扰动不能往上游传播，故有意义的解是往下游传播的，这就要求 $f_2(x + By) = 0$。同时，扰动区域也只局限于往下游传播的前后缘马赫线之间。因此，翼型上半平面流场的小扰动速位是

$$\varphi = f_1(x - By) = f_1(\xi) \tag{5.10}$$

相应沿 x、y 轴向的小扰动速度分量 v_x、v_y 则分别为

$$\begin{cases} v_x = \dfrac{\partial \varphi}{\partial x} = \dfrac{\mathrm{d}f_1}{\mathrm{d}\xi}\dfrac{\partial \xi}{\partial x} = f_1'(x - By) \\[2mm] v_y = \dfrac{\partial \varphi}{\partial y} = \dfrac{\mathrm{d}f_1}{\mathrm{d}\xi}\dfrac{\partial \xi}{\partial y} = -Bf_1'(x - By) \end{cases} \tag{5.11}$$

式中：令 $f_1'(x - By) = f_1'(\xi) = \dfrac{\mathrm{d}f_1}{\mathrm{d}\xi}$。

从式(5.11)可见，流动参数 v_x、v_y 沿马赫线 $x - By = \mathrm{const}$ 均为常量，这说明在线化理论中，翼型上的波系，无论是前缘激波、后缘激波或膨胀波都是用未受扰动来流的马赫波来近似的，如图 5.1 所示。

函数 $f_1(x - By)$ 可根据翼型绕流的边界条件确定得到。设翼型上表面的斜率为 $\dfrac{\mathrm{d}y_u}{\mathrm{d}x}$，根据 3.2.2 小节所述，翼型上表面的线化绕流边界条件为

$$v_y\big|_{y=0_+} = V_\infty \frac{\mathrm{d}y_u}{\mathrm{d}x}$$

将式(5.11)代入上式得

$$f_1'(x) = -\frac{V_\infty}{B}\frac{\mathrm{d}y_u}{\mathrm{d}x} = v_x\big|_{y=0_+} \tag{5.12}$$

将式(5.12)代入线化压强系数公式，求得翼型上表面任一点 $(x,0_+)$ 的压强系数 $C_{pu}(x,0_+)$ 为（这里 0_+ 表示 $y=0$ 平面的上表面，用以近似翼型的上表面）

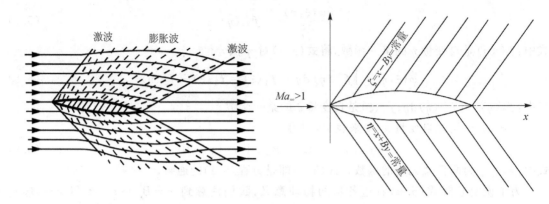

图 5.1　超声速流流过翼型的情况

$$C_{pu}(x,0_+)=-2\left(\frac{v_x}{V_\infty}\right)_{y=0_+}=\frac{2}{B}\frac{\mathrm{d}y_u}{\mathrm{d}x} \tag{5.13}$$

对翼型的下半平面流场，函数 $f_1(x-By)$ 代表下表面所发出的扰动马赫线 $x-By=$ const 往上游传播到点 (x,y) 所产生的小扰动速度位 φ，因此是没有意义的。这就要求 $f_1(x-By)=0$，因此，翼型下半平面流场的小扰动速位为

$$\varphi(x,y)=f_2(\eta)=f_2(x+By) \tag{5.14}$$

设翼型下表面的斜率为 $\dfrac{\mathrm{d}y_1}{\mathrm{d}x}$，则按上面的同样步骤，求导可得翼型下表面任一点 $(x,0_-)$ 的压强系数 $C_{p1}(x,0_-)$ 为（这里 0_- 表示 $y=0$ 平面的下表面）

$$C_{p1}(x,0_-)=-\frac{2}{B}\frac{\mathrm{d}y_1}{\mathrm{d}x} \tag{5.15}$$

从式(5.13)和式(5.15)可见，根据线化理论，翼型表面上任一点的压强系数是与该点翼面斜率成正比的。对相对厚度 $\bar{c}=0.1$ 的双弧形翼型，在来流马赫数 $Ma_\infty=2.13$ 和 $\alpha=-10°$ 时，所计算的上下翼面的压强分布如图 5.2 所示，图中也标有实验数据，从图中可见，下翼面的前半部，理论与实验的结果较一致；上翼面则偏差较大，这主要是因为线化理论用马赫波代替了激波，而目前翼型的负迎角和相对厚度都较大，上翼面前缘激波较强。因此，所计算得到的上翼面压强偏小了；下表面的后部，理论与实验结果的差也较大。这一方面是由于实际气流是有黏性的，在翼型下表面的后段，附面层增厚，外流膨胀角减小，使实际的压强较理论计算的大；另一方面是由于通过后缘激波所增大的压强要沿附面层内的亚声速流区域往上游传播。这些现象在线化理论中都是没有考虑的。

由于翼面压强系数是与翼面斜率成正比的（这是线化理论的结果），因此，翼型表面的压强系数可认为是由如下三部分绕流所产生的压强系数叠加而得，如图 5.3 所示。

① 迎角为 α 的平板绕流，简称迎角效应，用下标 α 表示。

② 迎角为零的中弧线绕流，该中弧线即原翼型的中弧线，简称弯度效应，用下标 f 表示。

③ 迎角为零的对称翼型绕流，该对称翼型即原翼型的厚度部分，简称厚度效应，用下标 c 表示。

这样，根据式(5.13)和式(5.15)上下面的压强系数就可分别写为

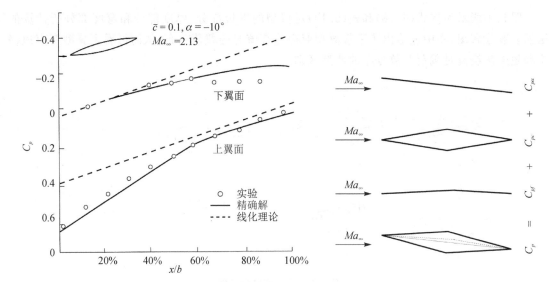

图 5.2　弦向压强分布的理论和实验结果对比　　**图 5.3　翼型压强分布组成**

$$\begin{cases} C_{pu}(x,0_+)=\dfrac{2}{B}\left[\left(\dfrac{\mathrm{d}y_u}{\mathrm{d}x}\right)_a+\left(\dfrac{\mathrm{d}y_u}{\mathrm{d}x}\right)_f+\left(\dfrac{\mathrm{d}y_u}{\mathrm{d}x}\right)_c\right] \\ C_{pl}(x,0_-)=-\dfrac{2}{B}\left[\left(\dfrac{\mathrm{d}y_l}{\mathrm{d}x}\right)_a+\left(\dfrac{\mathrm{d}y_l}{\mathrm{d}x}\right)_f+\left(\dfrac{\mathrm{d}y_l}{\mathrm{d}x}\right)_c\right] \end{cases} \tag{5.16}$$

由于平板上下表面的斜率均为 $-\tan\alpha$，在小迎角时可近似表示为 $\left(\dfrac{\mathrm{d}y_u}{\mathrm{d}x}\right)_a=\left(\dfrac{\mathrm{d}y_l}{\mathrm{d}x}\right)_a\approx$ $-\alpha$（弧度）；中弧线上下表面对应点斜率相同，$\left(\dfrac{\mathrm{d}y_u}{\mathrm{d}x}\right)_f=\left(\dfrac{\mathrm{d}y_l}{\mathrm{d}x}\right)_f=\left(\dfrac{\mathrm{d}y}{\mathrm{d}x}\right)_f$；对称翼型上下表面对应点斜率大小相等但方向相反，$\left(\dfrac{\mathrm{d}y_u}{\mathrm{d}x}\right)_c=-\left(\dfrac{\mathrm{d}y_l}{\mathrm{d}x}\right)_c$。

因此，式(5.16)可改写为

$$\begin{cases} C_{pu}(x,0_+)=(C_{pu})_a+(C_{pu})_f+(C_{pu})_c \\ C_{pl}(x,0_-)=(C_{pl})_a+(C_{pl})_f+(C_{pl})_c \end{cases} \tag{5.17}$$

其中，

$$\begin{cases} (C_{pu})_a=-\dfrac{2}{B}\alpha, \quad (C_{pl})_a=\dfrac{2}{B}\alpha \\ (C_{pu})_f=\dfrac{2}{B}\left(\dfrac{\mathrm{d}y}{\mathrm{d}x}\right)_f, \quad (C_{pl})_f=-\dfrac{2}{B}\left(\dfrac{\mathrm{d}y}{\mathrm{d}x}\right)_f \\ (C_{pu})_c=(C_{pl})_c=\dfrac{2}{B}\left(\dfrac{\mathrm{d}y_u}{\mathrm{d}x}\right)_c \end{cases} \tag{5.18}$$

因此，载荷系数为

$$\begin{cases} (\Delta C_p)_a=(C_{pl}-C_{pu})_a=\dfrac{4\alpha}{B} \\ (\Delta C_p)_f=(C_{pl}-C_{pu})_f=-\dfrac{4}{B}\left(\dfrac{\mathrm{d}y}{\mathrm{d}x}\right)_f \\ (\Delta C_p)_c=0 \end{cases} \tag{5.19}$$

图 5.4 所示为按式(5.18)和式(5.19)对翼型的平板部分、厚度部分和弯度部分所计算的压强系数分布图,图中还给出了平板翼型亚声速绕流时的载荷分布,从而可看到翼型亚声速绕流和超声速绕流时载荷系数分布的典型区别。

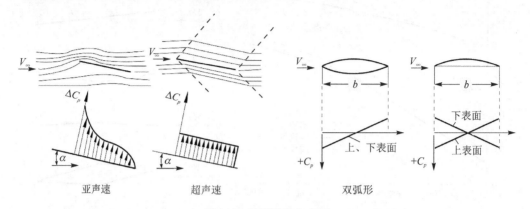

图 5.4 压强系数分布图

与压强系数一样,翼型的升力系数 C_L、波阻力系数 C_{Dw} 和对前缘的俯仰力矩系数 C_m 也可由上述三部分叠加而得。

5.1.2　翼型升力系数

设翼型的弦长为 b,翼型的升力系数定义为由此翼型所组成的二维机翼的单位翼展长度的升力系数,故

$$C_L = \frac{L}{q_\infty S} = \frac{L}{q_\infty b \times 1} = \frac{L}{q_\infty b} \qquad (5.20)$$

式中:L 是单位翼展长度的二维机翼升力;q_∞ 为来流速度,$q_\infty = \frac{1}{2}\rho_\infty V_\infty^2$;$b$ 为翼型弦长。

1. 迎角效应对 C_L 的贡献

从式(5.18)可见,$(C_p)_a$ 沿平板分布是常量,由于 C_{pu} 和 C_{pl} 都是垂直于平板的,故垂直于平板的法向力 N_a 为

$$N_a = (C_{pl} - C_{pu})_a b q_\infty = \frac{4\alpha}{B} b q_\infty \qquad (5.21)$$

因此,垂直于来流方向的升力则为(见图 5.5)

$$L_a = N_a \cos\alpha \approx N_a = \frac{4\alpha}{B} b q_\infty \quad (\alpha \text{ 为弧度})$$

$$(C_L)_a = \frac{L_a}{q_\infty b} = \frac{4\alpha}{B} \qquad (5.22)$$

2. 弯度效应对 C_L 的贡献

从图 5.6 可见,作用于中弧线二维机翼微元面积 $ds \times 1$ 上的升力 dL_f 为

$$dL_f = q_\infty (C_{pl} - C_{pu})_f ds \times 1 \times \cos\theta \qquad (5.23)$$

式中:ds 是中弧线上微元长度;θ 是 ds 与 x 轴的夹角。由于 $ds\cos\theta = dx$,上式变为

$$dL_f = q_\infty (C_{pl} - C_{pu})_f dx \qquad (5.24)$$

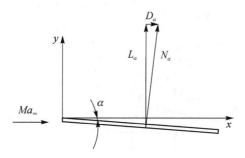

图 5.5　翼型的迎角效应

将式(5.18)代入上式得

$$\mathrm{d}L_f = -\frac{4\left(\dfrac{\mathrm{d}y}{\mathrm{d}x}\right)_f}{B}q_\infty \mathrm{d}x \tag{5.25}$$

故

$$L_f = -\frac{4q_\infty}{B}\int_0^b\left(\frac{\mathrm{d}y}{\mathrm{d}x}\right)_f \mathrm{d}x = -\frac{4q_\infty}{B}\int_0^b \mathrm{d}y_f = -\frac{4q_\infty}{B}\left[y_f(x=b)-y_f(x=0)\right]$$

$$\tag{5.26}$$

由于在前后缘处分别有 $y_f(x=0)=0$，$y_f(x=b)=0$，故

$$L_f = 0 \tag{5.27}$$

即

$$(C_L)_f = 0 \tag{5.28}$$

式(5.28)表明，在小扰动假设下，翼型的弯度对翼型的超声速升力不产生贡献。

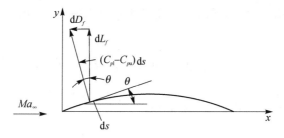

图 5.6　翼型的弯度效应

3. 厚度效应对 C_L 的贡献

从图 5.7 和式(5.18)可见，对称翼型零迎角绕流时，上下翼面对应点处微元面积所产生的升力是相互抵消的，因此

$$(C_L)_c = 0 \tag{5.29}$$

由上可见，根据线化理论，翼型的弯度和厚度效应都不产生升力，升力主要由迎角效应产生。翼型的升力系数为

$$C_L = (C_L)_\alpha + (C_L)_f + (C_L)_c = (C_L)_\alpha = \frac{4\alpha}{B} \tag{5.30}$$

因此，对于不同翼型，当来流 Ma_∞ 和迎角相同时，它们的升力系数相同。

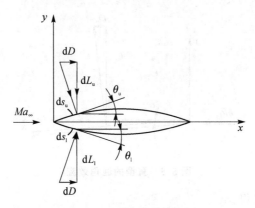

图 5.7　翼型的厚度效应

5.1.3　翼型波阻系数

1. 迎角效应对 C_{Dw} 的贡献

从图 5.5 可见,

$$(C_{Dw})_\alpha = \frac{N_\alpha \sin \alpha}{q_\infty b} \approx \frac{N_\alpha \alpha}{q_\infty b} \tag{5.31a}$$

将式(5.21)代入上式得

$$(C_{Dw})_\alpha = \frac{4\alpha^2}{B} \tag{5.31b}$$

2. 弯度效应对 C_{Dw} 的贡献

从图 5.6 可见,作用于微元面积 $ds \times 1$ 上的力 $q_\infty (C_{pl} - C_{pu})_f ds$ 在来流方向的分量(波阻力)为

$$dD_f = -q_\infty (C_{pl} - C_{pu})_f ds \sin \theta = -q_\infty (C_{pl} - C_{pu})_f \frac{\sin \theta}{\cos \theta} ds \cos \theta \tag{5.32}$$

由于 $\dfrac{\sin \theta}{\cos \theta} = \tan \theta = \left(\dfrac{dy}{dx}\right)_f$,$dx = ds \cos \theta$,故

$$dD_f = -q_\infty (C_{pl} - C_{pu})_f \left(\frac{dy}{dx}\right)_f dx \tag{5.33a}$$

将式(5.18)代入上式,沿弦向对 x 积分得

$$D_f = \frac{4q_\infty}{B} \int_0^b \left(\frac{dy}{dx}\right)_f^2 dx \tag{5.33b}$$

因此,弯度效应对 C_{Dw} 的贡献为

$$(C_{Dw})_f = \frac{D_f}{q_\infty b} = \frac{4}{bB} \int_0^b \left(\frac{dy}{dx}\right)_f^2 dx \tag{5.34}$$

3. 厚度效应对 C_{Dw} 的贡献

从图 5.7 可见,对称翼型零迎角绕流时,上下翼面对 C_{Dw} 的贡献是相同的。因此,上下翼面对应点处微元面积所产生的波阻力等于翼面相应微元面积 $ds \times 1$ 所产生波阻力的 2 倍,即

$$dD_c = 2q_\infty (C_{pu}\sin\theta_u ds_u)_c = 2q_\infty \left(C_{pu}\frac{\sin\theta_u}{\cos\theta_u}\cos\theta_u ds_u\right)_c \tag{5.35}$$

由于 $\left(\dfrac{\sin\theta_u}{\cos\theta_u}\right)_c = (\tan\theta_u)_c = \left(\dfrac{dy_u}{dx}\right)_c$，$ds_u\cos\theta_u = dx$，故

$$dD_c = 2q_\infty \left[(C_{pu})_c \left(\frac{dy_u}{dx}\right)_c dx\right] \tag{5.36}$$

将式(5.18)代入上式，沿弦向对 x 积分得

$$D_c = \frac{4q_\infty}{B}\int_0^b \left(\frac{dy_u}{dx}\right)_c^2 dx \tag{5.37}$$

故，厚度效应对 C_{Dw} 的贡献为

$$(C_{Dw})_c = \frac{D_c}{q_\infty b} = \frac{4}{bB}\int_0^b \left(\frac{dy_u}{dx}\right)_c^2 dx \tag{5.38}$$

4. C_{Dw} 的三部分之和

根据式(5.31b)，式(5.38)翼型的波阻力系数 C_{Dw} 为

$$C_{Dw} = (C_{Dw})_\alpha + (C_{Dw})_f + (C_{Dw})_c = \frac{4}{B}\left\{\alpha^2 + \frac{1}{b}\int_0^b \left[\left(\frac{dy}{dx}\right)_f^2 + \left(\frac{dy_u}{dx}\right)_c^2\right]dx\right\} \tag{5.39}$$

上式右边第二项仅与翼型的弯度和厚度分布有关，称为翼型的零升波阻力系数，记作 $(C_{Dw})_0$，其值为

$$(C_{Dw})_0 = \frac{4}{bB}\int_0^b \left[\left(\frac{dy}{dx}\right)_f^2 + \left(\frac{dy_u}{dx}\right)_c^2\right]dx \tag{5.40}$$

由于弯度对翼型升力无贡献，为了降低翼型的零升波阻力系数，超声速翼型一般应为无弯度的对称翼型。对前后上下都对称的菱形翼型，$\left(\dfrac{dy}{dx}\right)_f = 0$，$\left(\dfrac{dy_u}{dx}\right)_c^2 = \bar{c}^2$；这里 $\bar{c}$ 为翼型相对厚度。因此，菱形翼型的零升波阻力系数为

$$(C_{Dw})_0 = \frac{4}{bB}\int_0^b \bar{c}^2 dx = \frac{4\bar{c}^2}{B} \tag{5.41}$$

表 5.1 给出了几种超声速对称翼型在同一相对厚度 $\bar{c}$ 情况下，零升波阻力系数与菱形翼型的零升波阻力系数的比值 K。从表 5.1 中可见，菱形翼型的零升波阻力系数是最小的。

表 5.1 不同翼型的波阻影响因子

翼　型	简　图	K
四边形		$\dfrac{1}{4\bar{x}_f(1-\bar{x}_f)}$
六边形		$\dfrac{1}{\left(1-\dfrac{a}{b}\right)}$
菱形		1

翼　型	简　图	K
双弧形		$\dfrac{4}{3}$
亚声速翼型		$2.5 \sim 4$

5.1.4　翼型俯仰力矩系数

对前缘的俯仰力矩系数定义为

$$C_m = \frac{M_z}{q_\infty b^2} \tag{5.42}$$

式中：M_z 为绕通过翼型前缘的 Oz 轴的俯仰力矩，使翼型后缘上翘的力矩定为负值。

1. 迎角效应对 C_m 的贡献

由于压强沿平板分布系常量，故升力作用于平板翼型的中点，因此

$$(M_z)_\alpha = -(C_L)_\alpha q_\infty b \left(\frac{1}{2}b \right) = -\frac{1}{2}(C_L)_\alpha q_\infty b^2$$

$$(C_m)_\alpha = \frac{(M_z)_\alpha}{q_\infty b^2} = -\frac{1}{2}(C_L)_\alpha = -\frac{1}{2}C_L \tag{5.43}$$

2. 弯度效应对 C_m 的贡献

设图 5.6 的微元面积 $\mathrm{d}s \times 1$ 距前缘的距离为 x，则作用于该微元面积的升力 $\mathrm{d}L_f$ 对前缘的力矩为

$$(\mathrm{d}M_z)_f = -\mathrm{d}L_f x = \frac{4}{B} \left(\frac{\mathrm{d}y}{\mathrm{d}x} \right)_f q_\infty x \, \mathrm{d}x \tag{5.44}$$

将上式沿弦向对 x 积分得

$$(M_z)_f = \frac{4}{B} q_\infty \int_0^b \left(\frac{\mathrm{d}y}{\mathrm{d}x} \right)_f x \, \mathrm{d}x \tag{5.45}$$

故

$$(C_m)_f = \frac{(M_z)_f}{q_\infty b^2} = \frac{4}{b^2 B} \int_0^b \left(\frac{\mathrm{d}y}{\mathrm{d}x} \right)_f x \, \mathrm{d}x = \frac{4}{b^2 B} \int_0^b x \, \mathrm{d}y_f = \frac{4}{b^2 B} \left[x y_f \Big|_0^b - \int_0^b y_f \, \mathrm{d}x \right] \tag{5.46}$$

由于在翼型前后缘处 $y_f = 0$，故翼型弯度效应对 C_m 的贡献为

$$(C_m)_f = -\frac{4}{b^2 B} \int_0^b y_f \, \mathrm{d}x \tag{5.47}$$

当翼型的中弧线坐标 y_f 分布为已知时，就可从式（5.47）积分得 $(C_m)_f$。根据线化理论的结果，翼型的弯度效应对升力无贡献，故 $(C_m)_f$ 又称为翼型的零升俯仰力矩系数，一般用 C_{m0} 表示。

3. 厚度效应对 C_m 的贡献

从图 5.7 可见，对称翼型零升迎角绕流时，翼型上下表面对应点处微元面积的升力是相互抵消的，因此翼型厚度效应对 C_m 无贡献。

由上可见，翼型的 C_m 为

$$C_m = (C_m)_a + (C_m)_f + (C_m)_c = (C_m)_a + (C_m)_f$$
$$= -\frac{1}{2}C_L - \frac{4}{b^2 B}\int_0^b y_f\,\mathrm{d}x \tag{5.48}$$

设翼型压力中心距前缘的相对距离为 $\bar{x}_p = \dfrac{x_p}{b}$，则

$$C_m = -C_L\bar{x}_p \tag{5.49}$$

将式(5.30)的 C_L 值和式(5.48)的 C_m 值代入上式得翼型压力中心位置为

$$\bar{x}_p = \frac{1}{2} + \frac{4}{b^2 C_L B}\int_0^b y_f\,\mathrm{d}x \tag{5.50}$$

根据焦点定义，翼型焦点距前缘的相对距离 $\bar{x}_F = \dfrac{x_F}{b}$，可表示为

$$\bar{x}_F = -\frac{\partial C_m}{\partial C_L} \tag{5.51}$$

从式(5.48)求得 $\dfrac{\partial C_m}{\partial C_L} = -\dfrac{1}{2}$，故

$$\bar{x}_F = \frac{1}{2} \tag{5.52}$$

式(5.52)表明：翼型超声速绕流时的焦点位于中点处。这是容易理解的，因为翼型的焦点定义为与迎角有关的那部分升力的作用点。而根据式(5.43)，这部分升力是作用在翼弦中点的。从式(5.50)和式(5.51)可见，当翼型无弯度时，压力中心就与焦点相重合。

翼型低速绕流时的焦点位置约距前缘 1/4 弦长处，而现在翼型超声速绕流时的焦点位置距前缘 1/2 弦长处。由此可见，从低速到超声速，翼型焦点位置显著后移了，这对研究超声速飞机的操纵性和安定性是值得注意的一个问题。

线化理论所得的气动力与实验值的比较如图 5.8 和图 5.9 所示。从图 5.8 可见，线化理

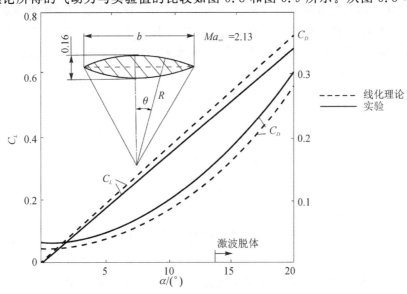

图 5.8 升力系数的线化理论结果和实验结果的对比

论给出的升力线斜率大约要较实验值高 2.5%，理论结果之所以偏高，主要是由于线化理论没有计及上表面后缘附近附面层与后缘激波的相互作用，这部分作用会使上表面后缘附近的压强升高，导致升力降低。图 5.8 还给出了按线化理论所计算得到的波阻力系数 C_{Dw} 与实验值的比较，从该图可见，在整个迎角范围内，两者之差几乎是个常数，这个常数大约等于理论所没有计及由黏性所产生的摩擦阻力系数和型阻力系数之和。由图 5.9 可见，线化理论所计算得的 C_m 值则与实验值偏差较大，这主要是由于上表面后缘附近的实际压强要较理论值高，而力臂又较大，从而使实验的 C_m 值较理论值大。

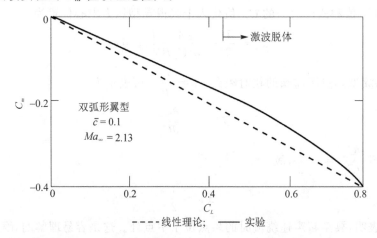

图 5.9　俯仰力矩系数的线化理论结果和实验结果的对比

5.1.5　无限翼展斜置翼超声速气动特性

由于超声速流中任一扰动源所发出的扰动，只能对它后马赫锥内的流场产生影响，所以对有限翼展机翼的超声速绕流，机翼上的某些部分就有可能不会受到翼尖和翼根的影响，这部分的机翼可看成无限翼展二维机翼的一部分。例如，图 5.10 所示的有限翼展直机翼 $ABDC$，如果在来流 Ma_∞ 情况下，机翼边界 AC 和 BD 正好位于其尖顶点 A、B 所发出的扰动马赫锥之外，则可将直机翼 $ABDC$ 看成无限翼展二维直机翼 $EFHG$ 的一部分，因为这时区域 $EACG$ 或 $BFHD$ 中所发生任何扰动都不会影响及原机翼 $ABDC$。这样有限翼展机翼的气动特性可按处理翼型的超声速空气动力特性的方法进行确定。

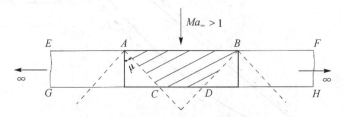

图 5.10　超声速气流流过有限翼展直机翼

图 5.11 所示为一有限翼展等弦长薄后掠机翼，其前后缘的后掠角为 χ。从图 5.11 中可见，在翼根顶点 A 和翼尖顶点 B、B' 所发出马赫锥之间的机翼区域 $ABDC$ 和 $AC'D'B'$ 均可看成斜置角为 χ 的一等弦长无限翼展斜置翼的一部分，例如，右侧的 $ABDC$ 区域可看成无限翼展斜置翼 $EFHG$ 的一部分。因为，这时区域 $EACG$ 或 $BFHD$ 中所发生的任何扰动都不会影

响及机翼 $ABDC$ 区域,因此,为了研究有限翼展薄后掠翼的超声速气动特性,就必须首先研究无限翼展薄斜置翼的超声速空气动力特性。

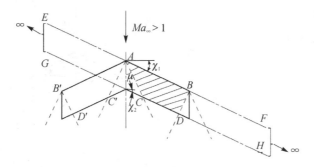

图 5.11　超声速气流流过有限翼展斜直翼

无限斜置翼的载荷系数 ΔC_p 与正置二维直机翼的载荷系数 ΔC_{pn} 之间的关系为

$$\Delta C_p = \Delta C_{pn}\cos^2\chi \tag{5.53}$$

当 $Ma_{\infty n}>1$ 时,升力系数为

$$C_L = C_{Ln}\cos^2\chi, \quad C_{Ln} = \frac{4\alpha/\cos\chi}{\sqrt{Ma_\infty^2\cos^2\chi-1}} \quad \Rightarrow \quad C_L = \frac{4\alpha\cos\chi}{\sqrt{Ma_\infty^2\cos^2\chi-1}} \tag{5.54}$$

当 $Ma_{\infty n}>1$ 时,无限斜置翼的波阻系数 C_{Dw} 与正置二维直机翼的波阻系数 C_{Dwn} 之间的关系为

$$C_{Dw} = C_{Dwn}\cos^3\chi \tag{5.55}$$

进一步可推出

$$C_{Dw} = \frac{4\alpha^2\cos\chi}{\sqrt{Ma_\infty^2\cos^2\chi-1}} + \frac{4I\cos^3\chi}{\sqrt{Ma_\infty^2\cos^2\chi-1}} \tag{5.56}$$

式中:I 为一与弯度和厚度分布有关的积分项。

从上式可以看出:随着后掠角的增加,零升波阻系数减小。设计时要综合考虑后掠角对于波阻和结构刚度等方面因素的综合影响。

5.1.6　有限翼展薄机翼超声速气动特性

在讨论三维薄翼超声速绕流特性之前,先说明几个基本概念,以明确薄机翼的亚声速绕流和超声速绕流的一些重要区别。

1. 前后马赫锥的概念

超声速流场内,从任意一点 P 做两个轴线与来流方向平行的马赫锥,一个迎着来流,另一个背着来流,前者称为 P 点的前马锥,后者称为 P 点的后马赫锥,如图 5.12 所示。马赫维的半顶角 μ_∞ 称为来流马赫角,$\tan\mu_\infty = \dfrac{1}{\sqrt{Ma_\infty^2-1}}$。前马赫锥所围的区域称为 P 点的依赖区,即在前马赫锥内所有的扰动源,都能对 P 点产生影响;后马赫锥所围的区域称为 P 点的影响区,即 P 点如果是扰动源,则后马赫锥内所有的点都要受到 P 点的扰动。例如,平板后掠翼上一点 $P(x,0,z)$ 仅受位于它前马赫线内机翼部分的影响,即图 5.13 中的阴影线部分,而不受机翼其余部分的影响。

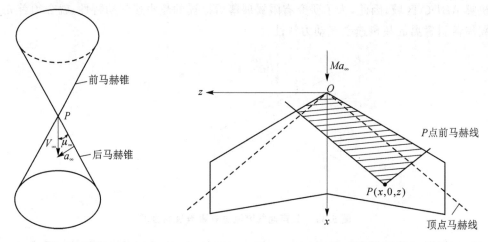

图 5.12　前后马赫锥的示意图　　　　　图 5.13　马赫锥在翼面上的应用

2. 前缘、后缘、侧缘的概念

超声速机翼的边界对绕流性质有较大的影响,尤其是前缘影响更大。因此,从气动观点,需要将超声速机翼的边界划分成前缘、后缘和侧缘三种。机翼与来流方向平行的直线段首先相交的边界称为前缘,第二次相交的边界称为后缘,与来流方向平行的边界称为侧缘,如图 5.14 所示。显然,对给定的机翼,它的边界是前缘还是侧缘或是后缘也不是固定的。例如,图 5.14 中的(c)和(d),机翼是相同的,但当来流有侧滑角 β 时,原(c)中右翼的侧缘在(d)中就变为前缘,而原(c)中左翼的侧缘在(d)中变为后缘。

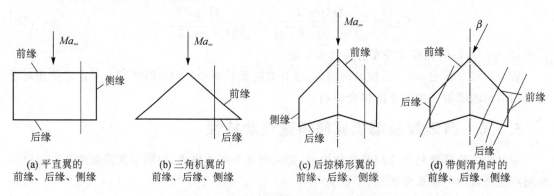

(a) 平直翼的　　　　　(b) 三角机翼的　　　　　(c) 后掠梯形翼的　　　　　(d) 带侧滑角时的
前缘、后缘、侧缘　　　　前缘、后缘、侧缘　　　　前缘、后缘、侧缘　　　　前缘、后缘、侧缘

图 5.14　超声速机翼的前缘、后缘、侧缘

如果来流相对于机翼前(后)缘的法向分速小于声速($Ma_{\infty n} < 1$),则称该前(后)缘为亚声速前(后)缘;反之如果 $Ma_{\infty n} > 1$,则称为超声速前(后)缘。如果 $Ma_{\infty n} = 1$,则称为声速前(后)缘。为了确定机翼前后缘情况,可根据机翼前后缘与来流马赫线的相对位置来进行判断。

可以得出以下结论:当来流马赫线位于机翼前(后)缘之后,即为超声速前(后)缘;当来流马赫线位于机翼前(后)缘之前,即为亚声速前(后)缘。翼面前后缘掠角图如图 5.15 所示。

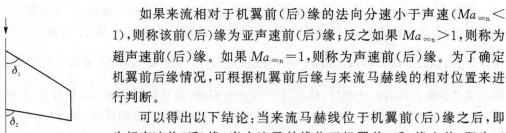

图 5.15　翼面前后缘掠角图

超声速前后缘：$Ma_\infty \sin \delta_1 > 1, Ma_\infty \sin \delta_2 > 1$。

亚声速前后缘：$Ma_\infty \sin \delta_1 < 1, Ma_\infty \sin \delta_2 < 1$。

混合前后缘：$Ma_\infty \sin \delta_1 > 1, Ma_\infty \sin \delta_2 < 1$ 或 $Ma_\infty \sin \delta_1 < 1, Ma_\infty \sin \delta_2 > 1$。

3. 二维区和三维区

在有限翼展机翼的超声速绕流中，在具有超声速前缘的机翼上往往可以找到一些区域，其流场与二维机翼（无限翼展直机翼或无限翼展斜置翼）一样，仅受单一前缘的影响，称其为二维区，在该区中，每一点的依赖区只包含有一个前缘，如图 5.16 中阴影线部分所示。

在二维区中，可将机翼看成一无限翼展直机翼（对应图 5.16(a) 中的二维区），或将机翼看成一无限翼展斜置翼（对应图 5.16(d)、(e) 中的二维区）。这样，二维区的压强分布就可按用于无限翼展直机翼的方法来确定。

图 5.16 中的无阴影线部分是三维区，在该区中每一点的依赖区包含有两个前缘（见图 5.16(b)、(c)）或一个前缘与一个侧缘（见图 5.16(a)）或还包含有后缘（见图 5.16(f)）。

二维区的特点是流动参数仅与垂直于前缘的法向翼型有关，而与机翼的中弧面形状无关，而三维区的流动参数不仅与翼型有关，而且还受机翼平面形状的影响。

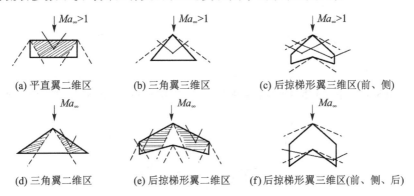

图 5.16　流过有限翼展机翼的超声速流动的二维区和三维区

4. 有限翼展薄机翼的超声速绕流图

有限翼展薄机翼的超声速绕流图与机翼的前后缘性质有很大的关系，对前（后）缘后掠的机翼，随着来流 Ma_∞ 的不同，一般可能是亚声速前（后）缘或亚声速前缘超声速后缘，也可能是超声速前（后）缘，分别如图 5.17(a)~(c) 所示。

以平板后掠翼为例，如果是亚声速前缘，则上下翼面的绕流要通过前缘产生相互影响，结果垂直于前缘的截面在前缘附近的绕流图显示出亚声速的绕流特性，如图 5.18(a) 所示。如果是亚声速后缘，则垂直于后缘截面在后缘附近的绕流图也显示出亚声速绕流的特性（气流沿平板后缘光滑地流离机翼，以满足后缘条件），如图 5.18(b) 所示。亚声速前（后）缘机翼的弦向压强分布，如图 5.19(a) 所示，从图中可见，与亚声速绕流情况相似，在前缘处压强系数 C_p 趋于无限大，而在后缘处 C_p 则趋向于零。

下面讨论超声速前后缘情况，这时垂直于前缘和后缘的截面在前缘和后缘附近的绕流图以及沿弦向的压强分布均与超声速二维平板机翼的绕流相似，分别如图 5.18(c)、(d) 和图 5.19(c) 所示。这时，在机翼上下表面前后缘处的压强系数均为有限值。图 5.19(b) 还画出了亚声速前缘和超声速后缘机翼的沿弦向压强分布图，在亚声速前缘处压强系数趋向无限大。在超声速后缘处压强系数则为有限值。

超声速前后缘压力分布为有限值的原因如下：

超声速前缘气流，在前缘处分两路（小攻角情况），上翼面的气流进行膨胀，下翼面的气流进行压缩，上下彼此不相遇，所以载荷是有限值。

超声速后缘也一样，上下翼面彼此互不影响，所以载荷不降为零，所以后缘载荷也是有限值。（不满足库塔-儒可夫斯基条件。）

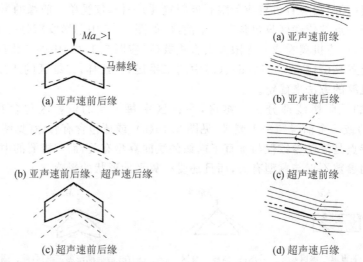

图 5.17　超声速后掠翼前后缘特点　　　图 5.18　超声速流动前后缘特点

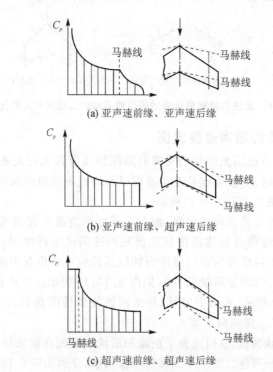

图 5.19　超声速气流流过后掠翼在不同剖面的压力分布

5.1.7　超声速三维线化位流方程基本解

超声速三维线化位流方程可表示为

$$B^2 \frac{\partial^2 \varphi}{\partial x^2} - \frac{\partial^2 \varphi}{\partial y^2} - \frac{\partial^2 \varphi}{\partial z^2} = 0 \tag{5.57}$$

式中：$B^2 = Ma_\infty^2 - 1$。

上式可以改写为

$$\frac{\partial^2 \varphi}{\partial x^2} + \frac{\partial^2 \varphi}{\partial (iBy)^2} + \frac{\partial^2 \varphi}{\partial (iBz)^2} = 0 \tag{5.58}$$

若将上式进行形式上的变换，令

$$X = x, \quad Y = iBy, \quad Z = iBz \tag{5.59}$$

则在新的坐标系空间——XYZ 坐标系就变成不可压位流方程

$$\frac{\partial^2 \varphi}{\partial X^2} + \frac{\partial^2 \varphi}{\partial Y^2} + \frac{\partial^2 \varphi}{\partial Z^2} = 0 \tag{5.60}$$

上式的一个基本解是点源。由于扰动传播只限于扰动源的后马赫锥内，可在 $y=0$ 平面的适当区域分布超声速点源来求解机翼的升力问题。具体应用要考虑超声速和亚声速前后缘问题。如果是超声速前后缘，上下翼面无影响，可在 $y=0$ 的机翼部分分布超声速点源。布置基本解时，要同时考虑边界条件方面的问题。

位于点 (X', Y', Z') 处强度为 Q 的点源对流场中的点 (X, Y, Z) 的扰动速度位为

$$\varphi(X, Y, Z) = -\frac{Q}{4\pi \left[(X-X')^2 + (Y-Y')^2 + (Z-Z')^2 \right]^{1/2}} \tag{5.61}$$

转换为 (x, y, z) 坐标系的解为

$$\varphi(x, y, z) = -\frac{2Q}{4\pi \left[(x-x')^2 - B^2(y-y')^2 - B^2(z-z')^2 \right]^{1/2}} \tag{5.62}$$

只有当 $(x-x')^2 - B^2(y-y')^2 - B^2(z-z')^2 \geqslant 0$ 时，上式的分母才有意义。

而方程 $(x-x')^2 - B^2(y-y')^2 - B^2(z-z')^2 = 0$ 是顶点位于 (x', y', z') 处的点源的前后马赫锥方程。

因此，$(x-x')^2 - B^2(y-y')^2 - B^2(z-z')^2 \geqslant 0$ 的物理意义为：只有点 (x, y, z) 位于点源的马赫锥内时，该点源才对其有速度位贡献。

由于超声速点源后马赫锥内的任何一点 P，在每一时刻总要受到两个扰动波的影响，如图 5.20(a) 所示；而亚声速点源的流场中任一点 P，在每一时刻则只受到一个扰动波的影响，

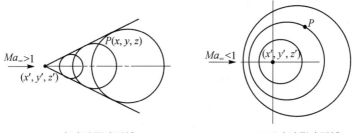

| (a) 超声速影响区域 | (b) 亚声速影响区域 |

图 5.20　扰动的影响范围

如图 5.20(b)所示,所以式(5.62)右边的系数要比式(5.61)大 1 倍。

从公式和图中可以看出,超声速点源的等位线是位于其后马赫锥内的回转双曲面,如图 5.21 所示。

从公式和图中还可以看出,在马赫锥面上,扰动速度变成无限大,因此,奇性是分布在整个马赫锥面上,而不像亚声速点源那样,奇性只限于点源处。这样在实际应用中,不能使用集中在一点的超声速点源,而必须考虑分布在线上或平面上的超声速点源。扰动很强地集中在马赫锥面附近的现象是超声速流动的固有特性。

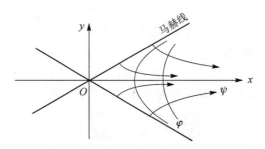

图 5.21　超声速点源的等位线

此外,类似的还可以得到超声速线化位流方程的涡基本解。在此不做赘述。关于薄翼流场的边界条件等在此也不做叙述。

5.1.8　超声速薄翼空气动力特性

在分析超声速度薄翼的空气动力特性时,需要针对具体研究对象,重点考虑以下几方面的问题:① 翼面的平面形状;② 翼面前后缘的超/亚声速性质;③ 根据马赫线进行分区处理。

以下从三角形平板翼、矩形平板翼为例简述其升力系数,并介绍了梯形机翼和后掠机翼参数变化对焦点位置的影响。

1. 超声速前缘三角形平板翼

其升力系数为

$$C_L = \frac{4\alpha}{B} \tag{5.63}$$

超声速前缘三角形平板翼的升力系数与二维薄翼型超声速绕流时的升力系数相同。

2. 矩形平板翼

以图 5.22 所示超声速前后缘矩形平板为例。

其升力系数为

$$C_L = \frac{4\alpha}{B}\left(1 - \frac{1}{2B\lambda}\right) \tag{5.64}$$

当展弦比很大时,上述公式与翼型的升力系数公式一致。

当流型如图 5.23 所示时,翼面的升力系数公式为

$$C_L = \frac{4\alpha}{B}\left[1 - \frac{1}{2B\lambda} - \frac{1}{4B\lambda}(2 - B\lambda)^2\right] \tag{5.65}$$

该公式由三部分构成:

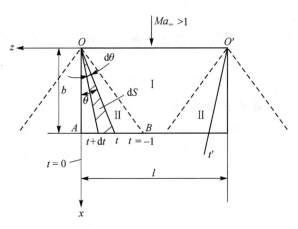

图 5.22　超声速气流流过矩形平板翼(情况Ⅰ)

$$C_{L\,I} = \frac{4\alpha}{B}\left(1-\frac{1}{B\lambda}\right), \quad C_{L\,II} = \frac{\alpha}{B^2\lambda}\left[1-\frac{1}{2}(2-B\lambda)^2\right], \quad C_{L\,III} = 0 \qquad (5.66)$$

因此,由于Ⅲ区的存在,导致Ⅰ、Ⅱ区缩小,以至于总升力系数减小。

该流型矩形平板翼的升力系数随马赫数和展弦比的变化曲线如图5.24所示。

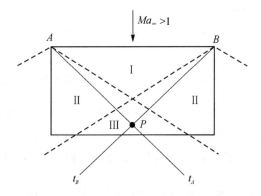

图 5.23　超声气流流过矩形平板翼(情况Ⅱ)

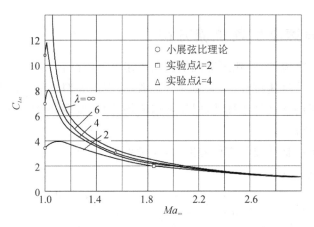

图 5.24　展弦比对升力线斜率随马赫数变化的影响

从公式和图可以看出：

随着 λ 增大，$C_{L\alpha}$ 增大。其原因是：同一马赫数下，随着 λ 的增大，翼尖区域的升力损失减小。

随着马赫数增大，$C_{L\alpha}$ 减小。这与亚声速结果趋势相反。

3. 俯仰力矩特性和焦点位置变化

基于线化理论的载荷分布算得的机翼焦点位置与试验结果是有差别的。图 5.25 和图 5.26 给出了几种不同平面形状平板翼焦点位置的线化理论结果与实验结果的比较。

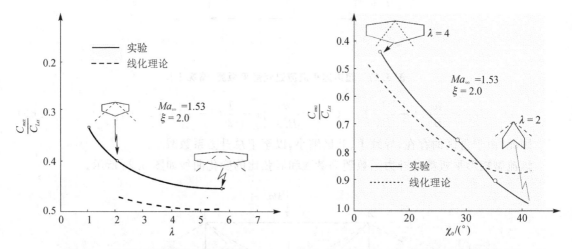

图 5.25　焦点位置随展弦比的变化　　　　图 5.26　焦点位置随后掠角的变化

从图 5.25 和图 5.26 可以看出：焦点位置随着展弦比增大而后移，其原因是展弦比越大，翼尖损失越小。焦点位置随着后掠角增大而后移，其原因是后掠角增大，面心后移。

另外，焦点位置也随着根梢比减小而前移，其原因是根梢比小，翼尖损失大。

5.2　跨声速流中薄翼的气动特性

5.2.1　跨声速小扰动位流方程

跨声速流动是混合流动，是亚声速流场和超声速流场的混合。

为了改善翼型的跨声速特性，提高临界马赫数，跨声速翼型也都是薄翼型。

薄翼型对于流场的扰动是小扰动，同超声速流场分析，如果不考虑气流黏性，则整个流场可以认为是等熵与有位的。

参照亚声速情况小扰动位流方程的推导，并考虑到 $1-Ma_\infty^2$ 为小量，略去相应的小量，得到跨声速小扰动位流方程：

$$\beta^2 \frac{\partial^2 \varphi}{\partial x^2} + \frac{\partial^2 \varphi}{\partial y^2} + \frac{\partial^2 \varphi}{\partial z^2} = \frac{(\kappa+1)Ma_\infty^2}{V_\infty} \frac{\partial \varphi}{\partial x} \frac{\partial^2 \varphi}{\partial x^2} \tag{5.67}$$

与亚声速或超声速小扰动方程比较，式 (5.67) 右侧不为 0，而使方程为非线性方程，且是混合型的。

以上公式可以改写为以下形式：

$$\left[\beta^2 - \frac{(\kappa+1)Ma_\infty^2}{V_\infty}\frac{\partial\varphi}{\partial x}\right]\frac{\partial^2\varphi}{\partial x^2} + \frac{\partial^2\varphi}{\partial y^2} + \frac{\partial^2\varphi}{\partial z^2} = 0 \tag{5.68}$$

在上述公式中，第一项系数 $\beta^2 - \dfrac{(\kappa+1)Ma_\infty^2}{V_\infty}\dfrac{\partial\varphi}{\partial x} > 0$ 的区域是椭圆形的，该系数小于零的区域是双曲型的。

由于该公式中包含右比热指数 κ，因此跨声速绕流的性质还受到气动特性的影响。

5.2.2　位流方程的求解方法

上述非线性方程没有解析解，一般将方程用差分方程来近似，然后对方程组采用线松弛的迭代法进行求解。

值得注意的是：在低速、亚声速和超声速流中，由于方程性质是线性的，因此，可以用基本解叠加求解。而跨声速方程，性质是非线性的，单独满足方程的位函数，叠加在一起就不一定满足方程，因而无基本解，只能采用偏微分方程的数值解法，其中有限差分法是比较常用的方法。

有限差分近似法的基本思路如下：

① 将流场划分为若干格子（见图 5.27）。

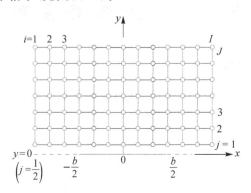

图 5.27　有限差分法的网格划分

② 网格划分非常讲究，要求网格有较好的正交性，网格的好坏直接影响计算精度和收敛速度。

③ 格子划分后，只对格子角点计算，即角点满足方程。

④ 采用适当的差分格式（如：一阶中心差分、一阶向后差分）获得 φ、$\dfrac{\partial\varphi}{\partial x}$、$\dfrac{\partial^2\varphi}{\partial x^2}$ 等，并将其代入方程。这样非线性方程在一定条件下变成线性方程组 $AX = B$。

该线性方程组可以用迭代法求解。若网格点为 20×20，则方程的阶数接近 400。

对于高阶的线性方程组，则采用松弛迭代法比较有效。

5.2.3　机翼几何参数的影响

对于跨声速流动，我们最关心 Ma_{cr}，Ma_{cr} 越大越好。以下讨论几个关键参数对于 Ma_{cr} 的影响。

在小升力系数下,增大翼型相对厚度 $\bar{c}$ 和翼型相对弯度 $\bar{f}$,都将使翼型的最小压强系数的绝对值增大。因此,如图 5.28 所示,随着 $\bar{c}$ 增大,Ma_{cr} 下降;如图 5.29 所示,随着 $\bar{f}$ 增大,Ma_{cr} 下降。

此外,机翼的 Ma_{cr} 还与机翼的平面几何参数有关,主要是展弦比 λ 和后掠角 χ。随着 λ 增大,Ma_{cr} 下降;随着 χ 增大,由于有效速度的下降,Ma_{cr} 将增大。

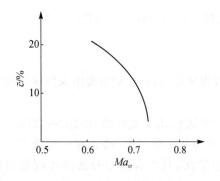 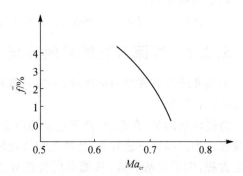

图 5.28 翼型相对厚度对临界马赫数的影响   图 5.29 翼型相对弯度对临界马赫数的影响

5.3 位流求解实例

5.3.1 跨声速流动

这里给出了如图 5.30 所示飞机,基于位流方法得到的跨声速情况的压力分布、升力系数变化对比、俯仰力矩系数变化对比、极曲线对比,如图 5.31～5.34 所示。

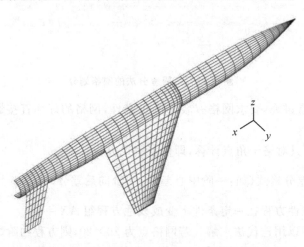

图 5.30 NACA RM L56A18 机翼-机身-平尾模型

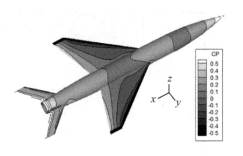
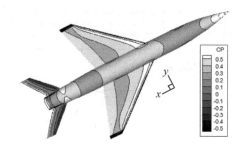

(a) 厚机翼、薄平尾上表面压力系数(马赫数0.8、迎角4.0)　　(b) 厚机翼、薄平尾下表面压力系数(马赫数0.8、迎角4.0)

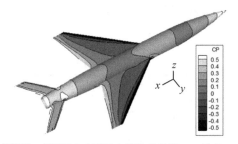

(c) 薄机翼、薄平尾上表面压力系数(马赫数0.8、迎角4.0)　　(d) 薄机翼、薄平尾下表面压力系数(马赫数0.8、迎角4.0)

图 5.31　表面压力系数分布

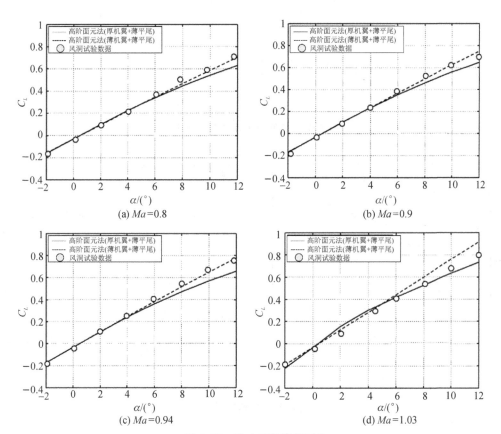

图 5.32　升力系数变化对比

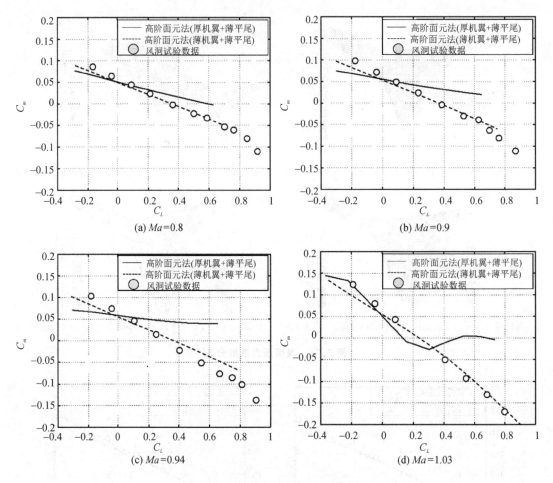

图 5.33 俯仰力矩系数变化对比

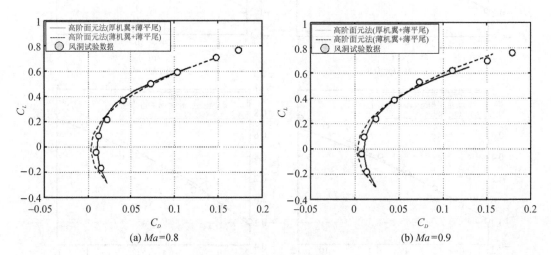

图 5.34 极曲线对比

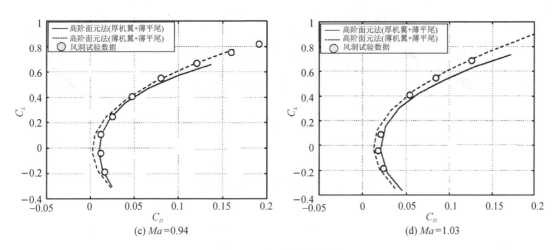

(c) Ma=0.94　　　　　　　(d) Ma=1.03

图 5.34　极曲线对比(续)

5.3.2　超声速流动

这里给出了如图 5.35 所示飞机,基于位流方法得到的超声速情况的升力系数变化对比、阻力系数变化对比、俯仰力矩系数变化对比和表面压力分布对比,如图 5.36~5.37 所示。

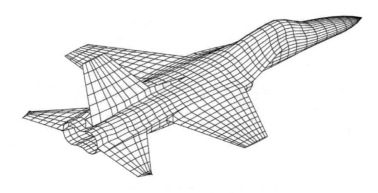

图 5.35　某战斗机

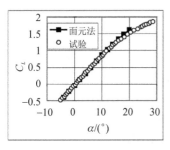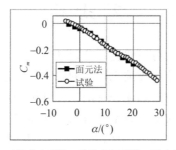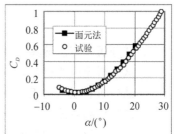

(a) Ma=1.2时的升力系数、俯仰力矩系数、阻力系数对比

图 5.36　气动力和力矩系数对比

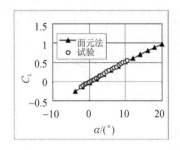 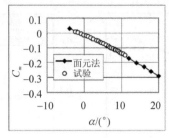 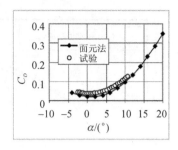

(b) $Ma=2.0$时的升力系数、俯仰力矩系数、阻力系数对比

图 5.36　气动力和力矩系数对比 (续)

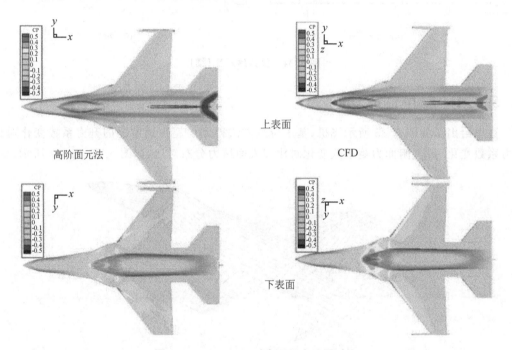

高阶面元法　　　　　　　　　上表面　　　CFD

下表面

图 5.37　$Ma=1.7$ 时表面压力云图对比

思考题

1. 试分析超声速薄翼气动力分析线化理论及其应用。
2. 试分析超声速机翼采用小弯度或无弯度的薄机翼的原因。
3. 试分析有限翼展机翼在超声速流场中的气动分析特点。
4. 试分析超声速三维线化位流方程基本解与亚声速情况的异同。
5. 试分析超声速薄翼的空气动力特性,并分析各主要因素的影响。
6. 试概括跨声速小扰动位流方程的特点及求解思路。

第6章 细长旋成体的气动力特性

本章主要对细长旋成体的气动特性进行介绍,内容涉及旋成体的几何参数、流动图、线化位流方程及其基本解、细长旋成体理论、横流理论、翼身组合体气动特性等。

6.1 旋成体的几何参数

飞机的机身、发动机短舱一般均为旋成体或近似旋成体。所谓旋成体就是由一条母线(直线或曲线)围绕某轴回转而成的物体,该轴称为旋成体的体轴,旋成体的任一截面均系圆形。包含有体轴的任一平面称为旋成体的子午面。显然,旋成体与任一子午面的交线即母线,所以在任一子午面上旋成体的边界形状都一样。

用于亚声速飞行和超声速飞行的典型旋成体分别如图 6.1(a)、(b)所示。亚声速飞行的旋成体的外形更接近于流线型,头部顶点是圆滑的,而超声速飞行旋成体的头部顶点则是尖的。亚声速绕流时旋成体的阻力来源主要是黏性,而超声速绕流时除了黏性外还要考虑激波(有波阻),所以超声速机身的阻力要比亚声速机身的阻力大。亚声速飞行旋成体的头部一般是旋成椭球体,而超声速飞行旋成体的头部一般是锥形或卵圆形。

为了描述旋成体的几何参数,取固定于旋成体的直角坐标系,x 轴和旋成体的体轴重合,向后为正;y 轴是旋成体的立轴,向上为正;z 轴是旋成体的横轴,面向飞行方向向左为正,坐标原点一般取在旋成体的顶点。为了分析方便,对于旋成体还经常采用柱坐标或球坐标。以柱坐标为例,如图 6.2 所示。

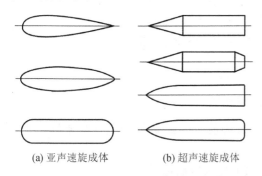

(a) 亚声速旋成体　　(b) 超声速旋成体

图 6.1 亚声速旋成体和超声速旋成体

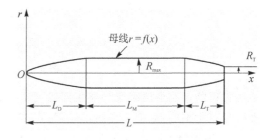

图 6.2 描述旋成体的柱坐标系

旋成体的主要参数如表 6.1 所列。

表 6.1 旋成体的主要参数

符　号	含　义
$R(x)$	旋成体的半径
L	旋成体的总长
L_D、L_M、L_T	分别表示旋成体头部、圆柱段和尾部的长度

续表 6.1

符　号	含　义
R_{max}	旋成体的最大半径
$\lambda = L/2R_{max}$	旋成体的长细比
$\lambda_D、\lambda_M、\lambda_T$	分别表示旋成体头部、圆柱段和尾部的长细比
$\eta = \dfrac{R_T^2}{R_{max}^2}$	收缩比,是尾部横截面积和旋成体最大横截面之比

6.2　绕旋成体的流动图

　　旋成体的亚声速轴向绕流图与二维流线型物体的绕流图相似,但要注意的是:同样的相对厚度,旋成体所产生的扰动远小于平面翼型在同样 Ma_∞ 下所产生的扰动。这一点从物理上是很容易理解的,因为在平面流动中翼型的厚度在所有 $z = $ const 的平面上都要把气流做同样程度的撑开,而对旋成体,如果在 $z = 0$ 的平面上,物体要求流线做某个程度撑开,则随着 z 向坐标的增大(或减小)在垂直于 z 轴的平面上,物体对气流的撑开程度变小,直到在 $z = \pm R_{max}$ 的平面上,物体对气流就没有撑开的要求了,如图 6.3 所示。另外,关于压缩性对压强系数的影响,旋成体上的压强系数不像翼型那样是乘以 $\dfrac{1}{\beta}$ 的关系,因为其不但与 β 有关,而且还与该处横截面积沿 x 轴变化的二阶导数有关。

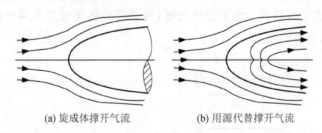

(a) 旋成体撑开气流　　　　　　　(b) 用源代替撑开气流

图 6.3　亚声速轴对称流动

　　尖头圆锥超声速绕流会发生向内转折现象,并在圆锥前面形成激波,但圆锥绕流与二维尖楔绕流有所不同,如图 6.4 所示,其特点如下:

　　① 尖楔绕流时激波面为平面形,而圆锥绕流时激波则为锥面形。

　　② 尖楔绕流时,直匀来流在激波面上的折转角等于尖楔半顶角;而圆锥绕流时,气流在激波面上的初始折转角小于圆锥半顶角,所以如果圆锥半顶角与尖楔半顶角相等,则圆锥激波倾斜角较小,激波较弱。

　　③ 尖楔绕流时,在激波面后的流线是一组平行直线;而圆锥绕流时,激波面后的流线是弯曲的,彼此不平行,每一条流线的倾斜角是从激波面上的初始折转角逐步地连续地过渡到与圆锥母线平行的方向。

　　④ 尖楔绕流时,在激波面后的流场是均匀的;而圆锥绕流时,激波面后的流场是不均匀的,但沿着从圆锥顶点引出的每一条直线上的所有各点,气流参量相同,这种流动特性称为锥型流。

⑤ 对于同一个来流马赫数,圆锥激波发生脱体的最大半顶角比尖楔激波大一些。

⑥ 在有迎角圆锥体的超声速绕流中,在前面激波不脱体的条件下仍具有圆锥形,但不与圆锥体共轴;波后的流场仍为锥型流,但不再是轴对称的;不同流线的熵增不一样,所以不再是位流。

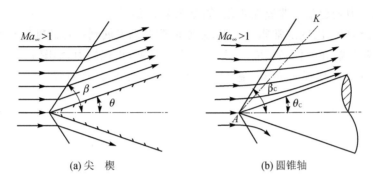

(a) 尖　楔　　　　　　　　(b) 圆锥轴

图 6.4　尖楔与圆锥轴对称超声速绕流的比较

超声速轴向绕流时,在流场中要出现激波和膨胀波。图 6.5 给出了超声速以零迎角流过一典型旋成体的流动图,在顶点处形成一个圆锥激波,其强度要比同一来流马赫数流过同样顶角的二维楔体时的激波来得弱,在头部和圆柱段连结的肩部处产生膨胀波,压强降低,随后由于圆柱段的三维效应,压强又逐渐升高,在底部处气流膨胀使底部压强较来流压强为低形成所谓底部阻力,由于底部气流要向外转折趋向于来流方向,因此在底部附近气流重新被压缩形成尾部激波。对于有迎角的绕流流动图也大致相同,但不再是对称的了。图 6.6 给出了超声速气流轴向绕流旋成体时,旋成体表面的压强系数分布的示意图。

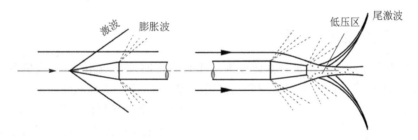

图 6.5　超声速气流流过旋成体的流动图

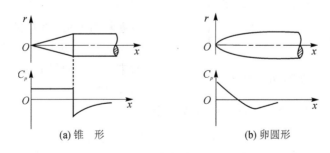

(a) 锥　形　　　　　　　　(b) 卵圆形

图 6.6　旋成体表面的压强分布

图 6.6 给出的是旋成体在 0° 迎角时的绕流图。在有迎角的情况下,轴对称旋成体的流动

形态一共可分为 4 种,如图 6.7 所示。

① $\alpha_\infty \leqslant 4°$,称为附着流型,边界层薄且贴体,外流场可以用位流描述,升力随迎角呈线性变化,如图 6.7(a)所示。

② $4° < \alpha_\infty \leqslant 2\theta_N$,即当迎角增大,但小于头部半顶角 θ_N 的两倍时,背风面附着层分离,形成一对对称涡,升力随迎角呈非线性变化,如图 6.7(b)所示。

③ $2\theta_N < \alpha_\infty \leqslant 60°$,出现定常非对称涡,左右两侧旋涡发展到一定的轴向长度后撕裂,因而左右分离涡交替形成,在弹体横剖面上,呈卡门涡街排列,出现侧力,如图 6.7(c)所示。

④ $60° < \alpha_\infty \leqslant 90°$,出现非定常涡迹,产生随机侧力,如图 6.7(d)所示。

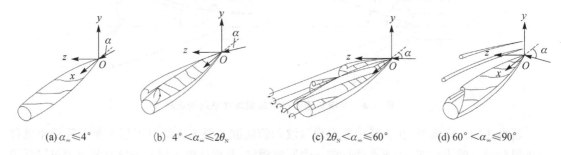

(a) $\alpha_\infty \leqslant 4°$　　(b) $4° < \alpha_\infty \leqslant 2\theta_N$　　(c) $2\theta_N < \alpha_\infty \leqslant 60°$　　(d) $60° < \alpha_\infty \leqslant 90°$

图 6.7　绕流旋成体的 4 种主要流态

旋成体的绕流问题有多种解法,本章将只讨论线化位流理论和细长旋成体理论,最后简要介绍大迎角绕流时的横流理论。

6.3　细长旋成体线化位流方程

6.3.1　线化位流方程

一般飞机所采用的旋成体机身都比较细长而且飞行时迎角也不大,因此机身对流场的扰动是小扰动,在超声速飞行时头部激波和马赫波相差无几,通过头部激波时的变化也可忽略不

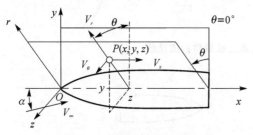

图 6.8　旋成体的坐标系

计,整个流场可认为是无旋的,扰动速位仍然满足线化位流方程。用笛卡儿坐标表示的线化位流方程适用于求解机翼之类的扁平物体。对于轴对称的物体一般采用柱坐标系较为方便,坐标的原点放在旋成体的顶点,x 轴与旋成体的对称线重合,有迎角时未经扰动的气流和 Oxz 平面成 α 角,如图 6.8 所示。

在笛卡儿坐标系中全速位 ϕ 满足的方程式为

$$\left(1 - \frac{V_x^2}{a^2}\right)\frac{\partial^2 \phi}{\partial x^2} + \left(1 - \frac{V_y^2}{a^2}\right)\frac{\partial^2 \phi}{\partial y^2} + \left(1 - \frac{V_z^2}{a^2}\right)\frac{\partial^2 \phi}{\partial z^2} -$$

$$2\frac{V_x V_y}{a^2}\frac{\partial^2 \phi}{\partial x \partial y} - 2\frac{V_y V_z}{a^2}\frac{\partial^2 \phi}{\partial y \partial z} - 2\frac{V_z V_x}{a^2}\frac{\partial^2 \phi}{\partial z \partial x} = 0 \tag{6.1}$$

考虑直角坐标系和柱坐标系之间的转换关系：

$$\begin{cases} x = x \\ y = r\cos\theta \\ z = r\sin\theta \end{cases} \tag{6.2}$$

因此,用柱坐标表示的全速位方程为

$$\left(1 - \frac{V_x^2}{a^2}\right)\frac{\partial^2 \phi}{\partial x^2} + \left(1 - \frac{V_r^2}{a^2}\right)\frac{\partial^2 \phi}{\partial r^2} + \left(1 - \frac{V_\theta^2}{a^2}\right)\frac{1}{r^2}\frac{\partial^2 \phi}{\partial \theta^2} - 2\frac{V_x V_r}{a^2}\frac{\partial^2 \phi}{\partial x \partial r} -$$

$$2\frac{V_x V_\theta}{a^2}\frac{1}{r}\frac{\partial^2 \phi}{\partial x \partial \theta} - 2\frac{V_r V_\theta}{a^2}\frac{1}{r}\frac{\partial^2 \phi}{\partial x \partial \theta} + \frac{V_r}{r}\left(1 + \frac{V_\theta^2}{a^2}\right) = 0 \tag{6.3}$$

式中: V_x、V_r 和 V_θ 分别为气流合速度在 x、r 和 θ 方向的分速。

考虑未经过扰动的来流的分速为

$$\begin{cases} V_{x\infty} = V_\infty \cos\alpha \\ V_{r\infty} = V_\infty \sin\alpha\cos\theta \\ V_{\theta\infty} = -V_\infty \sin\alpha\sin\theta \end{cases} \tag{6.4a}$$

由于 α 很小,因此上式可以写成以下形式：

$$\begin{cases} V_{x\infty} \approx V_\infty \\ V_{r\infty} \approx V_\infty \alpha\cos\theta \\ V_{\theta\infty} \approx -V_\infty \alpha\sin\theta \end{cases} \tag{6.4b}$$

流场上任一点速度的 3 个分量可以写成未经扰动速度分量和扰动速度分量之和,即

$$\begin{cases} V_x = V_{x\infty} + v_x \approx V_\infty + v_x \\ V_r = V_{r\infty} + v_r \approx V_\infty \alpha\cos\theta + v_r \\ V_\theta = V_{\theta\infty} + v_\theta \approx -V_\infty \alpha\sin\theta + v_\theta \end{cases} \tag{6.5}$$

在小扰动的假设下, $\frac{v_x}{V_\infty} \ll 1.0$、$\frac{v_r}{V_\infty} \ll 1.0$、$\frac{v_\theta}{V_\infty} \ll 1.0$,忽略二阶小量,从能量方程可得

$$a^2 = a_\infty^2 - \frac{\kappa-1}{2}(V^2 - V_\infty^2) \approx a_\infty^2 - (\kappa-1)V_\infty v_x \tag{6.6}$$

将式(6.5)和式(6.6)代入式(6.3),在 Ma_∞ 不十分接近 1,又不是很大的高超声速情况下,略去高于一阶的小量,式(6.3)可以简化成线性方程：

$$(1 - Ma_\infty^2)\frac{\partial^2 \phi}{\partial x^2} + \frac{\partial^2 \phi}{\partial r^2} + \frac{1}{r^2}\frac{\partial^2 \phi}{\partial \theta^2} + \frac{1}{r}\frac{\partial \phi}{\partial r} = 0 \tag{6.7}$$

令全速位 ϕ 为未经扰动来流速位 ϕ_∞ 和扰动速度位 φ 之和,即

$$\phi = \phi_\infty + \varphi \tag{6.8}$$

从式(6.4)可以求得

$$\phi_\infty = V_\infty x + rV_\infty \alpha\cos\theta \tag{6.9}$$

将式(6.8)和式(6.9)代入式(6.7),可以得到扰动位 φ 满足的方程为

$$(1 - Ma_\infty^2)\frac{\partial^2 \varphi}{\partial x^2} + \frac{\partial^2 \varphi}{\partial r^2} + \frac{1}{r^2}\frac{\partial^2 \varphi}{\partial \theta^2} + \frac{1}{r}\frac{\partial \varphi}{\partial r} = 0$$

或写成

$$\beta^2 \frac{\partial^2 \varphi}{\partial x^2} + \frac{\partial^2 \varphi}{\partial r^2} + \frac{1}{r^2}\frac{\partial^2 \varphi}{\partial \theta^2} + \frac{1}{r}\frac{\partial \varphi}{\partial r} = 0 \quad (亚声速) \tag{6.10a}$$

$$B^2 \frac{\partial^2 \varphi}{\partial x^2} - \frac{\partial^2 \varphi}{\partial r^2} - \frac{1}{r^2} \frac{\partial^2 \varphi}{\partial \theta^2} - \frac{1}{r} \frac{\partial \varphi}{\partial r} = 0 \quad (\text{超声速}) \tag{6.10b}$$

上式即为柱坐标形式下的小扰动线化位流方程,应用条件为:旋成体细长、旋成体母线上任何一点斜率远小于 1.0(即尖头),小迎角情况,非跨声速区,马赫数也不是太高。

此外,扰动速度位 φ 必须满足以下边界条件:

① 无穷远处:$\varphi = 0$。

② 物面上:子午面上气流合速与物体表面相切,满足气流不穿透固体壁的条件,即

$$\left(\frac{V_r}{V_x} \right)_{r=R} = \left(\frac{\frac{\partial \varphi}{\partial r} + V_\infty \alpha \cos \theta}{V_\infty + \frac{\partial \varphi}{\partial x}} \right)_{r=R} = \frac{\mathrm{d}R(x)}{\mathrm{d}x} \tag{6.11}$$

6.3.2 扰动速度的分解

在有迎角情况,直接求解式(6.10)比较困难,但因为式(6.10)和式(6.11)是线性方程,可以将 φ 分成两部分:

$$\varphi = \varphi_1 + \varphi_2 \tag{6.12}$$

式中:φ_1 为轴向流动的扰动速度位(来流速度为:$V_\infty \cos \alpha \approx V_\infty$);$\varphi_2$ 为横向流动的扰动速度位(来流速度为:$V_\infty \sin \alpha \approx V_\infty \alpha$)。

这样,来流 V_∞ 以迎角 α 流过旋成体的流动,在一阶近似理论的范围内可认为是由轴向流动与横向流动二者叠加而成的,如图 6.9 所示。两者分别满足的方程如下:

$$\beta^2 \frac{\partial^2 \varphi_1}{\partial x^2} + \frac{\partial^2 \varphi_1}{\partial r^2} + \frac{1}{r} \frac{\partial \varphi_1}{\partial r} = 0 \quad (\text{亚声速}) \tag{6.13a}$$

$$B^2 \frac{\partial^2 \varphi_1}{\partial x^2} - \frac{\partial^2 \varphi_1}{\partial r^2} - \frac{1}{r} \frac{\partial \varphi_1}{\partial r} = 0 \quad (\text{超声速}) \tag{6.13b}$$

$$\beta^2 \frac{\partial^2 \varphi_2}{\partial x^2} + \frac{\partial^2 \varphi_2}{\partial r^2} + \frac{1}{r^2} \frac{\partial^2 \varphi_2}{\partial \theta^2} + \frac{1}{r} \frac{\partial \varphi_2}{\partial r} = 0 \quad (\text{亚声速}) \tag{6.14a}$$

$$B^2 \frac{\partial^2 \varphi_2}{\partial x^2} - \frac{\partial^2 \varphi_2}{\partial r^2} - \frac{1}{r^2} \frac{\partial^2 \varphi_2}{\partial \theta^2} - \frac{1}{r} \frac{\partial \varphi_2}{\partial r} = 0 \quad (\text{超声速}) \tag{6.14b}$$

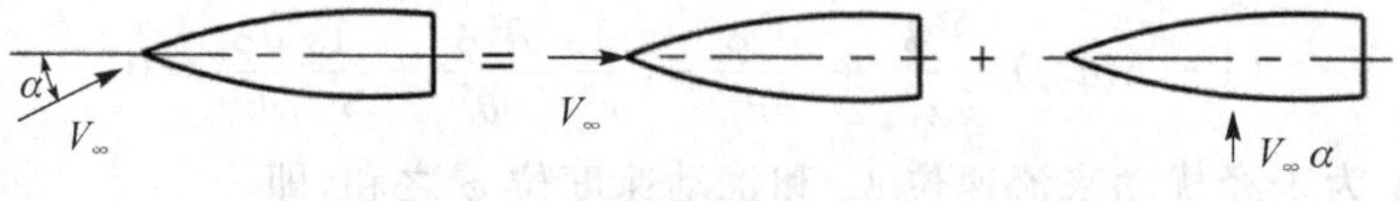

图 6.9 旋成体流动的分解

从式(6.13)和式(6.14)可以看出,φ_1 和 φ_2 满足的方程之间存在一定的关系。以超声速为例,经过推导可以得到 φ_1 和 φ_2 之间有如下关系:

$$\varphi_2 = \frac{\partial \varphi_1}{\partial r} \cos \theta \tag{6.15}$$

应该指出的是式(6.15)仅从形式上得出 φ_1 和 φ_2 之间的关系,但 φ_2 的具体值要根据横流的边界条件加以确定。

6.3.3　边界条件

在无限远处，$\varphi_1 = \varphi_2 = 0$。

将式(6.12)代入旋成体物面边界条件式(6.11)得

$$\left(V_\infty + \frac{\partial \varphi_1}{\partial x} + \frac{\partial \varphi_2}{\partial x}\right)_{r=R} \frac{\mathrm{d}R(x)}{\mathrm{d}x} = \left(V_\infty \alpha \cos\theta + \frac{\partial \varphi_1}{\partial r} + \frac{\partial \varphi_2}{\partial r}\right)_{r=R} \tag{6.16}$$

当 $\alpha = 0$ 时，轴向流动的物面边界条件为

$$\left(V_\infty + \frac{\partial \varphi_1}{\partial x}\right)_{x=R} \frac{\mathrm{d}R(x)}{\mathrm{d}x} = \left(\frac{\partial \varphi_1}{\partial r}\right)_{r=R} \tag{6.17}$$

忽略二阶小量后得

$$\left(\frac{\partial \varphi_1}{\partial r}\right)_{r=R} = V_\infty \frac{\mathrm{d}R(x)}{\mathrm{d}x} \tag{6.18}$$

横向流动的物面边界条件为

$$\left(\frac{\partial \varphi_2}{\partial x}\right)_{r=R} \frac{\mathrm{d}R(x)}{\mathrm{d}x} = \left(V_\infty \alpha \cos\theta + \frac{\partial \varphi_2}{\partial r}\right)_{r=R} \tag{6.19}$$

忽略二阶小量后得

$$\left(\frac{\partial \varphi_2}{\partial r}\right)_{r=R} = -V_\infty \alpha \cos\theta \tag{6.20}$$

6.3.4　压强系数

第 3 章的压强系数表达式(3.39)说明了，对于细长旋成体，当 r 很小时该式等号右端只有第二项可以略去，而第三项相对于第一项并非高阶小量不能略去，因此压强系数为

$$C_p = -\left(\frac{2v_x}{V_\infty} + \frac{v_y^2 + v_z^2}{V_\infty^2}\right) \tag{6.21}$$

压强系数 C_p 的表达式(6.21)是在风轴坐标系中导出的，而对于旋成体气动特性的计算一般采用体轴系较为方便，所以要对式(6.21)进行坐标转换。

对于风轴坐标系 x'、y'、z'(或 x'、r'、θ')式(6.21)可写为

$$C_p = -\frac{2\varphi'_x}{V_\infty} - \frac{\varphi_r'^2 + \dfrac{1}{r^2}\varphi_\theta'^2}{V_\infty^2} \tag{6.22}$$

式中：下角标 x、r、θ 表示对该参数求偏导。

如体轴坐标系为 x、y、z(或 x、r、θ)，则从图 6.10 中可看出

$$\begin{cases} x = x'\cos\alpha - y'\sin\alpha \approx x' - y'\alpha \\ y = y'\cos\alpha + x'\sin\alpha \approx y' + x'\alpha \\ z = z' \end{cases} \tag{6.23}$$

所以

$$\varphi'_x = \frac{\partial \varphi}{\partial x}\frac{\partial x}{\partial x'} + \frac{\partial \varphi}{\partial y}\frac{\partial y}{\partial x'} + \frac{\partial \varphi}{\partial z}\frac{\partial z}{\partial x'} = \varphi_x + \varphi_y \alpha \tag{6.24}$$

而且

$$\varphi_y = v_y = v_r \cos\theta - v_\theta \sin\theta = \varphi_r \cos\theta - \frac{1}{r}\varphi_\theta \sin\theta \qquad (6.25)$$

$$\varphi_r = \varphi'_r, \quad \varphi_\theta = \varphi'_\theta \qquad (6.26)$$

因此对于体轴坐标系,压强系数 C_p 的表示式应为

$$C_p = -\left[\frac{2\varphi_x}{V_\infty} + \frac{2\alpha}{V_\infty}\left(\varphi_r\cos\theta - \frac{1}{r}\varphi_\theta\sin\theta\right) + \left(\frac{\varphi_r}{V_\infty}\right)^2 + \frac{1}{r^2}\left(\frac{\varphi_\theta}{V_\infty}\right)^2\right]$$

$$= -\frac{2\varphi_x}{V_\infty} - \frac{1}{V_\infty^2}\left[(V_\infty\alpha\cos\theta + \varphi_r)^2 + \left(V_\infty\alpha\sin\theta - \frac{1}{r}\varphi_\theta\right)^2 - V_\infty^2\alpha^2\right] \qquad (6.27)$$

将式(6.12)代入上式得

$$C_p = -\frac{2}{V_\infty}\left(\frac{\partial\varphi_1}{\partial x} + \frac{\partial\varphi_2}{\partial x}\right) - \frac{1}{V_\infty^2}\left[\left(V_\infty\alpha\cos\theta + \frac{\partial\varphi_1}{\partial x} + \frac{\partial\varphi_2}{\partial r}\right)^2 + \right.$$

$$\left.\left(V_\infty\alpha\sin\theta - \frac{1}{r}\frac{\partial\varphi_2}{\partial\theta}\right)^2 - V_\infty^2\alpha^2\right] \qquad (6.28)$$

从式(6.28)可看到,在有迎角的绕流时,流场中任一点的压强系数一般来说不等于轴向流动产生的压强系数与横向流动压强系数之和,只有求旋成体表面上的压强系数时,压强系数才存在叠加性。

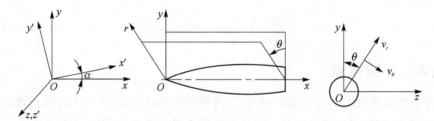

图 6.10　旋成体的坐标系

6.4　细长旋成体线化方程基本解

6.4.1　轴向流动

特点:轴向流动的情况是远前方的来流平行于旋成体的体轴,所以子午面上的流动情况都一样,一切参数与坐标 θ 无关。

解法:沿 x 轴分布点源作为基本解。由于点源对气流的撑开作用,因此沿体轴分布合适强度的点源就可以代替旋成体对直匀流的扰动作用。

设 ξ 为 x 轴上点源的坐标,单位长度上点源的强度为 $f(\xi)$,则 x 轴上 $d\xi$ 微段上的点源对子午面上任一点 $P(x,r)$ 的诱导速度为

$$d\varphi_1 = -\frac{1}{4\pi}\frac{f(\xi)d\xi}{\sqrt{(x-\xi)^2 + \beta^2 r^2}} \quad (\text{亚声速}) \qquad (6.29a)$$

$$d\varphi_1 = -\frac{1}{2\pi}\frac{f(\xi)d\xi}{\sqrt{(x-\xi)^2 - B^2 r^2}} \quad (\text{超声速}) \qquad (6.29b)$$

若旋成体的长度为 L,则 L 上的点源对于 P 点是否有影响,要看绕流是亚声速还是超声速。

亚声速情况,点源的扰动可以四面八方传播,P 点的总扰动速度位为

$$\varphi_1(x,r) = -\frac{1}{4\pi}\int_0^L \frac{f(\xi)\mathrm{d}\xi}{\sqrt{(x-\xi)^2+\beta^2 r^2}} \quad (亚声速) \tag{6.30a}$$

超声速情况,P 点只受到前马赫锥内扰动源的影响,P 点的总扰动速度位为

$$\varphi_1(x,r) = -\frac{1}{2\pi}\int_0^{x-Br} \frac{f(\xi)\mathrm{d}\xi}{\sqrt{(x-\xi)^2-B^2 r^2}} \quad (超声速) \tag{6.30b}$$

6.4.2　横向流动

根据 φ_1 和 φ_2 之间关系:$\varphi_2 = \dfrac{\partial \varphi_1}{\partial r}\cos\theta$,综合式(6.30)可以得到

$$\varphi_2(x,r) = \frac{\beta^2 r\cos\theta}{4\pi}\int_0^L \frac{m(\xi)\mathrm{d}\xi}{[(x-\xi)^2+\beta^2 r^2]^{3/2}} \quad (亚声速) \tag{6.31a}$$

$$\varphi_2(x,r) = \frac{\cos\theta}{2\pi r}\int_0^{x-Br} \frac{m(\xi)(x-\xi)\mathrm{d}\xi}{\sqrt{(x-\xi)^2-B^2 r^2}} \quad (超声速) \tag{6.31b}$$

式中:$m(\xi)=f'(\xi)$。当然,横向流一般为亚声速流。

从上两式可以知道,旋成体横向流动相当于横向来流中沿 x 轴分布偶极子(亚声速偶极子或超声速偶极子),偶极子强度的分布函数 $m(\xi)$ 根据边界条件确定。

6.4.3　解　法

从前面可以看出,轴向流动、横向流动为关于 $f(\xi)$ 或 $m(\xi)$ 的积分方程,一般可以采用近似解法,不同速度范围、不同头部形状采用不同近似方法。

如多项式法,对于轴向流可以将点源分布函数写成多项式的形式,并根据边界条件确定各系数。

$$f(\xi) = \sum_{n=1}^K b_n\xi^n \tag{6.32}$$

此外,还有圆锥叠加法等。

6.5　细长旋成体理论

对于十分细长的旋成体,在物面上 r 很小,因此可以将关于 $f(\xi)$ 或 $m(\xi)$ 的积分方程以及扰动速度位 φ 等表达式进一步简化,求其当 $r\to 0$ 时的渐近解。由于这种理论可以得到解析解,便于分析,因此在理论和实用上都有重要意义。

该方法和前面的线化位流方程的区别在于:前面的线化位流方程的近似解可以用于整个流场。而这种方法只能用于十分细长的旋成体的表面上。

求解时可以分成轴向流动和小迎角的横向流动两种情况展开。具体的求解在此不做展开,仅把求解途径和一些关键结论简要概括如下。

首先求解强度分布函数 $f(\xi)$ 或 $m(\xi)$。它们的确定与旋成体轴向面积分布 $S(x)$ 的变化有关,求出两者的关系,然后代入表达式,就可以得到解析解。求解的结果概括如下:

(1) 轴向流的压强分布

经过积分、求导可以得到压强系数,具体要分亚声速情况和超声速情况,在此不做展开。

（2）横向流的压强分布

$$C_{p2}(x) = -4\alpha\cos\theta\,\frac{\mathrm{d}R}{\mathrm{d}x} + (1 - 4\sin^2\theta)\alpha^2 \tag{6.33}$$

（3）有迎角情况

为（1）和（2）的叠加。

（4）法向力系数

如图 6.11 可知，作用于旋成体的升力 L 和阻力 D 分别为

$$L = N\cos\alpha - A\sin\alpha \tag{6.34}$$

$$D = N\sin\alpha + A\cos\alpha \tag{6.35}$$

需要强调的是：

① 轴向流对于法向力没有贡献。

② 小迎角情况下，横向流引起的压力系数为

$$C_{p2}(x) = -4\alpha\cos\theta\,\frac{\mathrm{d}R}{\mathrm{d}x} \tag{6.36}$$

积分后得到法向力。对于尖头旋成体 $S(0)=0$，则

$$C_N = 2\alpha \tag{6.37}$$

式（6.37）近似可看成升力系数，参考面积为旋成体底部面积。

这一公式适合于光滑母线旋成体情况，对于旋成体由具有一定母线形状的头部和紧接其后圆柱体所组成时，按照该公式则只有头部产生法向力，圆柱不产生法向力（实际情况为有限长度时，会产生法向力）。

（5）力矩特性

尖尾旋成体在小迎角情况绕流时，虽然总的法向力等于零，但在旋成体上作用有一力矩，如图 6.12 所示。

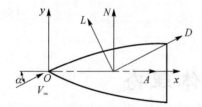

图 6.11　旋成体的坐标系

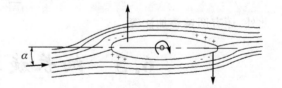

图 6.12　作用在旋成体上的气动力矩

尖尾情况的力矩系数可以写为

$$M_{z0} = \frac{1}{2}\rho_\infty V_\infty^2 (2\alpha)L\bar{S} \tag{6.38}$$

式中：$\bar{S}$ 为旋成体的平均截面积。

（6）轴向力系数

在有迎角的旋成体绕流中，作用在旋成体的轴向力系数 C_A 等于轴向流动的轴向系数 C_1 和横向系数 C_2 之和。

对于轴向流动，在无黏亚声速绕流中不产生轴向力，所以 C_1 为零。在超声速绕流时，轴向力系数即零升波阻系数 C_{Dw0}。

所以通过积分有

$$C_A = -\alpha^2 \quad (\text{亚声速}) \tag{6.39a}$$

$$C_A = C_{Dw0} - \alpha^2 \quad (\text{超声速}) \tag{6.39b}$$

上式也可近似看成阻力系数,其中 α^2 为诱导阻力。

不同旋成体的零升波阻系数不同,具有最小零升波阻的细长体通常有以下两种情况:

① 给定底面积情况下,卡门旋成体的零升波阻最小。

② 给定体积情况下,西尔斯-黑格旋成体的零升波阻最小。

一般情况下,只要截面积分布是光滑的,外形虽然与最佳形状稍有偏离,但对零升波阻的影响不是很大。

(7) 升力系数与阻力系数

式(6.34)和式(6.35)在 α 很小时可以写为

$$C_L \approx C_N \left(1 - \frac{\alpha^2}{2}\right) - C_A \alpha \tag{6.40a}$$

$$C_D \approx C_N \alpha + C_A \left(1 - \frac{\alpha^2}{2}\right) \tag{6.40b}$$

通过进一步推导可得

$$C_L \approx 2\alpha \tag{6.41}$$

$$C_D = \alpha^2 \quad (\text{亚声速}) \tag{6.42a}$$

$$C_D = C_{Dw0} + \alpha^2 \quad (\text{超声速}) \tag{6.42b}$$

6.6　大迎角绕流时旋成体的横流理论

导弹、飞行器等作大迎角(5°以上)机动时,旋成体背风面上的附面层分离很严重(见图 6.13)。这时线化理论计算的结果需要修正。因为分离而产生的法向力,可近似地认为相当于二维圆柱体(见图 6.14)的阻力。

在横向流动马赫数 $Ma = Ma_\infty \sin \alpha < 0.5$ 时,随着迎角由小到大,将依次出现对称定常涡、非对称定常涡、交替变化非定常涡和随机非定常涡等 4 种流动状态,如图 6.15 所示。

经过推导可以得到尖头旋成体上的法向力为

$$N = \frac{1}{2}\rho V_\infty^2 (2\alpha S_d + C_D \alpha^2 S_c) \tag{6.43}$$

式中: S_d 为旋成体的底部面积; S_c 为旋成体上附面层开始分离之点开始到旋成体底部的一段旋成体在水平面上的投影面积; C_D 为二维圆柱体的阻力系数,为横流雷诺数和马赫数的函数,可以从实验结果查得。

图 6.16 给出了不同方法获得的一个弹头圆柱体的结果对比。可以看出,随着迎角的增加,细长体理论的结果和实验结果偏差很大,而横流理论的结果还比较接近。

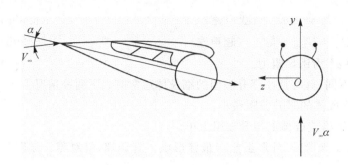

图 6.13　旋成体大迎角绕流的流动图　　　　　图 6.14　流过二维圆柱体的流动

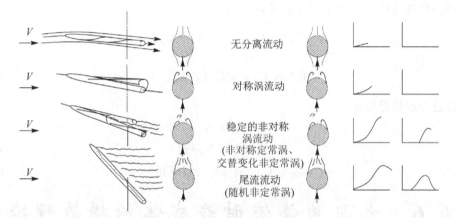

图 6.15　横向流动的 4 种分离状态

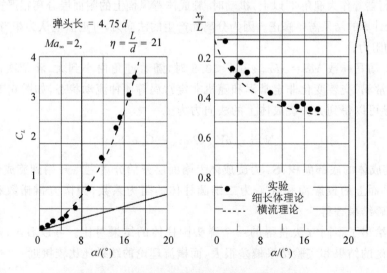

图 6.16　不同方法获得的细长体气动结果对比

6.7　升力系数对迎角的气动导数计算

弹身在小迎角下的空气绕流产生与迎角成正比的法向力。按照细长体理论,只在弹身横截面 S_x 变化的区段产生法向力,且法向力的指向取决于导数 $\dfrac{\mathrm{d}S_x}{\mathrm{d}x}$ 的正负号。在弹身的头部, $\dfrac{\mathrm{d}S_x}{\mathrm{d}x} > 0$,产生正的法向力;在收缩尾部, $\dfrac{\mathrm{d}S_x}{\mathrm{d}x} < 0$,产生负的法向力;在圆柱部不产生法向力。

实验和更严格的理论计算表明:超声速下,圆柱部在头部毗邻的区段也产生与迎角成正比的一份法向力。另一方面,在尾部由于附面层增厚和气流分离,负法向力比理论值小得多。因此,可以说小迎角下弹身几乎全部的法向力都集中在前部。

表 6.2 给出了不同弹身形状升力系数对迎角导数的计算方法,其中所述主要是理论关系式,也有一些是实验数据的处理结果。

表 6.2　不同弹身形状升力系数对迎角导数的计算方法

序　号	弹身形状	简　图	计算公式或图表
1	尖锥体		$C_{L\alpha B} = \dfrac{2}{57.3}\cos^2\theta$
2	钝锥体	$\bar{r} = \dfrac{2r}{D}$	$C_{L\alpha B} = \dfrac{2}{57.3}\cos^2\theta\left(1 - \dfrac{\bar{r}^2}{2}\cos^2\theta\right)$
3	锥-柱体		见图 6.17
4	圆拱-柱体		见图 6.18
5	圆球-柱体		见图 6.19
6	平头-圆柱体		见图 6.19
7	钝锥-柱体或 钝拱-柱体	$\bar{r} = \dfrac{2r}{D}$	$C_{L\alpha B} = (C_{L\alpha B})_{r=0}(1 - \bar{r}^2) + C_{L\alpha Sph}\,\bar{r}^2$
8	平钝锥-柱体或 平钝拱-柱体	$\bar{d} = \dfrac{d}{D}$	$C_{L\alpha B} = (C_{L\alpha B})_{d=0}(1 - \bar{d}^2) + C_{L\alpha cul}\,\bar{r}^2$

序　号	弹身形状	简　图	计算公式或图表
9	有扩锥形尾部的弹身	$\bar{S}_T = \left(\dfrac{D_T}{D}\right)^2$	$C_{LaB} = C_{LaD} + C_{LaM} + C_{LaT}$ $C_{LT} = 0.8(\bar{S}_1 - 1)\dfrac{2}{57.3}\cos^2\theta_1$
10	有收缩尾部的弹身	$\lambda_T = \dfrac{D_T}{D}$	$C_{LaB} = C_{LaD} + C_{LaM} + C_{LaT}$ $C_{LT} = -0.2(1 - \lambda_T^2)\dfrac{2}{57.3}$

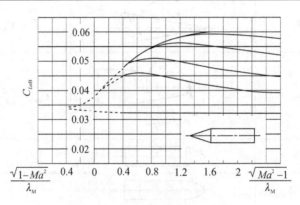

图 6.17　锥-柱体升力系数导数

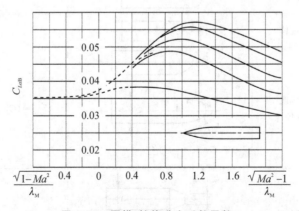

图 6.18　圆拱-柱体升力系数导数

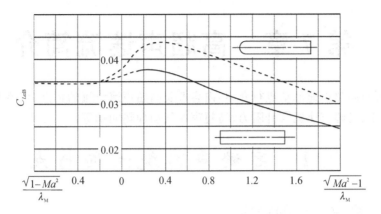

图 6.19　圆球-柱体/平头-圆柱体升力系数导数

6.8　翼身组合体空气动力特性简介

前面分别介绍适合翼面和机身的气动力分析方法,但对于一架飞机来说,这些部件是组合在一起的,形成翼身组合体。各个部件在组合体中的空气特性,由于相互之间的气动干扰,并不与它们单独存在时的空气动力特性相同。组合体的空气动力也不简单地等于各部件的空气动力之和。分析时通常采用 CFD 方法能获得比较好的结果。关于翼身组合体的空气动力特性的计算方法,限于篇幅在此不做展开。

思考题

1. 试分析细长旋成体亚声速和超声速绕流的特点。
2. 试概括性推导细长旋成体线化位流方程。
3. 试分析细长旋成体线化方程基本解的特点。
4. 试分析通过细长旋成体理论得到的气动特性。
5. 试概括旋成体大迎角绕流的特点。

第7章 高超声速流简介

本章主要对高超声速流动进行介绍,内容涉及高超声速绕流的特点、高超声速流计算方法简介、牛顿理论、高超声速机翼升阻力、高超声速气动加热问题等。

7.1 高超声速绕流的特点

7.1.1 高空大气的性质

高超声速飞行器常在高空大气中飞行,了解大气性质具有重要意义。所谓高空大气,是指高度超过 30 km 的大气。地球大气的最低层为对流层,层中的温度和压力一般随高度的增加而降低。11～30 km 为平流层;30～80 km 为中间层;80 km 以上大气开始电离,称为电离层,按电离程度的不同又分为 E 层和 F 层,E 层中有少量电离,高度约为 100 km,F 层中电离程度较强,高度为 200～300 km。

在 20 km 以上温度随高度增加而增加,到 50 km 处达 270 K,温度上升的原因是由于空气中臭氧含量增加,臭氧吸收太阳辐射的结果。在 50～80 km 的高度上,随着臭氧含量百分比减小,温度又降低。80 km 以上大气中出现空气的分解和电离,由于吸收太阳辐射热,随着高度的增加,温度逐渐升高。

高空大气的平均自由程及大气压强等性质如图 7.1 所示。另外,高空大气的性质随具体地理位置不同而改变,它可以由气象火箭来测量。

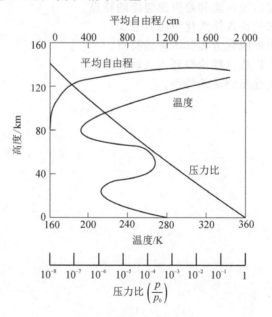

图 7.1 高空大气的性质

7.1.2　高超声速流的特征

高超声速(Hypersonic)这一术语是我国著名科学家钱学森于 1946 年在他的一篇重要论文中首创的。高超声速空气动力学是研究高超声速空气流动规律和空气与高超声速飞行器相作用的科学,是一门新兴学科。半个世纪以来,在航天事业的推动下,高超声速空气动力学的理论和实验技术得到了迅速的发展。顾名思义,高超声速流是速度远大于声速的流动,通常用自由流马赫数 $Ma_\infty > 5$ 作为高超声速流的一种标志,这种 Ma_∞ 的界限不是很绝对的,流动是否是高超声速流还与飞行器的具体形状有关。对于钝体,$Ma_\infty > 3$ 就开始出现高超声速流的特征;而对于细长体,Ma_∞ 要高达 10 时才开始出现高超声速流动的特征。

值得指出的是,飞行问题的"高超声速"是极大的流体速度造成的,而高超声速风洞中实验段的"高超声速"则往往是通过极低声速实现的。

除了高马赫数以外,高超声速流还具有如下特点(见图 7.2)。

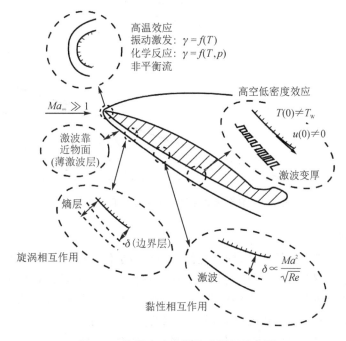

图 7.2　高超声速流的物理特征示意图

1. 小密度比和薄激波层

将激波与物体间的流动区域称为激波层,激波层薄是高超声速流的一个特征。这是因为自由流马赫数 Ma_∞ 越大,激波越强,激波后气体受到的压缩也越大,激波前后密度之比是小量。对于完全气体极高马赫数时,正激波前后密度比约为 1/6,而阿波罗(Apollo)飞船再入飞行真实气体的密度比约为 1/20。由质量守恒定律可知,激波贴近物面。因此可以仿照边界层理论的方法,对流场物理量进行量级分析,得到薄激波层的近似理论。

2. 黏性效应强,可支配整个流场

层流边界层厚度 δ 与自由流马赫数 Ma_∞ 及当地雷诺数 Re_x 的关系在高超声速条件下可简化为

$$\delta \propto \frac{Ma_\infty^2}{\sqrt{Re_x}} \tag{7.1}$$

式中:符号∞表示比例关系。在高空、高超声速条件下,δ 变得很大,改变了物体的有效外形,影响了外部无黏流的计算。尤其是由于高超声速激波层薄,边界层厚度与激波层相比不能略去,甚至还会出现整个激波层都具有黏性的情况。边界层变厚对无黏流产生影响,无黏流的变化又反过来影响边界层的增长,出现了高超声速流的黏性相互作用,即高超声速黏性干扰。这时经典的普朗特边界层理论失效。

关于高超声速黏性干扰,通过以下例子可以看出:半顶角为 15° 的二维尖楔以 $Ma=36$ 飞行,斜激波非常贴近物面,为 18° 激波角,如图 7.3 所示。因此,激波与物面之间的这个激波层很薄。其后果是,波后的无黏流与物面上的黏性边界层之间有很强的干扰。

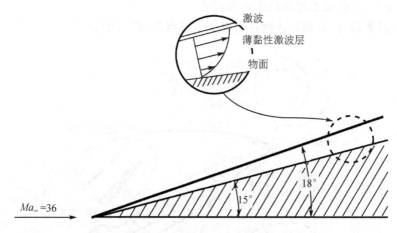

图 7.3　高超声速流激波层很薄而且是黏性层

3. 存在高熵层

高超声速飞行器都做成钝头体,即使是细长飞行器也做成微钝头细长体,这是因为根据高超声速层流边界层方程的自相似解,头部驻点处的对流传热与头部曲率半径的平方根成反比,将头部钝化可以减轻热载荷。所以绕钝头细长体的高超声速流中,环绕头部的激波是高度弯曲的。穿过曲线激波不同位置的流线经历了不同的熵增,于是具有强熵梯度的气体层将覆盖在物体表面上构成熵层,并伸展到头部下游相当大的距离。由经典的可压缩流的克罗柯定理可得

$$V \times (\nabla \times V) = -T \, \nabla S \tag{7.2}$$

式中:$\nabla \times V$ 表示速度场 V 的旋度;∇S 表示熵的梯度;T 为温度;∇ 为微分算子;$\times$ 表示矢量积。上式表示具有强熵梯度的熵层与强旋度联系在一起。由于边界层沿物面增长,进入边界层外缘不同位置流线的熵值不同,边界层外缘特性受熵层的影响,出现了旋涡相互作用。

4. 高超声速流动通常是高能流动,存在高温效应

当高超声速气流通过激波压缩或黏性阻滞而减速时,部分有向运动的动能转化为分子随机运动的能量,即气体的温度增加了,产生严重的气动热以及高温效应。这种温升可以大到气体呈现“非完全气体”的模式,传统的完全气体假设不再成立。如“阿波罗”飞船在再入时以钝头体迎风(见图 7.4),在高度 $H=53$ km,温度 $T_\infty=283$ K,来流马赫数 $Ma_\infty=32.5$ 的条件

下,如果采用完全气体假设,又取比热比 $\gamma=1.4$,则正激波后驻点温度 T_s 为 58 300 K,而对于实际的气体,T_s 仅为 11 600 K,但这对于飞行器来说仍然是非常高的温度。虽然是高温,但远没有按完全气体假设下算得的值大。这时,完全气体模型失效。

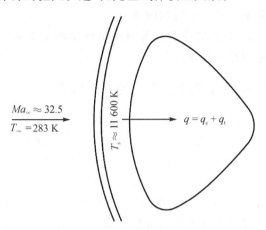

$Ma_\infty \approx 32.5$
$T_\infty = 283\ K$

$T_s \approx 11\ 600\ K$

$q = q_c + q_t$

图 7.4　钝头体激波前后温度差

在空气温度低于 800 K 的常温条件下,只需考虑气体分子的移动和转动自由度的激发。根据统计物理中经典的能量按自由度均分原理,对于双原子的分子,此时的比热比 $\gamma=1.4$。

当空气温度 T 超过 800 K 时,气体分子的振动自由度被激发。由于分子振动能随温度 T 的变化关系很复杂,比热比 γ 也成为温度的函数。在温度极高的情况,$\gamma \rightarrow 1.0$。

海平面标准大气,$T=288$ K,大气中 80% 为 N_2,20% 为 O_2。当气体的温度进一步提高,化学反应就可能发生。对于 1 标准大气压下的空气,氧分子 O_2 的离解($O_2 \rightarrow O+O$)开始于温度 2 000 K 左右,在 4 000 K 时,氧分子基本上全部离解。凑巧,在此温度下氮分子 N_2 的($N_2 \rightarrow N+N$)离解开始,在 9 000 K 时氮分子基本上全部离解。温度高于 9 000 K 时,氧原子和氮原子开始电离($N \rightarrow N^+ + e^-$,$O \rightarrow O^+ + e^-$),气体成为部分电离的等离子体,如表 7.1 所列。等离子体的存在就是再入飞行器在部分阶段上遭受"通信中断"的原因,有时称为"黑障"。

表 7.1　高温效应引起的气动化学反应

$O_2 \rightarrow 2O$	2 000 K < T < 4 000 K	O_2 分解
$N_2 \rightarrow 2N$	4 000 K < T < 9 000 K	N_2 分解
$N \rightarrow N^+ + e^-$,$O \rightarrow O^+ + e^-$	T > 9 000 K	电离

5. 高空、高超声流动存在低密度效应

现代的高超声速飞行器在大气密度很低的高空持续飞行,低密度效应对空气动力的影响很重要。当飞行高度极高时,密度非常低,以致分子的平均自由程(分子与相邻分子碰撞之间分子移动的平均距离)与飞行器的特征长度具有相同的量级。空气介质不再呈现连续性,必须采用与连续流完全不同的方法来研究这种流动,通常用分子运动论的技术来处理。当与飞行器表面相撞后由表面反射的分子与入射分子不发生相互作用时,这种流动被称为自由分子流。

当飞行高度下降至一定高度(例如高度 H 为 82~95 km)后,尽管连续介质的控制方程近似成立,但物面处的边界条件必须进行修正。低密度时物面处的流动速度不为零,应取一定大

小的值,称为速度滑移条件(以往,在一般情况下考虑摩擦后,物面处的流体速度假设为零)。与此相似,壁面处的气体温度也不同于壁温,称此为温度跳跃条件。另外,高空低密度时,激波本身的厚度变大,通常对激波所做的间断面假设不再有效,经典的兰金-雨贡纽激波关系式必须进行修正。这些都是低密度时重要的物理现象。

总之,激波层黏性干扰、高温、化学反应等效应是高超声速流动的几大特色。分析研究时需要将高超声速和中等超声速流场区分开。

7.1.3　高超声速流动的研究内容和方法

一种典型的高超声速流动包含许多复杂的物理现象。初看起来,分析这种流动似乎是不可能的。然而,各种高超声速飞行器流场的不同区域,只有上面一种或两种现象起支配作用,而其余的效应相对是次要的。因而,分别处理这些现象是有意义的。高超声速飞行器在大气中的飞行环境取决于飞行器的具体使命和它们的外形。

例如:航天飞机的轨道器和载人飞船的指令舱,其外形是钝头,并以很大的迎角飞行,阻力系数是很大的。它们再入飞行的初始轨道角很小,在较高的高度减速。研究这类飞行器必须考虑高空非平衡热化学现象、黏性相互作用、稀薄效应,甚至采用非连续介质模型。对于另一类像远程弹道火箭这样的细长飞行器,它们受到严重的气动加热和高的动压,但时间很短,可采用烧蚀热防护系统来抵御严重的气动加热,这就必须研究流场与防热层烧蚀的热相互作用问题。又如装有吸气式推进系统的高超声速飞行器,必须在较低的高度工作,以满足发动机性能的要求。这时高动压和高雷诺数造成的巨大气动载荷、边界层转捩,以及严重的表面加热,都成为这类飞行器研究的重要课题。还应指出,对于同一高超声速飞行器,在不同的飞行环境和流场的不同区域具有不同的流动特点,因此可针对希望解决的问题,做不同的简化近似。

高超声速空气动力学中除了飞行器的流场环境复杂以外,需要解决的课题也比经典的空气动力学要多。高超声速空气动力学大致有三个方面的课题,即气动力(升力、阻力、力矩、压力中心等)、气动热(热流计算、防热措施等)和气动物理(流场的光电特性),按照不同的应用要求,分别进行研究。

高超声速飞行器的气动、热力环境是通过理论分析、实验研究和数值计算 3 种主要手段确定的。这 3 种手段是相辅相成的。实验研究包括地面设备模拟和飞行试验两个方面。全尺寸飞行器的飞行试验可以提供充分可靠的信息,但全尺寸飞行器飞行试验的费用高昂,而且只有在详细的设计研究和制造完成以后才能进行。高超声速地面设备需要模拟的参数很多,包括自由流马赫数、雷诺数、速度、流动总焓、激波前后密度比、试验气体、壁温与总温比以及流场的热化学性质。只用一个设备同时模拟上述全部参数是不可能的。对于具体的实验方案,人们必须确定哪些参数是关键的。高超声速空气动力地面模拟是一种部分模拟技术,不同的地面设备满足不同的要求。常见的高超声速地面设备有激波管、电弧加热器、高超声速风洞和自由飞弹道靶。

高超声速飞行器研制过程中对地面模拟投入的人力、物力、财力极大,如美国航天飞机研究计划中有 493 项气动力试验,139 项气动热试验和 77 项结构试验,设备运行总时数为71 297 h。随着计算流体力学的发展,地面模拟增加了新的使命,即校验计算程序。通过对流场密度、速度、物面压力、热流及气体化学性质的测量和流动观察,确定计算软件的合理性。正因为高超声速地面模拟设备和测试技术的重要性和复杂性,所以对它们的研究已成为一门独立的学科。

7.2　高超声速流计算方法简介

高超声速气动力的分析是解决高超声速问题的关键。高超声速气动力的求解主要分为两类：一是工程计算方法，主要是基于一些气动力的近似求解方法，如激波-膨胀波理论、活塞理论、牛顿冲击流理论、统一升力面理论等；二是基于计算流体力学的气动力数值求解方法。在分析求解中选用何种分析方法直接影响分析精度和效率，需要加以综合考虑。

1. 气动力工程计算方法

在高超声速问题的求解中，气动力工程计算方法中得到广泛应用的主要是活塞理论和牛顿冲击流理论，此外，D. D. Liu 等人提出了统一升力面理论。这些气动力的工程计算方法在高超声速飞行器问题的工程分析中得到了广泛的应用，其各自的适用范围如图 7.5 所示。

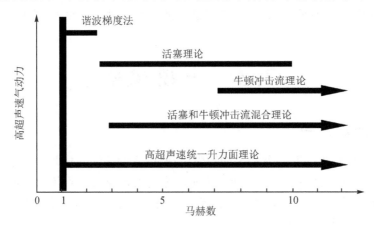

图 7.5　高超声速气动力工程计算方法

在高超声速飞行器问题的求解中，对于低超声速可以采用谐波梯度法，该方法考虑了下洗的影响，但不能考虑翼型厚度的影响，它的适用范围较窄，主要在马赫数为 1.2～2.5 之间。

激波-膨胀波理论也是一种较简单的超声速/高超声速流气动力计算方法，它适用于二维尖前缘翼型，认为在翼面前缘和后缘产生激波，在翼面中段产生膨胀波。该理论基于等熵流动假设并认为气流与翼面不发生分离。

活塞理论是高超声速气动力近似理论中应用最为广泛的方法。该理论通过在小扰动速度势方程的基础上考虑物面形状并简化得出，经修正可适用于马赫数为 2.5～10 的气动力近似计算，其假设条件是：薄翼型、高飞行马赫数（$Ma \gg 1.0$）。活塞理论认为机翼上某一点的扰动对其他点的影响很小，该点受到的压力只和当地下洗速度有关。活塞理论不考虑三维效应的影响，但可以考虑厚度的影响。活塞理论有多种，根据精度划分，活塞理论目前有一阶理论、二阶理论和三阶理论。

牛顿冲击流理论（简称牛顿理论）是一种适合计算高马赫数和大迎角情况下高超声速气动力的近似方法，其基本假设是：流动介质由一系列均匀分布、彼此无关的运动质点组成；质点与物面碰撞后相对于物面的法向动量损失转换为对物体的作用，而切向动量不变。一般认为，牛顿冲击流理论适合马赫数大于 7 的气动力近似计算。

统一升力面理论综合了活塞理论和升力面理论的优点,既考虑了厚度的影响,同时又考虑了上洗流的影响,而且受马赫数的限制较小。

采用工程方法计算气动力具有计算速度快、计算效率高的特点,尽管每种近似方法均有其限定的适用范围,特别是与基于 CFD 技术的气动力计算方法相比,工程方法无法考虑高超声速流的黏性效应和真实气体效应,同时也不能适用于构型较复杂的飞行器。但是通过选择适当的工程气动力计算方法可以满足一般情况下小迎角等弱非线性问题的分析需求,因而上述的诸多工程方法已广泛应用于高超声速飞行器设计的各个阶段。

2. 高精度气动力计算方法

近年来随着计算机技术的发展,基于欧拉和 N - S 方程直接求解的 CFD 技术越来越多地应用到高超声速气动力计算当中。通常认为,随着马赫数的增大,非线性效应的影响增大,线性分析方法已经不能提供足够的精度,需要采用 CFD 分析技术,并考虑黏性的影响。然而,CFD 分析方法计算效率较低,尤其是与结构进行耦合求解时效率更低,这直接制约了其工程应用。

7.3　牛顿理论

7.3.1　方法介绍

1687 年牛顿在他的名著《自然哲学的数学原理》中假设流动介质是由一系列均布的、彼此无关的运动质点组成。这些质点与物面的法向动量损失转换为对物体的作用,而切向动量不变。这就是牛顿理论。图 7.6 所示为牛顿理论示意图,图中表示与物面相撞的气流速度为 V_∞,物面与自由流的夹角为 α。

如图 7.7 所示,高超声速流流过尖楔,产生激波,气流经过激波后改变方向贴着壁面流动。注意到激波非常接近物体表面,空气可以当成粒子。自由流中的平直线几乎撞击到物体表面,然后沿物体表面做切向运动。

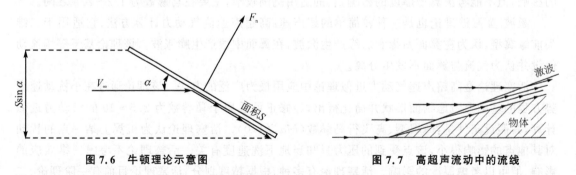

图 7.6　牛顿理论示意图　　　　　图 7.7　高超声流动中的流线

假设与自由流夹角为 α,表面积为 S,当来流与物面碰撞时,这些粒子损失掉垂直于物面的动量分量,但切向动量分量保持不变。该模型称为牛顿理论模型。

法向动量随时间的变化率,应等于物面所受的粒子的撞击力。根据牛顿第二定律,动量的变化率为:质量流量×法向分量的改变量。

$$F_n \approx (\rho_\infty V_\infty S \sin \alpha)(V_\infty \sin \alpha) = \rho_\infty V_\infty^2 S \sin^2 \alpha \tag{7.3}$$

因此,单位面积的法向力(即压差)为

$$p - p_\infty = \frac{F_n}{S} = \rho_\infty V_\infty^2 \sin^2 \alpha \tag{7.4}$$

压强系数为

$$C_p = \frac{p - p_\infty}{\frac{1}{2}\rho_\infty V_\infty^2} = 2\sin^2 \alpha \tag{7.5}$$

这就是牛顿理论得到的结果,由于压力系数和自由流夹角的正弦平方成正比,式(7.5)也称牛顿正弦平方定律。

该方法也可以通过其他方面进行证明。

根据斜激波理论知,完全气体经斜激波后,激波后的压力系数的公式为

$$C_p = \frac{4}{\gamma + 1}\left(\sin^2 \beta - \frac{1}{Ma_\infty^2}\right) \tag{7.6}$$

在高超声速条件下,压力系数的极限式为

$$C_p = \frac{4}{\gamma + 1}\sin^2 \beta \tag{7.7}$$

另外,激波角 β 与当地物面角 α(气流偏转角)有如下关系:

$$\sin \beta = \frac{1}{Ma_\infty} + \frac{\gamma + 1}{2}\frac{Ma_\infty}{\sqrt{Ma_\infty^2 - 1}}\sin \alpha \tag{7.8}$$

当 $Ma_\infty \to \infty$ 时,式(7.8)可以写为

$$\sin \beta = \frac{\gamma + 1}{2}\sin \alpha \tag{7.9}$$

因此,

$$C_p = (\gamma + 1)\sin^2 \alpha \tag{7.10}$$

在高超声速情况:$\gamma \to 1$,因此 $C_p \to 2\sin^2 \alpha$。

上述公式是在 $Ma_\infty \to \infty$,$\gamma \to 1$ 情况下推导的。在背风区,按照牛顿理论 $C_p = 0$,与 $Ma_\infty \to \infty$,$\gamma \to 1$ 时的结果一致。

1955 年 Lees 提出了牛顿压力公式的修正式:

$$C_p = C_{p\max}\sin^2 \alpha \tag{7.11}$$

式中:$C_{p\max}$ 是压力系数的最大值。对于大多数钝头体高超声速飞行器,$C_{p\max}$ 为正激波后驻点处的压力系数,其极大值为 $2.0(Ma_\infty \to \infty$ 时)。在计算钝体绕流 C_p 时,式(7.11)比式(7.5)更精确。

图 7.8 给出了一个轴对称抛物体在 $Ma_\infty = 4$ 时的压力分布,从图中可以看出,修正的牛顿理论得到的计算结果和有限差分计算的结果很接近。

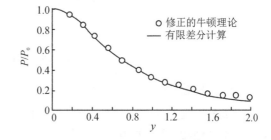

图 7.8 抛物体在 $Ma_\infty = 4$ 时的表面压强分布

7.3.2 高超声速翼面升阻力

这里仅以平板为例讨论高超声速翼面的升阻力特性,其结论对于一般有厚度和弯度的翼面也有参考意义。

1. 平板的升阻力

根据牛顿理论,平板下表面的压强系数为

$$C_{pl} = 2\sin^2\alpha \tag{7.12}$$

在牛顿理论的思路中,上表面是没有自由流微团的直接"撞击"的,因此上表面位于流场的"阴影"区中。这样按照牛顿理论的基本模型,上表面只作用了自由流的压强,即

$$C_{pu} = 0 \tag{7.13}$$

略去摩擦,法向力系数为

$$C_n = \frac{1}{2c}\int_0^c (C_{pl} - C_{pu})\,\mathrm{d}x = 2\sin^2\alpha \tag{7.14}$$

按照图 7.9 的几何关系可知:

升力系数为

$$C_L = C_n\cos\alpha = 2\sin^2\alpha\cos\alpha \tag{7.15}$$

阻力系数为

$$C_D = C_n\sin\alpha = 2\sin^3\alpha \tag{7.16}$$

升阻比为

$$\frac{C_L}{C_D} = \frac{\cos\alpha}{\sin\alpha} = \cot\alpha \tag{7.17}$$

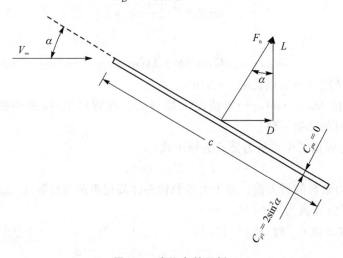

图 7.9 有迎角的平板

2. 关于平板升阻比的讨论

平板虽然不是有实用价值的气动外形,但其高超声速的气动特性却和其他高超声速外形的某些基本特性相一致,如图 7.10 所示。

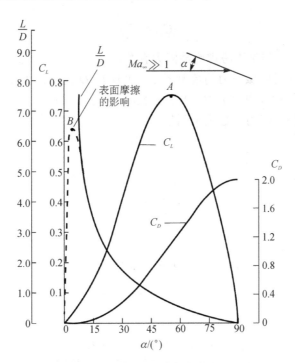

图 7.10　按照牛顿理论得出的平板气动特性

从上述分析可以看出以下特点：

① 小攻角情况，升力随攻角呈非线性变化，如下：

$$C_L = 2\sin^2\alpha\cos\alpha \approx 2\alpha^2 \tag{7.18}$$

因此，$C_{La} \approx 4\alpha$（非常数）。这与亚声速和超声速情况是不同的。而在亚声速情况 $C_{La} = 2\pi\beta$ 为常数，在超声速情况 $C_{La} = \dfrac{4}{B}$ 也为常数。

② 最大升力系数不是由于分离或失速所导致的，而是几何原因，且基本上适用于高超声速的其他外形也在 54.7° 附近达到 $C_{L\max}$。

这一点可以通过以下公式推导得出。

达到最大升力系数的条件为

$$\frac{\mathrm{d}C_L}{\mathrm{d}\alpha} = 0 \quad 即 \quad \sin^2\alpha = \frac{2}{3} \tag{7.19}$$

因此，

$$\alpha = 54.7°, \quad C_{L\max} = 0.77 \tag{7.20}$$

③ 阻力系数随攻角单调增加，最大值为 2，小攻角情况为立方关系。

波阻公式在小攻角的情况如下：

$$C_D = 2\sin^3\alpha \approx 2\alpha^3 \tag{7.21}$$

这与亚声速和超声速情况的关系（与攻角的平方关系）不同。

亚声速条件，对于对称翼型，在不考虑摩擦阻力的情况下，阻力系数为

$$C_D = AC_L^2 = A(C_{La}\alpha)^2 \tag{7.22}$$

超声速条件，在同样的情况下，阻力系数为

$$C_D = \frac{4\alpha^2}{\beta} \tag{7.23}$$

④ 升阻比的最大值与是否考虑摩擦阻力有关。

按照牛顿理论,在无摩擦阻力的情况下:$\alpha=0°$时 L/D 为无限大;$\alpha=90°$时 L/D 为零。而实际情况是存在摩擦力的,如图 7.10 中的虚线:$\alpha=0°$时,$L/D=0$。

在考虑摩擦阻力时,阻力系数表示如下:

$$C_D = 2\sin^3\alpha + C_{D0} \tag{7.24}$$

式中:C_{D0} 为零升阻力系数,主要为摩擦阻力。

达到$(L/D)_{\max}$的条件为

$$\frac{\mathrm{d}(C_L/C_D)}{\mathrm{d}\alpha} = 0 \tag{7.25}$$

求得

$$\alpha = (C_{D0})^{1/3} \tag{7.26}$$

$$\left(\frac{L}{D}\right)_{\max} = \left(\frac{C_L}{C_D}\right)_{\max} = \frac{2}{3(C_{D0})^{1/3}} \tag{7.27}$$

另外,有

$$C_D = 2\sin^3\alpha + C_{D0} = 2\alpha^3 + C_{D0} = 3C_{D0} \tag{7.28}$$

也就是说,按照牛顿理论,在最大升阻比条件下,波阻是摩擦阻力的 2 倍,即 $C_{Dw}=2C_{D0}$。

3. 关于精度问题

将牛顿理论与较精确的激波-膨胀波理论对比,比如针对平板 $\alpha=15°$,$Ma_\infty=8$ 的情况。

激波-膨胀波理论解为

$$C_L = 0.203\ 2, \quad C_D = 0.054\ 5, \quad \frac{L}{D} = 3.73 \tag{7.29}$$

牛顿理论解为

$$C_L = 0.129\ 4, \quad C_D = 0.034\ 7, \quad \frac{L}{D} = 3.73 \tag{7.30}$$

通过对比可以看出,利用牛顿理论计算的升力、阻力低估了 36%,但升阻比还比较准确。实际上随着马赫数的增加,对于高超声速钝头体问题,用牛顿理论估算的结果的精度会进一步提高。

4. 与马赫数无关原理

高超声速气流流经厚的物体或钝头体时,常在头部形成脱体激波,马赫数增加到一定程度后,脱体激波的形状变化不大,当来流马赫数很大时,高超声速流流场的某些特性趋向于与马赫数无关。这种情况称为高超声速流动的极限状态或称为马赫数无关原理。例如牛顿理论的压力公式 $C_p = 2\sin^2\alpha$ 就给出了与马赫数无关的结果。在数学上欧拉方程在高超的极限情况下是没有 Ma 项出现的。

实际上,从完全气体定常无黏流控制方程和边界条件出发,也可以阐明马赫数无关原理。限于篇幅在此不做赘述。

利用马赫数无关原理,人们可以把低马赫数的实验结果推广至高马赫数使用。马赫数无关原理在强激波条件($Ma^2\sin^2\beta\gg1$)时成立,它的使用范围既与自由来流马赫数有关,也与物体形状有关。马赫数无关原理由无黏流方程导出,适用于无黏流。对于$Re>10^5$的钝体或大迎角细长体绕流,压力远大于黏性时,这时马赫数无关原理可以推广使用。

在实际流场分析情况中:

① 当$Ma>5$时,马赫数越大牛顿理论的结果越精确;当$Ma<5$时,则不能用牛顿理论近似。

② 三维物体采用牛顿理论获得的结果和精确解更接近,如图 7.11 中的圆锥流。该图显示马赫数越大牛顿理论的结果

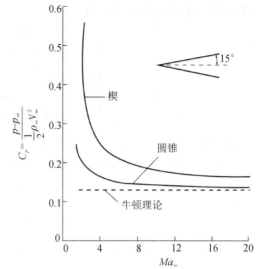

图 7.11　尖楔和圆锥压强系数的牛顿理论结果和精确值的对比

和精确解越接近,这间接阐明了高马赫数情况与马赫数无关的现象。

7.4　高超声速气动力其他分析方法

7.4.1　激波-膨胀波方法

当流体流经物体表面产生激波与膨胀波时,激波-膨胀波理论是一种较为简便的求解方法。如 7.12 所示,流体流经该菱形机翼时,在机翼前后缘出现斜激波,在机翼中弦处产生膨胀波。

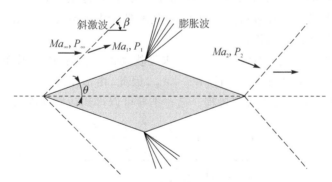

图 7.12　激波-膨胀波理论示意图

基本的激波-膨胀波理论计算过程如下:

① 使用斜激波公式计算斜激波后气流参数,设物面前缘尖楔角(前缘尖楔与对称面的夹角)为θ,则激波角β与尖楔角的关系可以表示为

$$\tan\theta=2\cot\beta\frac{Ma_\infty^2\sin^2\beta-1}{Ma_\infty^2(\gamma+\cos2\beta)+2} \tag{7.31}$$

斜激波前后压强、马赫数关系式为

$$\frac{p_1}{p_\infty} = 1 + \frac{2\gamma}{\gamma+1}(Ma_\infty^2 \sin^2\beta - 1) \tag{7.32}$$

$$Ma_1^2 = \frac{Ma_\infty^2 + \dfrac{2}{\gamma-1}}{\dfrac{2\gamma}{\gamma-1}Ma_\infty^2\sin^2\beta - 1} + \frac{Ma_\infty^2\cos^2\beta}{\dfrac{\gamma-1}{2}Ma_\infty^2\sin^2\beta + 1} \tag{7.33}$$

② 使用 Prandtl‐Meyer(P‐M)膨胀波关系式和等熵公式计算膨胀波后气流参数,任意两个马赫数 Ma_1 和 Ma_2 的膨胀区间,P‐M 关系式可表示为

$$\Delta\theta = \theta_2 - \theta_1 = \nu(Ma_2) - \nu(Ma_1)$$

$$\nu(Ma) = \sqrt{\frac{\gamma+1}{\gamma-1}} \arctan\sqrt{\frac{\gamma-1}{\gamma+1}(Ma^2-1)} - \arctan\sqrt{Ma^2-1} \tag{7.34}$$

随后即可由等熵关系式得到膨胀波后其余气流参数:

$$\frac{p_2}{p_1} = \left(\frac{1+\dfrac{\gamma-1}{2}Ma_1^2}{1+\dfrac{\gamma-1}{2}Ma_2^2}\right)^{\frac{\gamma}{\gamma-1}}, \quad \frac{\rho_2}{\rho_1} = \left(\frac{1+\dfrac{\gamma-1}{2}Ma_1^2}{1+\dfrac{\gamma-1}{2}Ma_2^2}\right)^{\frac{1}{\gamma-1}}, \quad \frac{T_2}{T_1} = \frac{1+\dfrac{\gamma-1}{2}Ma_1^2}{1+\dfrac{\gamma-1}{2}Ma_2^2}$$

$$\tag{7.35}$$

7.4.2　活塞理论

试验证明,马赫数在 $2\sim5$ 之间,用活塞理论对超声速翼面进行气动力分析能获得满足工程精度要求的结果。

活塞理论的基本假设是翼剖面的厚度很薄、飞行马赫数很高($Ma^2 \gg 1$)。在上述假设前提下,翼面上某一点的扰动对其他点所产生的影响是很弱的。活塞理论略去了这种微弱的效应,并认为翼型上某一点的压力只与该点的下洗速度有关,形象地比作活塞在一元管道中运动时,其所受到的压力只与其运动速度有关。显然,在活塞理论中是不考虑三元效应的,幸而在实际上这种效应是随马赫数的提高而减少。

考察一个无限长的气缸,如图 7.13 所示,未经扰动的气体压力、密度和声速分别为 P_∞、ρ_∞ 和 a_∞。设活塞行进的速度为 W,且 $|W| \ll a_\infty$,因此,由活塞运动所产生的扰动属于微扰动,它的传播过程也就可以看作等熵过程。通过推导可以得到活塞理论的表达式,即

$$P = P_\infty\left(1 + \frac{\gamma-1}{2}\frac{W}{a_\infty}\right)^{\frac{2\gamma}{\gamma-1}} \tag{7.36}$$

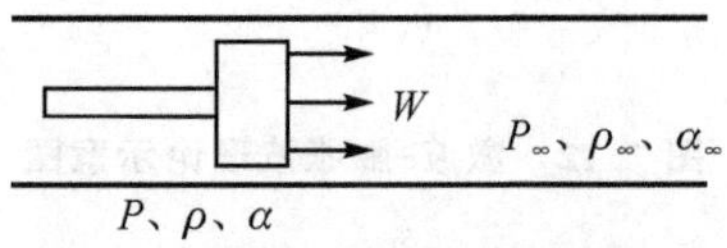

图 7.13　活塞理论所假设的无限长气缸

式中:γ 为比热比。由于活塞前进速度 $|W| \ll a_\infty$,故有 $|W/a_\infty| \ll 1$,上式展开后则可略去高阶微分项。

当只保留一阶项时,称为一阶活塞理论,即扰动压力为

$$P - P_\infty = \rho_\infty a_\infty W \tag{7.37}$$

当保留二阶项时,可得到二阶活塞理论,即扰动压力为

$$P - P_\infty = \rho a_\infty^2 \left[\left(\frac{W}{a_\infty} \right) + \frac{\gamma + 1}{4} \left(\frac{W}{a_\infty} \right)^2 \right] \tag{7.38a}$$

当保留三阶项时,可得到三阶活塞理论,即扰动压力为

$$P - P_\infty = \rho a_\infty^2 \left[\left(\frac{W}{a_\infty} \right) + \frac{\gamma + 1}{4} \left(\frac{W}{a_\infty} \right)^2 + \frac{\gamma + 1}{12} \left(\frac{W}{a_\infty} \right)^3 \right] \tag{7.38b}$$

根据式(7.38b)可以得到三阶活塞理论的压力系数表达式:

$$C_p = \frac{2}{Ma_\infty^2} \left[\frac{v_n}{a_\infty} + \frac{(\gamma + 1)}{4} \left(\frac{v_n}{a_\infty} \right)^2 + \frac{(\gamma + 1)}{12} \left(\frac{v_n}{a_\infty} \right)^3 \right] \tag{7.38c}$$

式中:v_n 为翼面某点的下洗速度,相当于活塞行进的速度为 W。

式(7.38c)的求解可先根据物面法向不穿透等边界条件计算上下翼面的下洗速度,进而求出压力系数。

7.4.3　统一范戴克法

统一范戴克法常用于计算高超声速飞行器背风面气动压力系数,且高超声速条件下的低马赫数情况和高马赫数情况皆适合。其 C_p 表达式为

$$C_p = \max(C_{p_1}, C_{p_2}) \tag{7.39}$$

式中:

$$C_{p_1} = \frac{2\theta^2 \left[\left(1 - 0.2\sqrt{\sqrt{Ma^2 - 1} \cdot \theta^2} \right)^{\frac{2\gamma}{\gamma + 1}} - 1 \right]}{\gamma \theta^2 (Ma^2 - 1)}$$

$$C_{p_2} = \frac{-2}{\gamma Ma^2}$$

式中:θ 是来流与物面夹角;γ 根据马赫数在 1~1.4 之间取值。

7.5　高超声速气动加热问题

传热现象是指由于存在温度差而引起的热能从温度高的地方向温度低的地方转移的现象。传热的基本形式有热传导、对流和辐射。飞行器高超声速飞行时,由于激波压缩和黏性阻滞,结构必然受到严酷的气动加热的影响,传热现象明显。一方面,需要采取一定的措施进行热防护;另一方面,飞船等再入大气层往往采用钝头体进行减速。以下对这两方面的问题从热流的影响进行简单阐述。

1. 高超声速飞行器气动加热的热流构成

由于高温效应的严峻性,气动热防护与设计是高超声速飞行器必须考虑的。

气动加热通常可以用热流 q 的形式来表述,即

$$q = q_c + q_r \tag{7.40}$$

式中:q_c 为对流加热的热流,在温度不太高时,q_c 占主要,如洲际导弹以 8.5 km/s 再入时,对流加热是热传导的主要形式;q_r 为辐射加热,当温度达到 10 000 K 这个量级时,q_r 就相当可

观,如"阿波罗"号飞船返回时其激波层温度高达 11 000 K,$q_r/q \geqslant 0.3$,如以 15 km/s 的速度进入木星大气层的"伽利略"号探测器,其激波层的温度可超过 15 000 K,以辐射的形式传输的热量占总传热量的 95% 以上。

2. 驻点热流率与钝头半径的关系

根据驻点边界层自相似解可以导出高超声速来流中钝头驻点热流率 q_w 满足如下关系:

$$q_w \propto \frac{1}{\sqrt{R}} \tag{7.41}$$

式中:R 是驻点处壁面曲率半径,可见随着 R 的增大,q_w 是减小的,这也正是飞船和航天飞机需要设计成很大的迎风钝面的主要原因,其可以降低飞行器表面热流。

为了研究高超声速气动加热问题,国内外发展了多种气动热计算方法。总的来说可以分为三类:① 纯粹的数值方法,直接求解 N-S 方程及其近似形式;② 完全的工程方法;③ 边界层外的无黏数值求解与边界层内的工程方法相结合的方法。采用这三类方法可以计算出高超声速飞行器的表面热流。

7.6 高超声速气动力工程方法算例

图 7.14~7.16 给出了采用 ZONAIR 统一升力面理论方法计算的机头和钝头锥的升力,并与 CFL3D 的 N-S 方程方法计算的结果进行了对比。

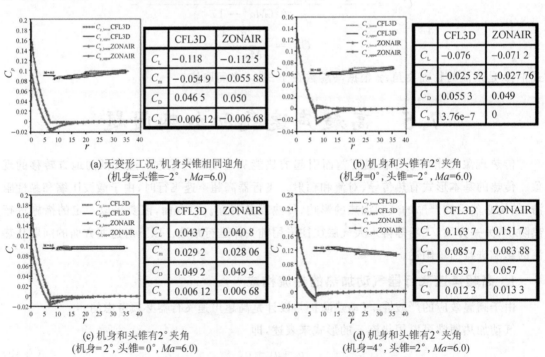

(a) 无变形工况,机身头锥相同迎角
(机身=头锥=-2°,Ma=6.0)

(b) 机身和头锥有2°夹角
(机身=0°,头锥=-2°,Ma=6.0)

(c) 机身和头锥有2°夹角
(机身=2°,头锥=0°,Ma=6.0)

(d) 机身和头锥有2°夹角
(机身=4°,头锥=2°,Ma=6.0)

图 7.14　不同弯曲机头角度下的升力系数对比(Ma=6.0)

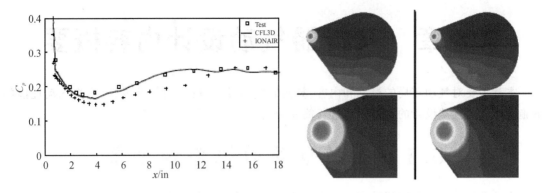

图 7.15　在 $Ma = 10.6$、5°迎角下的 15°钝头锥上的无黏表面压力分布

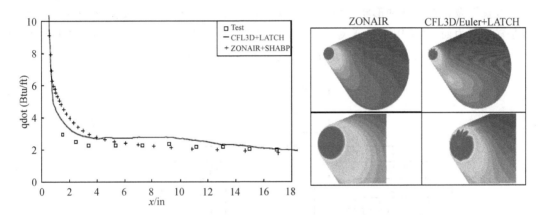

图 7.16　在 $Ma = 10.6$、5°迎角下的 15°钝头锥上层流传热系数

思考题

1. 试分析高超声速流动的主要特征和产生原因及其对高超声速飞行器气动设计的影响。
2. 试以牛顿理论分析得到的气动力系数结果,分析高超声速飞行器的气动特点。
3. 试概括分析高超声速气动力工程分析方法。
4. 试概括分析高超声速气动加热问题。

第8章 飞行器气动设计内容概要

本章主要对气动布局的概念和内容、翼面的气动设计、机身的气动设计、提高气动性能的措施等飞行器气动设计的主要内容进行简要介绍。

8.1 气动布局的概念和内容

飞机设计首先要确定气动布局。飞机的气动布局通常是指其不同的气动力承力面的安排形式,飞机各个部件的相对位置的布置就是飞机的布局。全机气动特性取决于各承力面之间的相互位置以及相对尺寸和形状。机翼是主承力面,它是产生升力的主要部件,前翼、平尾、立尾等是辅助承力面,主要用于保证飞机的安定性和操纵性。飞机为了达到不同的性能要求,往往采用不同的布局形式。图8.1所示为飞机气动布局设计的流程。

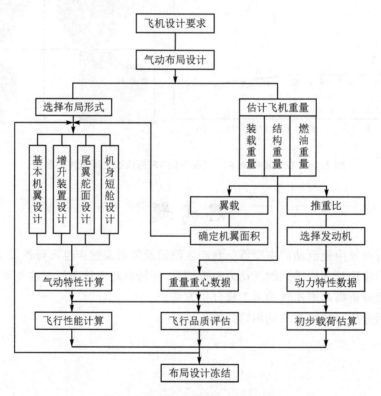

图8.1 飞机气动布局设计的流程

不同飞机的机翼和机身的相对位置是不一样的。以机身为参照,有的机翼在前面,有的机翼在后面;有的机翼在上面,有的机翼在下面;有的机翼翼尖往上翘,有的机翼翼尖往下沉;有的翼面前面比后面高,有的反之。根据机翼和机身及平尾之间的不同相对位置,可以区分不同的气动布局。

1. 正常式气动布局、鸭式气动布局、无尾气动布局、三翼面气动布局

根据产生主要升力的机翼以及起配平作用的平尾的有无及前后位置,通常可以将飞机分成以下 4 种气动布局:正常式气动布局、鸭式气动布局、无尾气动布局、三翼面气动布局,如图 8.2 所示。

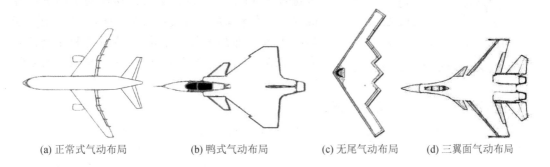

(a) 正常式气动布局　　　　(b) 鸭式气动布局　　　　(c) 无尾气动布局　　　　(d) 三翼面气动布局

图 8.2　飞机的气动布局

（1）正常式气动布局

正常式气动布局的特点是:产生升力的部件——机翼在前面,而起俯仰配平(有时也称俯仰平衡)作用和俯仰操纵作用的水平尾翼在后面。这种气动布局是迄今为止使用最多的一种布局形式,由于技术非常成熟、纵向稳定性好,目前应用于各类飞机上。

（2）鸭式气动布局

鸭式气动布局的特点是:产生主要升力的主翼(在鸭式气动布局中,机翼被称为主翼)在后面,与平尾一样起纵向配平和操纵作用,但产生一定升力的鸭翼位于前面。这种气动布局具有失速特性和机动特性好等优点。莱特兄弟设计的“飞行者”1 号采用的就是鸭式气动布局。但这种气动布局在飞机诞生的早期并没有得到足够的重视,后来随着超声速时代的来临,鸭式气动布局的优点才逐渐为人们所认识。目前这种气动布局形式广泛应用于先进战斗机。

（3）无尾气动布局

无尾气动布局也称飞翼布局,其特点是:只有产生升力的机翼,既没有平尾也没有鸭翼,甚至有些无尾布局飞机连垂尾(又称立尾)都没有。这种气动布局的优点是阻力小、隐身性能好;但缺点是稳定性不好,不适合布置增升装置。目前,无尾气动布局形式为现代隐身飞机所广泛采用,“协和”号超声速客机也采用无尾气动布局。

（4）三翼面气动布局

三翼面气动布局是在正常式气动布局的基础上增加了鸭翼。这种气动布局综合了正常式气动布局和鸭式气动布局的优点,有望得到更好的气动特性;缺点是由于同时有鸭翼和平尾使得飞机在总重方面有所增加。目前,采用三翼面布局的飞机不多。

在飞机设计中,气动布局形式的选择是首先要解决的关键问题之一,它直接决定了飞行器的总体性能。上述各种布局各有优缺点,设计时要在对继承和创新进行综合与折中的基础上,选择合适的气动布局。

2. 上单翼、中单翼和下单翼

单翼飞机的气动布局按照机翼与机身连接的上下位置来划分,可分为上单翼、中单翼和下单翼,分别是指机翼在机身上面的布局、机翼穿过机身中间的布局,以及机翼在机身下面的布

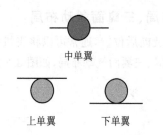

图 8.3　上单翼、中单翼、下单翼的示意图

局,如图 8.3 所示。

在设计时采用哪一种气动布局,取决于多方面的因素。上单翼布局气动安定性好,适合于对安定性要求高的飞机;下单翼适合于对机动性要求高的战斗机,此外,下单翼由于机翼可以保护乘客,也广泛用于客机;中单翼布局的气动干扰小,在战斗机中使用较多。在结构方面,上单翼机翼、下单翼机翼的贯穿性较好,有利于提高结构效率。

3. 上反翼、下反翼和无上反翼

从飞机的正视图看,机翼通常不是水平的,而是与水平面之间有一定的夹角,这个夹角被称为机翼的上反角 ψ(见图 8.4)。相对于水平面来说,翼尖高于翼根的机翼称为上反翼,此时上反角为正;翼尖低于翼根的机翼称为下反翼,此时上反角为负,称为下反角;翼尖和翼根平齐的机翼称为无上反翼。

上反翼的气动安定性较好,适用于对稳定性要求高的飞机,如民航客机;下反翼气动安定性不好,适用于对机动性要求高的飞机,如战斗机。

4. 翼面的安装角

机翼/水平尾翼的安装角用于表示机翼/水平尾翼与机身轴线之间的夹角 φ(从侧视图方向看),一般将机身轴线与机翼/水平尾翼翼根处翼型弦线的夹角定义为安装角(见图 8.5)。相对于机身轴线来说,前缘高后缘低的机翼/水平尾翼,其安装角为正,反之为负。

将机翼/水平尾翼和机身之间设置一定的安装角,主要原因是使飞机在某种飞行状态下(通常为巡航状态)具有较高的气动效率,减小阻力。

机翼安装角的确定是个气动布局问题,通常要用风洞试验数据来解决。不同飞机机翼的安装角不同,对大型运输机和轰炸机安装角一般取 $2°\sim6°$。水平尾翼相对于机身轴线来说,其安装角通常为 $0°\sim-2°$,这样相对于机翼来说水平尾翼总是处于负安装角状态。

机翼和机身之间的安装角通常是不变的,因为改变机翼的安装角对于结构的设计和受力非常不利。但是有一些飞机在飞行中水平尾翼的安装角是可以变化的,如民航客机,其通过改变平尾的安装角来进行纵向配平,以减小舵面的偏转角,从而减小驾驶员操纵的杆力和飞机的阻力。

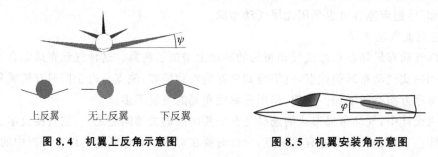

图 8.4　机翼上反角示意图　　　　图 8.5　机翼安装角示意图

8.2　翼面气动设计

机翼的设计在确定翼面积的前提下,需要进一步选择翼型,确定平面形状、平面参数,布置

舵面,选择襟翼形式等,表 8.1 给出了相应设计内容的概要。下面各小节仅从其中的部分内容简单介绍。

表 8.1　机翼设计的内容

项　目	设计内容
翼型	选择对称/非对称翼型、尖/钝前缘、超临界翼型、层流翼型等
平面形状	选择平直翼、后掠翼、前掠翼、三角翼、菱形翼
平面参数	确定展弦比、根梢比、后掠角、机翼面积等
前缘襟翼	选择前缘缝翼、克鲁格襟翼、机动襟翼
后缘襟翼	选择简单式襟翼、开裂式襟翼、开缝式襟翼、后退式襟翼等
安定面	设计垂尾、平尾、V 尾、鸭翼
操纵面	俯仰:设计升降舵、升降副翼、全动平尾、鸭翼等; 航向:设计方向舵、阻力方向舵、旋涡控制; 滚转:设计副翼、升降副翼、差动平尾、差动鸭翼、绕流板等。 上述操纵还可以通过推力矢量的方式实现
其他措施	设计边条、翼刀、涡流发生器、吹气控制等

8.2.1　翼面积

从飞机的运动方程可知,飞机总体设计开始的 3 个最基本参数有:起飞重量 m_0、机翼面积 S、发动机海平面静推力 F_0。这里的机翼面积指的是参考机翼面积,即延伸到飞机中心线,包括插入机身内的机翼的总面积。

由这 3 个基本参数可以推导出两个组合参数:推重比 F_0/m_0g 或 F_0/G_0、翼载荷 m_0/S。这两个参数通常选起飞状态作为基准值。

飞机总体设计是一个不断迭代、不断权衡的过程。最初的设计参数包括初步重量、推重比和翼载荷。初步重量通常用估算的办法得到。推重比和翼载荷的选取可以参考同类飞机的统计值进行初步选取。图 8.6 给出了部分飞机的推重比。在有了重量和翼载荷的初步值后,就可以根据翼载荷的定义获得机翼面积的估算值。

8.2.2　翼型设计

翼型是构成机翼、尾翼、鸭翼的重要部分,它直接影响飞机的性能和飞行品质。

在各种飞行状态(包括在近临界迎角下)和给定的升力下,机翼和尾翼的气动特性应当保证机翼有最小的阻力与必需的安定性和操纵性,这就要求选用的翼型具有大的升阻比及高的最大升力系数而阻力系数最小,并应有小的零升力俯仰力矩。在满足气动要求的同时,还要兼顾结构、强度及工艺的需要。

对于亚声速飞机,为了提高飞行速度,节省燃油,主要考虑:高的阻力发散马赫数和高的最大升力系数,因此多选用上翼面吸力平坦区长的,临界马赫数高而激波强度较弱的翼型。20 世纪 50 年代用 NACA6 系列翼型,特点是头部呈圆形、最大厚度位置较靠后;60 年代为提高阻力发散马赫数,选用尖峰翼型;到 70 年代以后,采用后缘加载的超临界翼型,特点是前缘

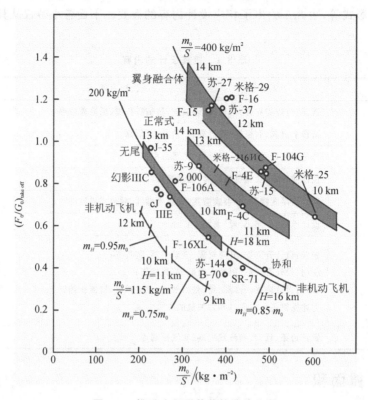

图 8.6　推重比和翼载荷的统计分布

丰满,上翼面平坦后缘向上凹。

　　图 8.7 所示为在亚声速中产生升力的翼型上、下表面的典型压力分布图。一般机翼上表面对升力的贡献约为总升力的 2/3,典型的压力分布用压力系数 C_p 表示,即

$$C_{pi} = \frac{p_i - p_\infty}{\frac{1}{2}\rho_\infty v_\infty^2}$$

式中:p_i 为翼型上 i 点的局部压力值;p_∞ 为自由来流的静压力;ρ_∞ 为自由来流的密度;v_∞ 为自由来流的速度。

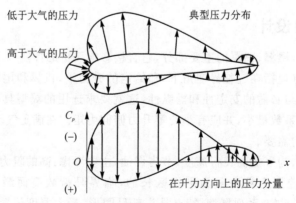

图 8.7　典型的翼型压力分布

对于超声速飞机,由于采用小展弦比机翼,翼型的重要性相对减小了,主要从减小波阻考虑,一般选用相对厚度在 5% 以下,且弯度小的翼型,其特点是头部较尖锐,上下表面呈弧形且基本对称。

各种翼型的外形如图 8.8 所示。

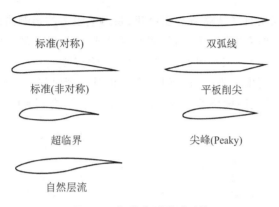

标准(对称)　　　　　　　　双弧线

标准(非对称)　　　　　　　平板削尖

超临界　　　　　　　　　　尖峰(Peaky)

自然层流

图 8.8　各种典型翼型形状

在一定的迎角下,根据翼型附面层的状态(层流或紊流)形状和厚度,平滑流动被破坏而出现了气流的表面分离,翼型上的压力分布随分离形式及其发展而变化,从而改变了阻力、升力、俯仰力矩值。分离的出现,特别是对 $C_{L\max}$ 的影响,主要取决于 Re 数。Re 数越大,分离迎角越大,但大到一定程度后分离迎角不再增加。一般翼型在 $Re > 6 \times 10^6$ 后分离迎角和 $C_{L\max}$ 都不再加大。翼型分离迎角还与马赫数有关。来流马赫数越大,由于激波附面层干扰的出现,分离迎角就趋于减小。

影响翼型气动特性的主要参数是前缘半径、相对厚度、相对弯度及 Re 数等。

1. 前缘半径的影响

前缘半径小,则前缘在小迎角时就开始分离,随迎角增加再附着,如图 8.9 所示。前缘半径越小越易分离,最大升力小,但波阻也小。圆前缘翼型从后缘开始失速,随迎角增加分离前移,其失速迎角大,最大升力系数也大,但超声速波阻也大,一般亚声速飞机采用圆前缘翼型,

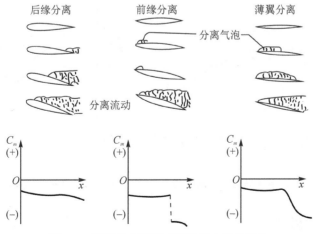

后缘分离　　　　　前缘分离　　　　　薄翼分离

分离气泡

分离流动

图 8.9　翼型的分离形式和俯仰力矩的变化

超声速飞机采用较尖的前缘翼型。

2. 翼型相对厚度的影响

翼型的相对厚度直接影响飞机的阻力(特别是波阻)、最大升力系数、失速特性和结构重量。

图 8.10 给出了不同相对厚度翼型对亚声速、超声速阻力的影响曲线,从图中看出,相对厚度($\bar{c} = c/b$)变化对亚声速阻力影响不大,但对超声速阻力影响很大。在超声速时波阻增加约与 $\bar{c}$ 的平方成正比。对超声速战斗机其 $\bar{c}$ 必须小,一般在 $4\%\sim6\%$,如太小则影响结构高度及机翼的可用容量,结构刚度也不容易得到保证。相对厚度对机翼结构重量的影响是随 $\bar{c}$ 的平方根成反比变化的。最大厚度位置在弦长的 $40\%\sim45\%$,有利减阻。

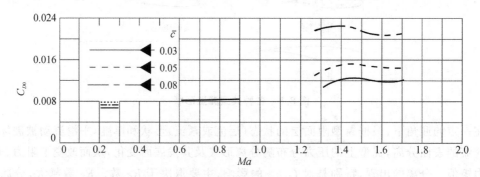

图 8.10　翼型相对厚度对飞机阻力的影响

相对厚度对临界马赫数及最大升力系数的影响如图 8.11 和图 8.12 所示。超临界翼型有助推迟激波的形成并能减小给定相对厚度翼型的阻力。图 8.13 给出了可用于初步选择翼型相对厚度的经验曲线,以设计马赫数作为参考参数。

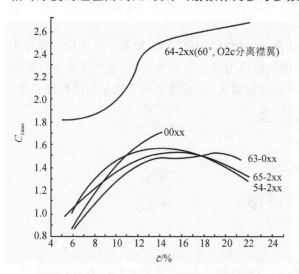

图 8.11　翼型相对厚度对最大升力系数的影响

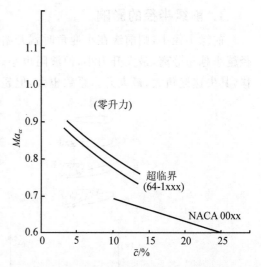

图 8.12　翼型相对厚度对临界马赫数的影响

3. 翼型弯度的影响

弯度的确定通常是用以保证翼型在正常巡航速度飞行时处在设计升力系数状态。设计升

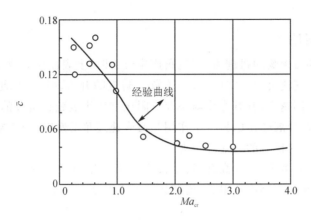

图 8.13 翼型相对厚度的经验曲线

力系数是指具有最小阻力时的升力系数。最大弯度点靠前可得到高的最大升力系数。但弯度会引起翼型有较大的零升力低头力矩系数。而且随马赫数增大而激增,造成飞机配平载荷和阻力的增加,因此高速飞机一般不用有弯度的翼型。为了构造简单,对于薄机翼往往采用带弯度的翼型及有转角的翼型,如采用锥型扭等来改善巡航状态的升阻特性,增加航程,但牺牲一部分超声速性能。

平尾、立尾等翼面要在正负迎角,正负侧滑角下工作,因此这些翼面都采用对称翼型。

综上所述,虽然选择翼型要考虑多种因素,但在方案设计初期,特别是对高速战斗机设计不必花太多的时间去精选合适的翼型,经常是利用已有气动实验数据的翼型,从中选择比较合适的翼型,如 NACA64A 或 65A 的对称翼型,确定好相对厚度;而前缘半径及弯度和扭转,可在详细设计时根据不同的任务要求和机翼平面形状再进行精修设计。

对大展弦比、小后掠的亚声速运输机的机翼则应十分重视翼型的选用。现在一般都选用超临界翼型。另外还须注意翼型的配置,翼尖用失速性能好的翼型,翼根则用升阻比高、相对厚度大的翼型。

8.2.3 外形设计

机翼是产生升力的主要部件,不同用途的飞机采用不同的机翼,如直机翼、梯形翼、后掠翼、前掠翼、可变后掠翼、三角翼及边条、菱形翼等各种形式。

在设计机翼时,首先要把满足设计要求的飞行技术性能作为主要依据,即应保证:

① 在起飞、着陆和空中机动状态下有尽可能大的升力及高的升阻比;

② 在巡航状态和大速度下有尽可能小的气动阻力;

③ 在全包线范围内有良好的纵向及横侧向的操纵安定特性,特别是在低速时要有线性的俯仰力矩特性、较高的副翼效率及横向特性。

其次要满足强度和气动弹性要求,使机翼具有足够的结构刚度和较轻的结构重量及较大的颤振速度。

这些与机翼设计有关的要求,可由机翼的平面形状几何参数、翼型和弯扭、操纵面的形式及增升装置等的正确选择来满足。

机翼和平面形状由展弦比 λ、前缘后掠角 χ 及根梢比 ξ 所确定,机翼面积根据飞机起飞总重及翼载来确定。

1. 展弦比的影响

展弦比对机翼升力影响的机理为：当机翼产生升力时，上表面压力减小，下表面压力增加，在翼尖处下表面高压气流流向上翼面，减小了翼尖附近的升力。展弦比越大，翼展越长，翼尖效应对机翼影响区比例越小，其升力线斜率及升阻比都比小展弦比机翼的大，如图 8.14 所示。从该图还可以看到，改变展弦比的另一个作用是对失速迎角的影响，由于翼尖减小了翼尖处的有效迎角，因此小展弦比机翼的失速迎角大。

对强调巡航性能的客机，为提高升阻比，减小诱导阻力，展弦比选在 10 左右。对军用战斗机，着眼于高机动性和减少超声速阻力，展弦比一般选 2.0～4.0。

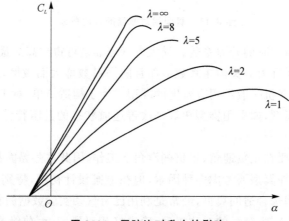

图 8.14　展弦比对升力的影响

2. 前缘后掠角的影响

机翼前缘后掠主要用于减缓跨、超声速的不利影响。对超声速飞机把机翼前缘后掠角增加到 $90°-\chi_1$ 小于马赫锥角，使其处于亚声速前缘状态，可以减小超声速波阻及升力损失。图 8.15 给出了机翼前缘后掠角随马赫数变化的经验曲线。初始设计可用该曲线选取机翼前缘后掠角。

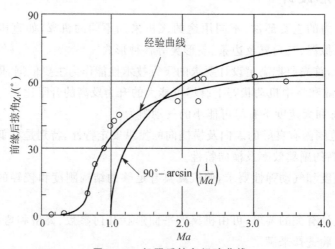

图 8.15　机翼后掠角经验曲线

机翼后掠可以改善横向的安定性,在有迎角时具有上反效应。为避免过大的横向的安定,可选用小的下反角或无上反角。

将整个机翼或其外翼设计成可以前后转动,使机翼后掠角可以变化的机翼称为可变后掠机翼,如图 8.16 所示。可变后掠机翼主要用于超声速战斗轰炸机,低速时转向小后掠角、大展弦比,升力及升阻比明显增加,起降及巡航性能明显改善;超声速时转向大后掠、小展弦比,其波阻小,超声速性能良好。可变后掠机翼目前在一些军用飞机上应用,包括 F - 111、F - 14、B - 1B,英国的"狂风",俄罗斯的米格 - 23 和"逆火"等。

在设计可变后掠机翼时,以后掠位置为基础,后掠的转轴位于翼型最大厚度附近,一般在 30%～40% 弦长之间;另外,还要保证机翼在伸展位置和全后掠位置时,翼根处能光滑整流。

变后掠飞机的主要设计难点有 2 个:一是飞机的平衡,当机翼后掠时,气动中心后移,重心也移动,但前者移动量大,需调整燃油的分布来移动重心或增加平尾的向下载荷(会增加配平阻力);二是由于转轴机构及集中传力而带来较大的增重(相当于机翼重量的 20% 左右)。此外,这种机翼难于满足大迎角高机动及隐身能力等要求,在新一代战斗机的设计中已不再采用。

3. 根梢比的影响

大部分后掠机翼的根梢比 ξ 在 2～6 范围内,该参数影响机翼的升力沿展向分布的规律。一般的平直机翼,当 $\xi = 2.2$ 时可产生接近诱导阻力最小的椭圆形升力分布。从结构设计观点考虑,用大的 ξ 有利,如图 8.17 所示。

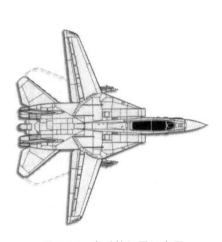

图 8.16　变后掠机翼示意图

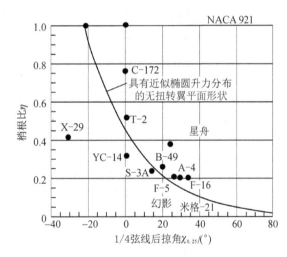

图 8.17　梢根比与后掠角的大致关系

机翼后掠使空气流向外侧,翼尖载荷增大,为保持椭圆形升力分布,应增大根梢比。除三角翼外,一般根梢比小于 5,根梢比太大会加剧翼尖失速。

4. 其他参数的影响

除上述 3 个主要参数外,机翼的扭角、安装角、上反角及相对机身的垂直位置对气动特性也都有影响。

① 扭转。机翼扭转可以防止翼尖失速,改善升力分布,减小升致阻力,改善巡航特性。一般翼尖剖面翼型与翼根剖面翼型扭转角在 ±3° 左右。

② 上(下)反角。上反角可提供横向安定效应,下反角可减小横向安定效应。对于大后掠角的机翼,因侧滑导致左右机翼的法向速度不同而产生横向安定性。为防止过大的横向安定性,对于大后掠翼一般选 1°～3°下反角。

③ 机翼相对机身的垂直位置。上单翼一般增加飞机的横侧安定性,下单翼相反。上、下单翼与机身间的整流应注意不要形成气流扩散分离。中单翼翼身干扰小,由此其阻力也小。

5. 后掠角与展弦比的综合影响

机翼后掠角和展弦比综合在一起对单独机翼的俯仰力矩特性有很大影响,特别是引起"上仰",即俯仰力矩不安定。图 8.18 给出了用机翼 1/4 弦线后掠角和展弦比组合决定的避免"上仰"的边界。对于战斗机、特技飞机和教练机都必须考虑避免"上仰"的问题。为防止飞机上仰失控,对有电传系统的飞机可用自动控制系统来补偿。

6. 边　条

在中等后掠角和中等展弦比的机翼根部向前延伸一片大后掠角尖前缘的小三角翼面,称为机翼的边条。在中等到大迎角范围,边条产生强的脱体涡,除本身有高的涡升力增量外,还能控制和改善基本机翼的外翼部分的分离流动,从而提高飞机的升力。

图 8.19 给出了边条对气动特性的影响曲线。边条的面积、前缘后掠角和形状对飞机气动特性都有重要影响。一般边条相对机翼面积在 5%～15%:面积太小,涡升力弱;面积太大,力矩上仰难控制。增加面积以增加弦长为主,展向相对机翼半展长 30% 左右。为产生较强的脱体涡,前缘后掠角应大于 60°。边条形状因机翼布局而定,一般有三角形(F-22)、拱形(F-18),S 形(F-16)等。

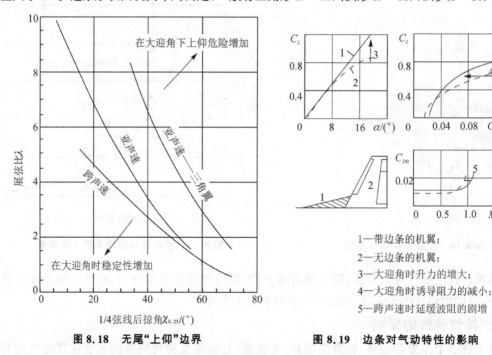

1—带边条的机翼;
2—无边条的机翼;
3—大迎角时升力的增大;
4—大迎角时诱导阻力的减小;
5—跨声速时延缓波阻的剧增

图 8.18　无尾"上仰"边界　　　　图 8.19　边条对气动特性的影响

8.2.4　增升装置设计

襟翼是一种能够改善起降性能、增加升力的活动翼面,也称为增升装置。襟翼一般分后缘襟翼和前缘襟翼。

1. 后缘襟翼

图 8.20 和 8.21 分别给出了各种类型的后缘襟翼及其 C_L-α 曲线。这些襟翼产生的升力增量大小按排列顺序逐渐增加,其结构复杂性也增加,多缝后退襟翼一般用在大型运输机上。

后缘襟翼的升力增量 ΔC_L 与其面积、偏度、后退襟翼的后退量、带缝襟翼的缝隙形式有关。后缘襟翼面积相对机翼面积一般在 $10\%\sim15\%$;襟翼的展长受副翼位置的限制,一般不能超过机翼展长的 60%。为了增加面积,只能增加弦长,开裂式襟翼相对弦长在 25% 左右,简单襟翼 30%,后退襟翼及单缝襟翼在 $25\sim35\%$;若采用襟副翼,其相对展长可达 $70\%\sim80\%$,相对弦长在 20% 左右。后缘襟翼的偏角因襟翼形式不同而不同,一般无缝襟翼偏度应小于 $25°$,单缝襟翼偏度为 $30°\sim35°$,双缝襟翼偏度可达 $40°\sim50°$,而开裂襟翼可达 $60°$。图 8.22 给出了简单襟翼和单、双缝襟翼的升力增量与襟翼偏角呈线性变化的范围。简单襟翼用于起降和巡航状态增升,单、双缝襟翼仅用于起降增升。

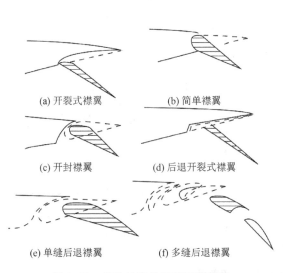

(a) 开裂式襟翼　　　(b) 简单襟翼

(c) 开封襟翼　　　(d) 后退开裂式襟翼

(e) 单缝后退襟翼　　　(f) 多缝后退襟翼

图 8.20　各种类型的机翼增升装置

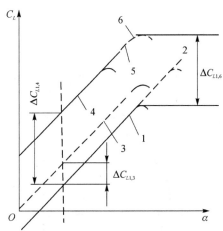

1—无增升装置的机翼;2—带增升装置的机翼;
3—带一般开裂式襟翼的机翼;4—带多缝后退式襟翼的机翼;
5—同时带上克鲁格前缘襟翼;6—同时带前缘下垂的缝翼

图 8.21　各种类型的机翼增升装置 C_L-α 关系特性

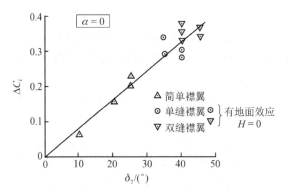

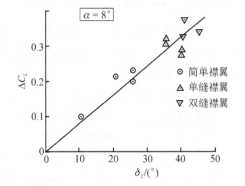

图 8.22　三种襟翼增升曲线

2. 前缘襟翼

随着迎角增大,机翼前缘偏转一定角度而使翼型具有一定的弯度,消除或延缓大迎角时机翼前缘的气流分离,从而增大 $C_{L\max}$ 值。机翼前缘增升形式包括:前缘缝翼、克鲁格襟翼和可偏转的机翼前缘(机动襟翼)。采用前缘襟翼与后缘襟翼配合可根据不同马赫数和不同迎角要求,进行不同的偏转,以保持最佳的机翼弯度,达到提高升力、减小阻力和提高抖振边界的目的。一般机动襟翼仅在 $Ma \leqslant 0.9$ 范围使用。

设计前缘襟翼主要控制其展长及弦长,若展长在 0.8 翼展范围则可分内、外两段。如机翼有边条或鸭翼,则展长应从鸭翼翼梢及边条的外侧开始。前缘襟翼根弦在 15%～20%,翼尖弦在 20%～30%(相对当地机翼弦长)。襟翼顺气流偏角一般不超过 30%。一般在起飞着陆时,前缘偏 10°,后缘偏 30°左右;巡航状态前、后缘偏 5°左右;大机动时前缘偏 25°～30°,后缘偏 5°～10°。图 8.23 给出了前、后缘襟翼组合的减阻曲线。

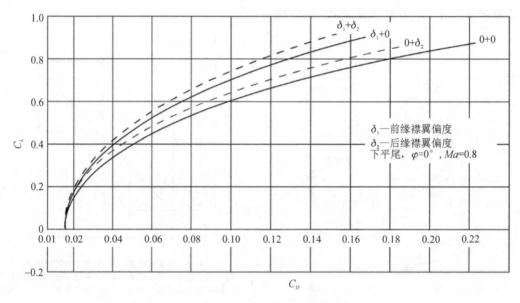

图 8.23　前、后缘襟翼减阻效果

8.2.5　副翼及横侧操纵面设计

横侧操纵通常用副翼、襟副翼、扰流片、差动平尾来实现。对操纵面的设计要求是要提供飞机所需要的滚转力矩和具有较小的铰链力矩,力求滚转力矩和铰链力矩随偏度呈线性变化及有较小弹性变形影响。

最常用的是设置在机翼后缘靠近翼尖部分的副翼,如图 8.24 所示。影响副翼效率的参数有:相对机翼的面积、副翼在机翼上的位置、副翼弦长及转轴位置、气动补偿形式等。

副翼面积相对于机翼面积一般在 5%～7%;副翼相对弦长(与机翼当地弦长比)为 20%～25%;副翼展向布置一般从 50%～60% 延伸到 90% 左右,即相对展长为 30%～40%。图 8.25 给出了副翼展长及弦长选取曲线范围。如采用襟副翼,即后缘襟翼与副翼合成一块,既作襟翼又作副翼使用,其相对展长可达 60%～80%。图 8.26 给出了副翼相对展长和偏角对副翼效率 $C_{l\delta_a}$ 的影响,一般副翼偏角 δ_a 不超过 25°。

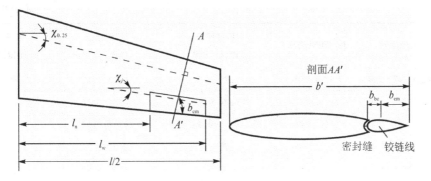

图 8.24　副翼平面及剖面几何参数

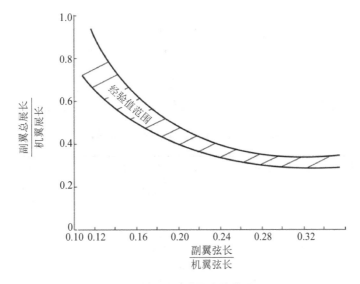

图 8.25　副翼选取曲线范围

当副翼效率不满足要求时,也可采用扰流片或差动平尾来辅助。通常在大后掠翼飞机上用扰流板来提高滚转效率;对于战斗机,一般使用左、右平尾差动来补偿滚转效率,平尾差动范围在±10°以内。

表 8.2 所列为国外民用旅客机副翼平面参数,表 8.3 所列为国外军用战斗机副翼平面参数以供参考。

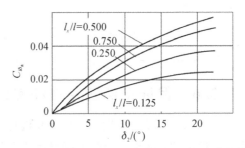

图 8.26　副翼相对展长及偏度对副翼效率的影响

表 8.2　国外民用旅客机副翼平面参数

飞机型号	相对面积	相对展长 (内侧/外侧)	相对弦长 (内侧/外侧)	有无 内侧副翼
波音 727 - 200	0.034	0.76/0.93	0.23/0.30	有
波音 737 - 300	0.021	0.72/0.91	0.23/0.30	

飞机型号	相对面积	相对展长 （内侧/外侧）	相对弦长 （内侧/外侧）	有无 内侧副翼
波音 747 - 200	0.040	0.70/0.95	0.11/0.17	有
波音 757 - 200	0.027	0.76/0.97	0.22/0.36	
波音 767 - 200	0.041	0.76/0.98	0.16/0.15	有
波音 787	0.029	0.71/0.83	0.27/0.21	有
空客 A300	0.049	0.83/0.99	0.32/0.30	有
空客 A310	0.027	无	无	有
空客 A320	0.028	0.79/0.96	0.32/0.30	无
空客 A340	0.048	0.65/0.94	0.29/0.27	无
空客 A380	0.028	0.64/0.85	0.20/0.22	无
Tu - 154	0.036	0.76/0.98	0.34/0.27	
BAE 146 - 200	0.046	0.78/1.0	0.33/0.31	

表 8.3　国外军用战斗机副翼平面参数

飞机型号	相对面积	相对展长（内侧/外侧）	相对弦长（内侧/外侧）
A - 10	0.094	0.58/0.91	0.42/0.40
F - 4E	0.040	0.63/0.98	0.23/0.28
F - 5E	0.050	0.76/0.99	0.34/0.33
F - 15	0.053	0.60/0.86	0.25/0.27
F - 16	0.13	0.30/0.73	0.21/0.23
MiG - 25	0.053	0.54/0.79	0.22/0.21
Su - 7	0.11	0.62/0.97	0.29/0.35
Mirage 2000	0.13	0.19/1.0	0.13/1.0

8.2.6　保证俯仰安定性和操纵性的气动力布局

飞机的基本气动力特性是由机翼和机身决定的。而飞机安定性和操纵性是依靠安定面和操纵面来保证的。俯仰安定性和操纵性是保障安全飞行的最重要的飞行品质。俯仰操纵用升降舵、全动平尾和前翼来实现，其设计要求如下：

① 在飞机处于前重心位置时，能满足抬前轮、起飞及着陆操纵的要求。

② 对静安定飞机，在后重心有最小允许的纵向静安定度余量；对静不安定飞机，可提供足够的恢复平衡的低头俯仰力矩。

③ 在做机动飞行时能保证飞机达到所规定的最大过载。

对亚声速飞机，平尾设计要考虑的最严重状态是起飞抬前轮和着陆平衡，此时平尾需偏到最大限度，一般采用升降舵就可满足要求。

对超声速的飞机则完全不同,由于超声速时机翼焦点后移很多,飞机纵向安定度骤增,所需平衡力矩也大增,靠升降舵已不能平衡飞机,只有采用全动平尾才能保证飞机的平衡和操纵;对于无尾飞机则需加前翼来配平。

平尾和前翼的主要作用是平衡机翼产生的纵向力矩,它们所能提供的力矩效率与其产生的升力及力臂成正比;而升力与其面积成正比。因此,尾翼或前翼效率与其面积和尾臂的乘积成正比,该乘积定义为平尾容量 C_{HT},即

$$C_{HT} = l_{HT}S_{HT}/(b_A S_w)$$

式中:l_{HT} 为平尾力臂,是平尾 1/4 平均气动弦点至机翼 1/4 平均气动弦点间的距离,单位 m;b_A 为机翼平均气动弦长,单位 m;S_{HT} 为平尾外露面积,单位 m^2;S_w 为机翼全面积,单位 m^2。

在初步设计时,可用传统的统计方法估算。对现代战斗机,一般平尾相对面积 S_{HT}/S_w 为 18%～25%,平尾容量 C_{HT} 在 0.2～0.3 之间。为得到足够的尾容量,可选大面积、短尾臂,或小面积、长尾臂两种形式,但尾臂长度是由总体布置决定的,增加太多会引起飞机重量和阻力的增加。因此,选平尾面积和尾臂时有一个协调过程,表 8.4 所列为国外典型战斗机的平尾参数统计表,表 8.5 所列为国外民用旅客机的平尾容量,供设计参考。

表 8.4　国外战斗机平尾参数统计

飞机型号	机翼前缘后掠角/(°)	平尾展弦比	平尾前缘后掠角/(°)	根梢比	尾容量 C_{HT}	相对机翼面积 $\bar{S}_H$
米格-21	57	1.72	59	2.38	0.237	0.170
米格-23	18.7/74.7	1.84	55.667	3.25	0.483	0.203
米格-25	42	2.67	48	2.33	0.220	0.180
F-5E	31.917	2.98	33	2.92	0.291	0.178
F-4	51.4	3.30	47	4.95	0.258	0.174
F-15	45	2.88	50	3.0	0.232	0.186
F-16	40	2.60	40	3.33	0.203	0.145
幻影 F-1	50	2.28	50	3.10	0.358	0.250
F-22	48	2.01	48	5.60	0.197	0.171
苏-27	42	2.45	45	3.40	0.220	0.200

表 8.5　国外民用旅客机平尾参数统计

飞机型号	平尾容量	相对面积	展弦比	后掠角/(°)	梢根比
空客 A300	1.068	0.267	3.81	34	0.42
空客 A320	1.062	0.253	5.00	28	0.33
空客 A340	0.787	0.20	5.27	30	0.38
空客 A380	0.633	0.24	4.48	34	0.38
波音 707-320	0.571	0.205	3.37	35	0.42
波音 727-200	0.814	0.221	3.40	36	0.38

续表 8.5

飞机型号	平尾容量	相对面积	展弦比	后掠角/(°)	梢根比
波音 737 - 300	1.363	0.344	5.15	30	0.26
波音 747 - 200	0.887	0.267	3.57	32	0.265
波音 767	0.799	0.274	4.46	32	0.20
波音 787	0.73	0.21	5.05	37	0.24

注:表中数据为估算数据;相对面积为平尾相对机翼面积;后掠角为平尾 1/4 弦线后掠角。

在确定了平尾的外形参数后,还需要进行升降舵的设计,主要包括确定升降舵的相对面积、相对弦长、舵面偏角、铰链轴位置等,以保证有足够的操纵效率。表 8.6 所列为国外民用旅客机升降舵平面参数。对于现代战斗机,大多采用全动平尾,没有升降舵。

表 8.6　国外民用旅客机升降舵平面参数

飞机型号	相对面积	相对弦长	飞机型号	相对面积	相对弦长
波音 727 - 200	0.25	0.29/0.31	空客 A300	0.26	0.35
波音 737 - 300	0.24	0.24/0.34	空客 A310	0.26	0.33/0.30
波音 747 - 200	0.24	0.29	空客 A320	0.24	0.30/0.30
波音 757 - 200	0.25	0.29/0.38	空客 A340	0.29	0.36/0.34
波音 767 - 200	0.23	0.30/0.25	空客 A380	0.25	0.30/0.30
波音 787	0.28	0.33/0.30	Tu - 154	0.18	0.27/0.25
BAE 146 - 200	0.39	0.42/0.44			

8.2.7　保证横航向安定性和操纵性的气动力布局

飞机的方向安定性和操纵性是用立尾、腹鳍及方向舵来实现的。其设计要求是在下列各种飞行状态下保证飞机都具有足够的方向安定性。

① 飞机在大马赫数及大迎角下的飞行。

② 飞机在最大侧风(15 m/s)条件下着陆。

③ 飞机做曲线飞行。

④ 低速大迎角机动。

⑤ 发动机故障(双发中有一发停车)或不对称外挂。

立尾和腹鳍所允许的最严重设计状态是:在最大设计马赫数和低速大迎角时要有足够的方向安定性。

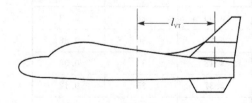

图 8.27　立尾及腹鳍几何定义

立尾和腹鳍的几何定义如图 8.27 所示,类似机翼,其面积仅考虑外露部分。尾臂 l_{VT} 为从立尾 1/4 平均气动弦长点至机翼 1/4 平均气动弦长点间的距离。同平尾一样,立尾效率与其面积和尾臂的乘积成正比。该乘积定义为立尾容量 C_{VT},即

$$C_{VT} = l_{VT} S_{VT} / (l S_w)$$

式中:l_{VT} 和 S_{VT} 为立尾力臂(单位:m)和面积(单位:m²);l 为机翼翼展(单位:m);S_w 为机翼全面积(单位:m²)。

在初步设计时,可用传统的统计方法估算。对现代战斗机,立尾相对面积 S_{VT}/S_w 为 20%~25%,立尾容量 C_{VT} 为 0.16~0.25。表 8.7 所列为国外战斗机立尾参数,表 8.8 所列为国外民用旅客机垂尾参数。

表 8.7　国外战斗机立尾参数

飞机型号	l_{VT}/l	S_{VT}/S_w	C_{VT}	后掠角 $\chi_0/(°)$	布置形式
F-15	0.83	0.19	0.16	37	双立尾,外倾2°
F-16	1.01	0.20	0.20	48	单立尾,双腹鳍
F-18	0.61	0.28	0.27	43	双立尾,外倾15°
F-14	0.58 或 1.19	0.31 或 0.34	0.18 或 0.37	47	双立尾,双腹鳍
F-5	0.87	0.20	0.17	35.5	单立尾
F-4	1.05	0.13	0.13	65	单立尾
F-104	1.39	0.21	0.21	44	平尾在立尾尖部呈 T 形
米格-21	1.22	0.21	0.26	48	单立尾,单腹鳍
米格-29	0.88	0.21	0.19	51.5	双立尾,双腹鳍
美洲虎	1.35	0.17	0.23	48	单立尾,双腹鳍

表 8.8　国外民用旅客机垂尾参数

飞机型号	垂尾容量	相对面积	展弦比	后掠角/(°)	梢根比
空客 A300	0.097	0.174	1.64	40	0.365
空客 A320	0.087	0.18	1.6	35	0.35
空客 A340	0.057	0.13	1.52	41	0.47
空客 A380	0.049	0.13	1.65	40	0.41
波音 707-320	0.051	0.108	1.70	30	0.41
波音 727-200	0.090	0.209	0.64	53	0.78
波音 737-300	0.12	0.254	1.56	35	0.31
波音 747-200	0.076	0.151	1.34	45	0.33
波音 767-200	0.068	0.163	1.76	39	0.306
波音 787-B	0.047	0.11	1.74	40	0.32

注:表中数据为估算数据;相对面积为垂尾相对机翼面积;后掠角为垂尾1/4弦线后掠角。

在确定了垂尾的外形参数后,还需要进行方向舵的设计,主要包括确定方向舵的相对面积、相对弦长、舵面偏角、铰链轴位置等,以保证有足够的操纵效率。表 8.9 所列为国外民用旅客机方向舵平面参数,表 8.10 所列为国外军用战斗机方向舵平面参数。

表 8.9　国外民用旅客机方向舵平面参数

飞机型号	相对面积	相对弦长	飞机型号	相对面积	相对弦长
波音 727 – 200	0.16	0.29/0.28	空客 A300	0.30	0.35/0.36
波音 737 – 300	0.24	0.25/0.22	空客 A310	0.35	0.33/0.35
波音 747 – 200	0.30	0.30	空客 A320	0.30	0.30/0.30
波音 757 – 200	0.34	0.35/0.33	空客 A340	0.30	0.30/0.30
波音 767 – 200	0.35	0.33/0.36	空客 A380	0.30	0.31/0.27
波音 787	0.36	0.33/0.37	Tu – 154	0.27	0.37
BAE 146 – 200	0.44	0.29			

表 8.10　国外军用战斗机方向舵平面参数

飞机型号	相对面积	相对弦长	飞机型号	相对面积	相对弦长
F – 4E	0.20	0.20/0.29	A – 10	0.29	0.29/0.33
F – 5E	0.15	0.26/0.30	FB – 111	0.21	0.25/0.26
F – 14E	0.29	0.29/0.33	MiG – 25	0.15	0.24
F – 15	0.25	0.30/0.50	Su – 7	0.26	0.28/0.25
F – 16	0.25	0.34/0.33	Mirage 2000	0.16	0.21/0.34

8.3　机身气动设计

机身的设计主要涉及确定机身的最大截面、长细比、外形曲线,设计机身头部和尾部的外形,开展进气道和尾喷管的设计,进行座舱设计、面积律修形等。

8.3.1　进气道与机身综合设计

对于喷气发动机,为了保证压气机叶片的叶尖速度不超过声速,通常要求其压气机进口气流 Ma 不超过 0.4～0.5。进气系统的主要用途就是把进来的空气在能量损失最小的情况下减到压气机要求的进口速度。

衡量进气道工作效率的重要参数是进气道出口总压恢复系数,一般定义为进气道流出气流平均总压与自由流总压之比。这个系数反映了气体由进气道提供给发动机过程中能量损失的状况。总压恢复系数越大,损失越小。大体上,进气道总压恢复减少(或增加)1%,将使发动机静推力减少(或增加)1.3%。

进气道出口流场畸变也是衡量进气道性能好坏的重要参数,表示进气道出口流场中最低总压值与最高总压值(或平均总压值)之间的相对差别。进气道出口流场畸变会减小发动机的喘振裕度,畸变过大会使发动机的喘振裕度全部丧失而失去稳定性,从而影响飞机的安全。

进气道设计的第三个性能参数是阻力,包括外罩阻力、附加阻力、放气阻力和排除附面层产生的阻力等。在初步设计时,只需考虑外罩阻力和附加阻力。

进气道在飞机上的布置是飞机总体设计和推进系统设计中的一个重要问题,对发动机和飞机的性能影响很大,必须综合分析研究。

现代超声速飞机进气道的布局既要充分利用机身和机翼(包括机翼边条)的屏蔽作用,改善进气道的性能(特别是大迎角性能),又要防止机身或机翼边条脱出的涡和分离流进入进气道,影响进气道的性能和稳定性。新一代隐身飞机为了减少雷达散射截面,更需要利用机体对进气口的遮挡,把进气口与机体高度融合为一体。

隐埋式发动机的进气道布局有机头进气、机身两侧进气、腹部进气、"腋窝"进气、背部进气、后机身上方进气和机翼前缘进气等。吊挂式(短舱式)发动机的进气道布局有机翼吊挂式短舱进气和后机身吊挂式短舱进气。下面是其中部分典型布置形式的特点。

1. 腹部进气特点

① 管道长度较小。

② 在大迎角情况下有助于气流进入进气口。

③ 单发时需将前起落架布置在进气口之后,导致进气道整流罩的阻力和重量增加。

④ 双发时,前起落架可布置在两个腹部进气口中间,没有进气道整流罩阻力和重量增加问题。

⑤ 进气口易吸入外来物(因为距离地面相对较低)。

⑥ 根据经验,对于采用低涵道比发动机的飞机,其整个腹部进气口离地面的距离至少应高出进气口高度的 80%;对高涵道比发动机的飞机,最少是 50% 的进气口高度。

2. 两侧进气特点

① 管道短,能提供相对干净的空气。

② 在大迎角状态下,由于前机身拐折处比进气口低,易引起气流分离,因此可能会使进气道出现问题。

③ 在单台发动机的情况下使用两侧进气口就必须采用分管道,否则容易造成压力不稳定而引起发动机的喘振。为了减小这种风险,有的此类飞机的进气道直到发动机前端面才融合在一起。

3. 背部进气特点

① 管道短,没有前起落架的位置问题。

② 在大迎角时,前机身会遮挡气流。

③ 飞行员应急跳伞时可能被吸进进气口。

④ 有利于提高隐身性能,在新型无人机上应用广泛。

4. 翼下短舱式进气特点

① 进气口远离机身,可提供未经扰乱的气流,所需进气通道非常短。

② 发动机和排气远离机身,在客舱里产生的噪声很小。

③ 便于地面维护。

④ 发动机重力能产生有助于减小机翼重量的"展向卸载"的效果。

⑤ 短舱的存在会干扰机翼的气流,增加阻力、减少升力。为减小这一影响,挂架不应延伸到机翼上表面,也不应环绕机翼的前缘。

⑥ 发动机停车时的偏航力矩大(发动机离轴线距离较远)。

⑦ 离地面较近,需采取防尘土和沙石的措施。

⑧ 不便于设计机翼上的增升装置。

⑨ 展向位置，对于双发，一般位于 33%～38% 的半展长处。

⑩ 弦向位置，作为经典的经验法则，进气口应布置在机翼前缘朝前大约 2 倍进气口直径的位置，以及机翼前缘下面 1 倍进气口直径的位置。CFD 等现代技术的采用，可以更准确地模拟短舱和机翼之间的相互干扰，使吊舱可以更加靠近机翼。

⑪ 高度方向，为减少吸入外部物体，高涵道比发动机的进气口应布置高于地面大约半个进气口直径的位置上；短舱头部应下偏 2°～4°，向内倾斜大约 2°，以便与机翼下面的局部气流保持一致。

8.3.2　喷管与后体综合设计

喷气式飞机喷管的作用是将发动机燃气的压力势能有效地转变为排气的动能，使发动机以最高的效率和最小的能量损失产生最大的推力。在超声速飞行和亚声速飞行两种情况下，1% 的喷管效率大约相当于 1.7% 的净推力，因此应尽量保证喷管在各种飞行态下都具有较高的效率。喷管设计不仅影响喷管的内推力，还影响机身后体的构型，进而影响机身的后体阻力——尾阻和底阻。衡量排气系统设计性能的综合指标是推力减阻力参数，显然推力减阻力（指后体阻力）参数越大越好。

尾喷管在设计上也有很高的要求。尾喷管的形式和主要参数应根据飞机的飞行性能指标和所选定的发动机工作特性来选择，要保证飞机在全部的飞行使用范围内都能够与发动机的工作很好地协调和匹配，始终保持较高的效率。这是对尾喷管的基本要求。此外，发动机短舱尾段的外形以及发动机装在机身内时机身尾段的外形与机尾罩及尾喷管的形式和几何参数有直接的关系，同时飞机的阻力和底阻的影响也应予以考虑。尾喷管还需要冷却，四周应留有足够的冷却通道，有的还需要加装反推力装置。

为了获得最佳推力，应使高压燃气在喷管中一直膨胀到下游的环境压力，即达到完全膨胀。也就是说，喷管面积的变化要使燃气达到完全膨胀。例如，对战斗机来说，喷管落压比（喷管进口处的总压与喷管出口处的静压之比）可以从亚声速巡航时的 3 左右变到最大超声速时的 15～20。对于一个几何可变的收敛-扩散喷管，在亚声速巡航和最大超声速飞行之间，喷管出口面积比（出口面积与喉道面积之比）可以改变 4 倍左右。由于喷管落压比和出口面积比变化范围很大，所以要保持高的内推力效率和低的外部阻力是相当困难的。喷气发动机喷管的主要问题是在各种速度、高度和油门位置时所希望出口面积匹配的问题。

喷管布置对尾部阻力可能有重大影响。这是指由于喷管和后机身的外部出现气流分离而造成尾阻增大。为了把尾部阻力减小到可接受的水平，后机身的收缩角应该保持在 15° 以下，而喷管的外侧角度在喷管关闭位置时应该保持在 20° 以下。

并排安排的两台喷气发动机之间会产生干扰，使净推力减少。为了把这种干扰减到最小，喷管之间最好离开 1～2 倍的喷管最大出口直径，喷管之间的面积应该是逐渐变化的，就像翼型的后部那样，并且最好在两个喷管之前终止。但是这种安排增加了重量和浸润面积。所以，许多战斗机就让两台发动机相互紧挨着，而不考虑其干扰。

8.3.3　外挂物布局设计

战斗机需要携带导弹、炸弹、火箭、副油箱等外挂物，其设计要求包括：

① 外挂物重量占飞机总重的相当大的部分,要求在飞机重心附近配置外挂物,以免投放后飞机产生较大的配平变化。

② 外挂物阻力较大,配置时要考虑飞机的面积分布及挂装形式,以尽量减小外挂阻力。

③ 外挂物之间要有一定的间隙,保证装卸人员有足够的工作空间以及保证与地面有一定的间隙。

④ 布置导弹时要考虑导弹排气对飞机进气道及结构的影响。

一般外挂物有 4 种挂装方式,如图 8.28 所示。大多数战斗机在机翼和机身下有硬点连接武器挂架,用于挂装附加的武器和油箱。为减小阻力和改善隐身特性可采用半埋、内埋或共形的挂装方式。半埋式的武器是其中一半明显地在飞机机身凹槽里,欧洲 EF‐2000 战斗机机身下的中距拦射弹采用的就是这种方式。把导弹全装在机身内为内埋式,如 B‐2 及 F‐22 等。共形挂装方式是把武器安装在机翼或机身底部与外表面平齐,它不破坏飞机结构,但比半埋式阻力稍高。半埋式开凹槽会引起结构重量增加,并且仅适用于同一种外形的导弹/武器,缺少更换种类的灵活性。

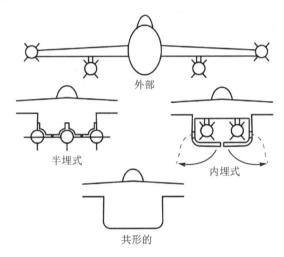

图 8.28　外挂武器挂载方式

8.3.4　机身气动设计的综合考虑

机身是飞机最复杂的部件之一,用来装载乘员、机载设备、动力装置及燃油等,同时把各翼面等联成一体。作为初步设计,飞机起飞总重 m_0 确定后,就可由表 8.11 的数据得到机身长度的初值。在设计机身时,应使其阻力尽量小,这就要求超声速飞机机身的长细比尽可能地大,以减小超声速波阻。头部应平滑收缩,尾部为轴对称旋成体,且收缩要缓和。对亚声速飞机也应注意,机身长细比过大会加大机身浸润面积,即加大摩擦阻力。表 8.12 给出了几种飞机长细比的参考值。

为减小气动阻力,座舱盖风挡应尽量倾斜(见图 8.29)。β 应在 $60°\sim65°$ 之间;因产生光线全反射效应,从飞行员视野看,β 不可大于 $70°$。为有良好视野,机身头部要有足够的向下切割。座舱盖的横截面可由圆弧形组成。

为减小干扰阻力,超声速飞机翼身组合体的设计采用面积律修形及翼身融合体。

机身产生的升力很小,但产生的阻力却很大。因此,机身在设计时进行减阻是重要的要求。亚声速飞行时,它的阻力占全机零升阻力的 $40\%\sim50\%$;超声速飞行时,占比为 $50\%\sim60\%$。有的战斗机机身的阻力占到全机阻力的 60% 以上。

表 8.11　机身长度与起飞总重 m_0 的关系

$l_f=Am_0^c$	A	c	$l_f=Am_0^c$	A	c
滑翔机——无动力	0.86	0.48	双发涡轮螺旋桨飞机	0.37	0.51
滑翔机——带动力	0.71	0.48	飞船	1.05	0.40
自制飞机——金属/木材	3.68	0.23	喷气教练机	0.79	0.41
自制飞机——复合材料	3.50	0.23	喷气战斗机	0.93	0.39
通用航空飞机——单发	4.37	0.23	军用运输机/轰炸机	0.23	0.50
通用航空飞机——双发	0.86	0.42	喷气运输机	0.67	0.43
农用飞机	4.04	0.23			

表 8.12　机身长细比

长细比	亚声速飞机 ($Ma\leqslant0.7$)	跨声速飞机 ($Ma=0.80\sim0.90$)	超声速飞机
λ_f	6~9	8~13	10~20(10~23)
λ_{fh}	1.2~2.0	1.7~2.5	4~6
λ_{ft}	2~3	3~4	5~7

注:f 表示机身;fh 表示机身头部;ft 表示机身尾部。

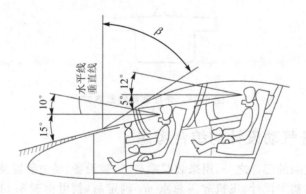

图 8.29　机身头部及座舱盖的关系图

面积律(第 5 章做了简要介绍)是为保证飞机在高亚声速和跨超声速范围内的阻力最小,同一横截面所有部件叠在一起的分布(从机头到机尾)应该相当于一个最小阻力的当量旋成体横截面积的分布(或分布曲线比较光滑而无不规则变化),如图 8.30 和图 8.31 所示。图 8.31中方案 3 所示为面积修形后,跨超声速阻力明显减小。

有时由于结构限制而采取有差异的面积律,即中单翼的机翼上、下方机身"收缩"得不一样,YF-17 是典型的例子,如图 8.32 所示。

翼身融合体概念:机翼和机身之间以光滑的曲线连成一体。由于翼根加厚而使飞机容积增加,从而增加结构空间;翼身光滑连接,有利于隐身设计。机身也产生升力从而增加大迎角

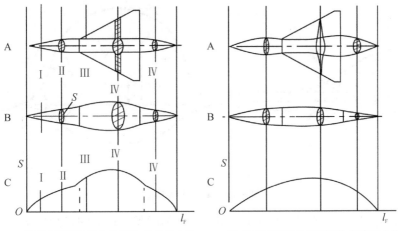

(a) 不考虑面积律要求的机翼-机身组合体　　　(b) 考虑面积律要求的机翼-机身组合体

A—机翼-机身组合体；B—当量旋成体；C—横截面积分布

图 8.30　面积律对机翼-机身组合体的影响

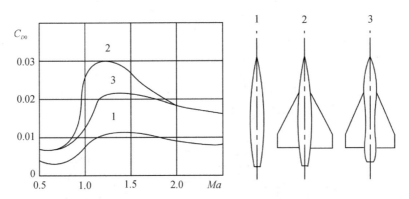

图 8.31　机身缩腰对机翼-机身组合体阻力系数大小的影响

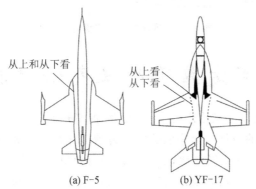

(a) F-5　　　　　　(b) YF-17

F-5采用常规布局面积律，对超声速是最优布局；

YF-17采用有差别的面积律，对超声速盘旋是最优布局

图 8.32　F-5 和 YF-17 的面积律修形

的升力并减阻。现代战斗机 F-16、苏-27 等都采用了融合体设计。一般用融合的抛物线连接翼身，适当控制抛物线的起点（α 角）和终点（B 长），如图 8.33 所示。

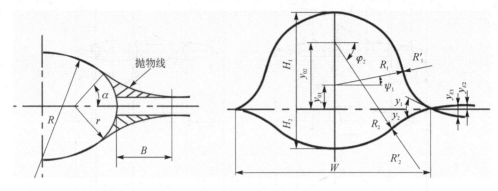

图 8.33　翼身融合概念

翼身整流：为提高气动效率，当不能采用翼身合体时需在机翼和机身连接处采用"整流包皮"光滑连接，一般用圆弧相切（见图 8.34）；流过翼身间的流管必须是收敛的，以防止气流分离。

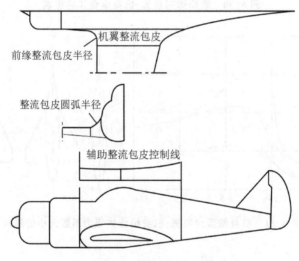

图 8.34　机翼整流包皮设计

8.4　提高固定翼飞行器气动性能的措施

提高飞行性能的基本要求是减小阻力、增大升力、提高升阻比。不同的要求在气动力上有许多措施可以采用，而不同的设计要求采取的气动力措施往往又是相互矛盾的。如为了减小波阻，需要增大机翼后掠角、减小展弦比；而为了减小诱导阻力则又要减小后掠角、增大展弦比，二者正好相反。这说明了气动力设计的复杂性和综合性。气动布局设计的目的是选择各种气动措施的最佳组合，得出满足设计要求的最佳气动布局。表 8.13 列出了各种设计要求和所需要采取的措施与途径。

表 8.13　提高气动性能的措施

设计要求	措　　施
减小摩擦阻力	① 尽可能保持机翼表面层流边界层,可采用自然层流翼型和层流边界层控制。 ② 减少浸润面积,即减少飞机的外露面积,其对摩擦阻力影响最大。 ③ 湍流控制,设法使飞机表面很难产生层流边界层部位的湍流边界层变为有序的小涡流动,或将其"扫"离机体表面减小湍流摩擦阻力
减小诱导阻力	① 机翼:增大展弦比、减小后掠角。 ② 翼型:采用带有弯度的翼型、增大前缘半径、增大相对厚度、采用特殊翼型。 ③ 机翼弯扭设计。 ④ 机翼弯度措施:前后缘襟翼、前缘涡襟翼、气动弹性剪裁设计、任务自适应机翼。 ⑤ 翼尖:采用翼梢小翼或进行翼梢修形。 ⑥ 减小翼载
减少波阻	① 机翼和尾翼:增大后掠角、减小展弦比、加大根梢比。 ② 翼型:减小相对厚度、采用超临界翼型。 ③ 机身:减小机身最大截面、增大机身长细比、采用面积律修形。 ④ 座舱盖:增大风挡后掠角、减小截面积、增大长细比
减小配平阻力	① 机翼弯扭,自配平设计。 ② 放宽静稳定度。 ③ 机身弯度。 ④ 机翼安装角
增加升力线斜率	① 加大机翼展弦比。 ② 减小机翼后掠角。 ③ 旋涡空气动力学的应用
提高最大升力系数	① 采用襟翼增升。 ② 控制机翼上气流分离。 ③ 采用前掠机翼。 ④ 旋涡空气动力学的应用
提高升阻比	① 亚声速巡航:采用大展弦比、小后掠角、超临界翼型、机翼弯扭和自配平设计,布置合适的机翼安装角,放宽静稳定裕度。 ② 超声速巡航:减小波阻,采用机翼弯扭和自配平设计,放宽静稳定裕度
改善大迎角气动特性	① 控制机翼上气流分离。 ② 合理布置尾翼位置。 ③ 合理设计前机身,包括外形、截面形状、长细比、头部钝度。 ④ 应用旋涡空气动力学。 ⑤ 推力矢量和反推力控制。 ⑥ 三翼面操纵。 ⑦ 吹气控制。 ⑧ 放宽静稳定裕度的主动控制。 ⑨ 进气道与机体的综合设计

设计要求	措　施
改善起飞着陆性能	① 加大机翼展弦比,减小其后掠角。 ② 提高襟翼效率,改善襟翼设计,动力增升。 ③ 采用变后掠机翼。 ④ 采用推力矢量。 ⑤ 在机翼上或机身上安装旋翼
减少气动弹性变形对气动性能的影响	① 机翼:避免采用大展弦比、增加根梢比、加大机翼厚度、采用超临界翼型。 ② 机身:增大机身截面积

表 8.14 给出了一些飞行器的最大升力系数,表 8.15 和表 8.16 给出了国外民用飞机和军用飞机的增升装置。表 8.17 和表 8.18 给出了一些飞机升阻比的情况。图 8.35 给出了波音和空客两种客机阻力系数的对比。这些数据可以为设计提供参考。

表 8.14　采用高升力装置飞机的 $C_{L\max}$ 估计值

示　例	飞机种类	前　缘	尾　缘	$C_{L\max}$	备　注
1	Douglas DC - 9 - 10	—	DSF	2.50	$1g$ 飞行数据
	Douglas DC - 9 - 30	SL	DSF	2.73	$1g$ 飞行数据
2	ATR - 42	—	DSF	1.75	$1g$ 飞行,$\delta_f=0$(巡航)
				2.61	$1g$ 飞行,$\delta_f=15$(起飞)
				3.15	$1g$ 飞行,$\delta_f=27$(着陆)
3	空客 A340 - 300	SL	SSF	2.54	$1g$ 飞行数据 2D 多元飞行
	Lockheed L - 1011	SL	DSF	2.48	
	波音 747 - 100	SL Kruger	TSF	2.43	
4	Lockheed C - 5A	SL	SSF	2.27	
	Lockheed C - 141B	SL	DSF	2.25	
5	波音 YC - 14	SL Kruger	TSF+USB	3.57	平均飞行数据,着陆
	MD C - 17A	SL	DSF+VT		
6	Grumman X - 29A	耦合鸭式 FSW 翼		1.34	$1g$ 飞行,$Ma=0.9$
	SAAB JS 37	耦合前置三角翼		n. a.	

表 8.15　国外民用飞机增升装置

飞机型号	研制年份	前缘增升装置	后缘增升装置	$C_{L\max}$
波音 707	1958	内侧:克鲁格襟翼; 外侧:前缘缝翼	双缝襟翼	2.20
波音 727	1963	内侧:克鲁格襟翼; 外侧:前缘缝翼	三缝襟翼	2.79

飞机型号	研制年份	前缘增升装置	后缘增升装置	$C_{L\max}$
波音 737	1967	内侧:克鲁格襟翼; 外侧:前缘缝翼	三缝襟翼	3.20
波音 747	1970	内侧:圆头克鲁格; 外侧:变弯度克鲁格	三缝襟翼	2.45
波音 757	757 - 200 1983; 757 - 300 1999	前缘缝翼	双缝襟翼	
波音 767	1982	前缘缝翼	内侧:双缝襟翼; 外侧:单缝襟翼	2.45
波音 777	1995	前缘缝翼	内侧:双缝襟翼; 外侧:单缝襟翼	2.50
波音 787	2008	前缘缝翼	单缝襟翼	2.66
空客 A300	1972	前缘缝翼	双缝襟翼	2.73
空客 A310	1983	前缘缝翼	内侧:双缝襟翼; 外侧:单缝襟翼	2.82
空客 A320	1989	前缘缝翼	单缝襟翼	2.57
空客 A321	1993	前缘缝翼	内侧:双缝襟翼; 外侧:单缝襟翼	2.82
空客 A330/340	1993	前缘缝翼	单缝襟翼	2.53
空客 A380	2007	内侧:下偏前缘; 外侧:前缘缝翼	双缝襟翼	2.60

表 8.16　国外军用飞机增升装置

飞机型号	研制年份	前缘增升装置	后缘增升装置	$C_{L\max}$(估计)
F - 5	1958	简单襟翼	单缝襟翼	1.40
F - 14	1969	内前缘缝翼	简单吹气襟翼	1.50
F - 15	1968	无。翼尖前缘下垂	简单襟翼	1.58
F - 16	1972	前缘缝翼	简单襟翼	1.40
F - 18	1978	前缘襟翼	简单襟翼	1.80
F - 104	1952	前缘襟翼	简单襟翼着陆时吹气	1.03
F - 22	1985	前缘襟翼	简单襟翼	1.83
MiG - 21	1953	无	单缝襟翼	1.16
MiG - 21MF	1993	无	吹气襟翼	1.20
MiG - 23	1961	简单襟翼	单缝襟翼	1.23
MiG - 25	1958	无	简单襟翼	1.35

飞机型号	研制年份	前缘增升装置	后缘增升装置	C_{Lmax}（估计）
Su - 27	1969	克鲁格襟翼	襟副翼	1.85
Su - 30	1986	前缘襟翼	襟副翼	2.0
Su - 35	1987	前缘襟翼	双缝式襟副翼	

表 8.17　一些飞行器与高升力翼型升阻比总结

赛车翼，$Re>10^6$	2.5~3.5	斜飞翼	16~17
高超声速乘波体[①]，$Ma=8~10$	3~4	亚声速喷气式运输机	16~18
超声速喷气式运输机（Concorde"协和号"）	8	B - 52 轰炸机	20
倾斜旋翼机	9~10	Eppler E 193 翼型，$Re=10^5$	50
新式超声速运输机	15	Liebeck L1003 翼型[②]，$Re=10^6$	220

①为估计值。

②Liebeck L 1003 是一种高升力翼型。

表 8.18　亚声速飞机最大升阻比

飞机种类	$(L/D)_{max}$	飞机种类	$(L/D)_{max}$
空客 A300 - 600	15.2	MD - 11	16.1
空客 A320 - 200	16.3	波音 737 - 800	16.5
空客 A340 - 300	19.1	波音 747 - 400	15.5
空客 A380	20.0	波音 757 - 200	15
Douglas DC - 10 - 40	13.8	波音 767 - 200	16.1
Lockheed L1011 - 100	14.5	波音 777 - 200	19.3
Virgin Atlantic Global Flyer	37.0	波音 787	20.5
Cessna 172	10.9	Rutan Voyager	27.0
Lockheed U - 2	25.6	Wright Flyer	8.3

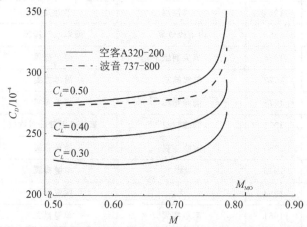

图 8.35　空客 A320 - 200 和波音 737 - 800 的高速阻力特性

8.5　典型飞机的主要气动参数

这里对战斗机、运输机、客机、长航时飞机的主要气动设计参数进行了汇总，附录 A 中还列出了更多飞机较为详细的参数供读者参考。这些参数的确定，都是在遵循前文设计原则的基础上通过反复设计迭代得到的。通过对这些设计参数进行解读，有助于读者更好地理解和掌握前文所介绍的设计要领。

8.5.1　战斗机

表 8.19 和表 8.20 给出了第三代和第四代战斗机的主要气动参数，其中"翼载荷"给出了两类数据：按最大起飞重量计算、按作战时重量计算（括号中）。从表中可以看出，气动布局以正常式为主，鸭式和无尾式也是可选形式，无上反/下反中单翼为主；翼载荷在 $400~\text{kg/m}^2$ 左右；机翼翼型相对厚度在 5% 左右；机翼展弦比为 2～3；机翼后掠角在 40° 左右；机翼梢根比在 0.2 左右；普遍采用边条翼。

表 8.19　单发战斗机主要气动参数

机　型	三代机			四代机
	F－16	台风	幻影 2000	F35A/B
气动布局	正常式	鸭式	无尾式	正常式
	中单翼	中单翼	下单翼	中单翼
	无上反	无上反	下反	无上反
翼载荷/(kg·m^{-2})	781(431)	459(312)	415(337)	745(525)
机翼翼型厚度	4%	—	—	—
机翼翼型弯度	—	—	—	—
机翼展弦比	3	2.34	2.03	2.68
机翼后掠角/(°)	40	53	58	33
机翼梢根比	0.227 5	—	—	—
机翼边条	有边条	无	小边条	小边条
后缘襟翼	—	—	—	—
前缘襟翼	—	—	—	—

表 8.20　双发战斗机主要气动参数

机　型	三代机			四代机	
	F－15	米格 29	苏 27	F－22	苏 57
气动布局	正常式	正常式	正常式	正常式	正常式
	上单翼	上单翼	中单翼	中单翼	上单翼
	下反	下反	无上反	下反	下反

机 型	三代机			四代机	
	F-15	米格 29	苏 27	F-22	苏 57
翼载荷/(kg·m⁻²)	550(358)	486(403)	484(445)	487(377)	470
机翼翼型厚度	6.6%(根); 3%(梢)	—	6%(根); 3%~4%(梢)	5.92%(根); 4.29%(梢)	—
机翼翼型弯度	—	—	—	—	—
机翼展弦比	3	3.5	3.48	2.36	2.47
机翼后掠角/(°)	45	42	42	42	48
机翼梢根比	0.2	0.227		0.169	
机翼边条	有边条	有边条	有边条	翼身融合 窄边条	可动边条
后缘襟翼	—	—	—	—	—
前缘襟翼	—	—	—	—	—

8.5.2　运输机

表 8.21 给出了大型运输机的主要气动参数,从表中可以看出,气动布局普遍采用正常式,带下反上单翼;翼载荷在 600 kg/m² 左右,C-5 和 C-17 翼载荷在 730 kg/m² 左右;机翼翼型相对厚度在 12% 左右;机翼展弦比在 8 左右;机翼后掠角在 25° 左右;机翼梢根比在 0.6 左右;后缘襟翼多采用多缝襟翼;多采用 T 形尾翼。

表 8.21　大型运输机主要气动参数

机 型	A400M	C17	伊尔 76	C5	安 124
气动布局	正常式	正常式	正常式	正常式	正常式
	上单翼	上单翼	上单翼	上单翼	上单翼
	下反	下反	下反(3°)	下反(5.5°)	下反
翼载荷/(kg·m⁻²)	587	745	633	726	645
机翼翼型厚度	—	—	13%(根); 10%(梢)	12.4%(根); 11%(梢)	—
机翼翼型弯度					
机翼展弦比	8.12	7.16	8.5	7.75	8.56
机翼后掠角	15°(1/4 弦线)	25°(1/4 弦线)	25°(1/4 弦线)	25°(1/4 弦线)	25°(1/4 弦线)
机翼梢根比	0.345		0.621		
机翼边条	无	无	无	无	无
后缘襟翼	双缝襟翼	双缝襟翼	三缝襟翼	富勒式襟翼	后退式 单缝襟翼

机　型	A400M	C17	伊尔 76	C5	安 124
前缘襟翼	—	—	缝翼	内段密封襟翼 外段开缝襟翼	缝翼
其他	T 形尾翼	T 形尾翼 翼梢小翼	T 形尾翼	T 形尾翼	正常式尾翼

8.5.3　客　机

表 8.22 给出了大型客机的主要气动参数,从表中可以看出,气动布局普遍采用正常式,带上反下单翼;翼载荷在 600 kg/m² 左右;机翼翼型相对厚度在 12% 左右;机翼展弦比在 9.5 左右;机翼后掠角在 25°或 35°左右;机翼外段梢根比在 0.3 左右;后缘襟翼多采用多缝襟翼。

表 8.22　大型客机主要气动参数

机　型	波音 787 - 8	A350 - 900	A380	波音 737	A320
气动布局	正常式	正常式	正常式	正常式	正常式
	下单翼	下单翼	下单翼	下单翼	下单翼
	上反	上反	上反	上反	上反
翼载荷/(kg·m⁻²)	676	557	660	626	631
翼型厚度	—	—	13%(根); 9%(梢)	12.89% (平均)	15%(根); 11%(梢)
翼型弯度	—	—	—	—	—
机翼展弦比	11.1	9.5	7.5	9.45	9.5
机翼后掠角	35°	35°(1/4 弦线)	33.5°	25°(1/4 弦线)	28°(前缘); 25°(1/4 弦线)
机翼根梢比	—	—	—	2.944	—
机翼边条	无	无	无	无	无
后缘襟翼	—	—	单缝襟翼	后退双开缝襟翼	单缝富勒襟翼
前缘襟翼	—	—	缝翼	克格鲁襟翼、 缝翼	缝翼
其他	融合式小翼	融合式小翼	涡扩散器	可加装小翼	涡扩散器

8.5.4　长航时无人机

表 8.23 给出了长航时无人机的主要气动参数,从表中可以看出,气动布局普遍采用正常式,无上反的上/下单翼;中空长航时翼载荷在 90 kg/m² 左右,高空长航时翼载荷在 230 kg/m² 左右;机翼翼型相对厚度在 12% 左右。平直机翼,展弦比在 20 左右,梢根比在 0.6 左右;尾翼常采用尾撑式和 V 形尾翼。

表 8.23　长航时无人机主要气动参数

机　型	中　空		高　空	
	苍鹭	捕食者 A	捕食者 B	全球鹰
气动布局	正常式	正常式	正常式	正常式
	上单翼	下单翼	上单翼	下单翼
	无上反	无上反	无上反	无上反
翼载荷/$(\mathrm{kg \cdot m^{-2}})$	—	91	—	232
机翼翼型厚度	—	—	—	—
机翼翼型弯度	—	—	—	—
机翼展弦比	—	19.6	—	25.09
机翼后掠角	平直翼	平直翼	平直翼	平直翼
机翼根梢比	—	—	—	—
机翼边条	无	无	无	无
后缘襟翼	全展开缝襟翼	—	—	—
前缘襟翼	无	无	无	无
其他	尾撑式	倒 V 尾＋腹鳍	融合式小翼、V 尾、腹鳍	V 尾

8.6　其他飞行器设计概要

前面各节主要以飞机为例对气动设计的主要内容进行了介绍,这里对导弹、高超声速飞行器、直升机的气动设计进行简要概括。

8.6.1　导　弹

对于导弹研制而言,空气动力学设计仍然是先行官,它的发展水平直接影响导弹研制工作和技术水平。

1. 气动设计的主要任务

在导弹设计过程中,空气动力学的作用主要是:①确定导弹气动外形。②为各分系统提供气动数据,这些数据包括:为结构设计提供气动力、气动载荷、热载荷等,为弹道计算提供气动力和力矩,为控制系统和自动驾驶仪器提供舵面及其他控制方式气动力和力矩(包括铰链力矩)。

在概念设计阶段,空气动力研究工作主要有:①气动布局研究工作。②建立和提出导弹气动特性的新计算方法、新试验技术。③为上述两个任务服务的空气动力学应用基础研究,如大攻角定常和非定常流动机理研究,分离流动、旋涡运动等。

在初步设计阶段,可以利用较近似的气动数据作为参考。因此除风洞实验结果外,需要大量应用理论计算数据。这时的数据大多只考虑无耦合情况,即将俯仰、偏航、滚转视为独立通道进行分析。

在定型设计阶段,则要求较为精确的气动力和力矩数据,包括 6 个自由度的气动力和力矩。这些数据目前是以风洞实验数据为主,配合一些理论计算和已积累的各种经验结果。随着计算空气动力学的发展,将来会有较多的数据来自理论计算。当然,导弹空气动力学的发展,离不开理论计算、风洞实验和飞行试验三个手段的综合和相互促进。

2. 导弹流场特性

图 8.36 所示为翼-体-尾组合导弹布局外形的典型流场结构。这种流场结构是由各部件的涡流叠加而成的,头涡和头部升力面尾涡与后体涡相互作用后流经尾翼,涡流过的翼、体上产生可观的诱导载荷和各种干扰载荷。

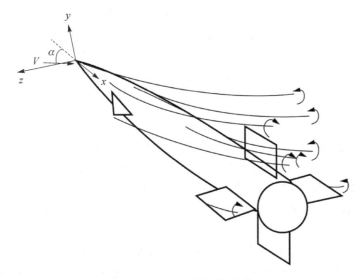

图 8.36　有翼导弹典型的涡流场

由于流场结构的复杂性和不定常的随机性,流场结构的定量描述完全取决于各种导弹部件之间及其涡流之间的干扰程度。例如,中、小攻角飞行的导弹,各类涡结构具有一定的稳定性,通常定义集中涡的线涡或以强涡核为中心涡的弱涡分布的片涡为定常涡。一般通过试验确定头涡的强度、位置,通过反流理论和涡冲量定理确定升力面尾涡在翼后缘的展向位置和涡强度,然后用细长体理论描述各类涡的涡迹发展。在大攻角情况下,这种所谓的定常的涡结构逐渐消失,弹体出现不对称甚至不定常的涡迹,亚声速翼出现涡破裂而使其涡结构趋于消失。大攻角涡流的机理性研究在不断探索,定量地描述涡结构目前尚有困难。

Grosch 测量了圆截面弹体的有翼导弹的涡迹和涡强度,试验表明:在亚声速条件下,一旦出现头涡,其位置和强度不受翼前缘位置的影响,流经翼后的涡强度受到翼干扰而降低;在超声速条件下,当横流马赫数 $Ma>1.0$ 时,体涡逐渐消失,背风面流场结构受到升力面尾涡的控制。随着来流速度的不断增大,无黏流激波干扰变得重要起来。大量的实验表明,激波干扰的实际效果取决于来流马赫数、攻角和导弹各部件的外形及其全弹的布局。例如,导弹在攻角 20°左右的中等攻角飞行时,体斜激波受到迎风舵及其激波的干扰后,大大增加了表面压力梯度;同时,来自水平舵及其激波干扰,使舵下游对称平面的压力快速升高。导弹在大攻角($\alpha\approx$ 50°)附近飞行时,正激波在舵前缘形成高压区和两舵之间的亚声速流。

任意滚转姿态下的有翼导弹流场变得更加复杂。各种涡系互为缠绕并干扰各部件,诱发出各种交叉干扰,使得不同方位舵上的法向力产生复杂的变化。

3. 导弹的主要气动力问题

针对导弹的流动特性,在静态气动分析和工程设计中,人们建立多种气动数学模型,无黏的位流模型与横流黏性的非线性模型相结合的组合模型是长期广泛使用的数学模型。欧拉解、全位流方程解、简化位流方程的时间稳定法,特别是一阶线性位流解——小扰动理论及其近似的细长体理论和各种相似性定律,给各种复杂问题的解决带来很多方便。但是,线性位流解只能给出黏性、非线性效应不明显的小攻角导弹的气动力计算方法。横流比拟法、涡冲量定理以及前缘吸力比拟法等可以给出单独弹体和单独弹翼大攻角飞行的非线性气动力。位流方程解加边界层法、欧拉法加涡模型以及欧拉解加简化 N-S 方程等的混合模型目前在飞行器的不同设计阶段均得到了广泛应用。与 N-S 方程解类似,这些方法在处理各种导弹布局的复杂流场上存在相当难度,而且对计算机容量和计算时间都提出了较高的要求。以大量气动试验数据库为基础的幂次律多项式插值方法也是一个混合型气动方法,在工程设计上有着广阔的应用前景。

4. 弹体流场特性

大多数导弹飞行时间都很短,其外形,通常采用低成本而且极简单的圆截面锥体和圆柱体的组合体,为满足战斗部、红外导引外壳、发射设备和气动设计的要求,将弹体设计成(小)钝头的多段大长细比的火箭式弹体,或者多段小长细比的炮弹式的弹体。近来,为实施倾斜转弯机动控制的需要,将弹体设计成椭圆(或非圆)截面倾斜弹体。

在亚声速流中,攻角大于 5°后,弹体背风面的流体卷成一对涡流(见图 8.36)。随着攻角增大,这些对称涡产生多涡特征的不对称流场。这两种流场名义上还是定常流,而中等攻角的定常不对称涡流场产生定常侧向力。当攻角接近 90°时,涡流场变成非定常,流动类似于圆柱横流。

5. 气动力计算方法

前面讨论的面元法已经成为当前飞行器设计中一个广泛使用的方法,但它的应用范围是有一定限制的。这来源于它的基本假设:无黏和小扰动假设。特别地,它不能估算下列流动特性:①强激波特性。这就是说,它不能估算垂直于激波方向的流动分量从超声速改变为亚声速的流动。例如,它不能用于带有脱体弓形激波的流动。②跨声速流。此处是指流动中同时存在超声速区和亚声速区。③显著受黏性现象影响的流动。例如,厚的边界层和分离流动区域。

为了进一步扩展线化位流的应用范围,同时又保持它使用简便、经济的优点,需要使用线性位流的非线性修正方法。

飞行器气动性能的非线性主要来自:涡分离、与激波有关的非线性压缩以及进气道干扰。众所周知,来流攻角如足够大,弹身、弹翼将形成流动分离涡,翼的尾流和体涡可能影响各部件的气动载荷分布,特别是尾翼上的载荷分布。因此,采用面元法计算全弹气动特性时,应包括涡的生成和跟踪的模型。这个模型必须足够准确,才能适用于详细的导弹载荷计算,同时也必须足够简单,便于使用,易于理解。

在高超声速下,非线性压缩将影响作用于导弹前体和升力面的压强。如果导弹的一部分表面接近弓形激波或翼前缘激波,那么,这种非线性压缩在低超声速时也有明显的效应。

吸气式导弹可能带有较大的进气道,这将导致弹体和进气道之间显著的干扰。进气道非设计状态一般将导致明显的非线性的全弹气动特性。

8.6.2 高超声速飞行器

高超声速飞行器按照起飞、降落形式可以分为：弹道式再入飞行器、垂直起降天地往返运输系统、垂直起飞水平降落天地往返运输系统、水平起降天地往返运输系统，对于气动设计都有较大的挑战性。

1. 气动设计的特点

高超声速飞行器的研究是飞行器设计领域的前沿，相对于速度较低的飞行器，高超声速飞行器设计的借鉴较少，很多问题都需要采用新概念，需要探索其利弊。由此带来的许多问题需要大量的先期技术验证和演示验证飞行。20 世纪 60 年代，美国著名的 X-15 高超声速演示验证飞行器涉及了高超声速研究的所有领域，21 世纪美国的 X-43 和 X-51 采用了高超声速冲压发动机技术，HTV-2 采用了乘波构型概念。

在高超声速飞行器的气动设计中，必须和飞行器的具体任务紧密联系。也就是说，对于载人/无人情况，对于入轨、突防、机动等情况，高超声速飞行器具有不同的任务使命，可以采用不同的气动构形及相关设计。另外，由于高超声速飞行器的飞行过程常跨越大气层，其任务分析和设计与轨道分析计算密切相关。

高超声速飞行器在飞行过程中遇到许多问题，不仅有气动力的问题，同时还有气动热的问题，气动设计问题复杂严峻。因此，高超声速飞行器的构型不仅要满足气动力特性（升阻比、阻力、稳定性等）的要求，而且还要满足气动热特性（如最大热流、总加热量等）的要求。另外，还要满足气动物理因素，如等离子体、电磁屏蔽等的要求。

高超声速飞行器与低速、亚声速和超声速飞行器不同，由于相互耦合性强，飞行器的各个部件与系统不能独立设计。例如，对于 $Ma \geqslant 6$ 带有动力的高速飞行器，亚声速飞机常采用的翼吊式发动机已不能使用，必须将发动机与机身合并，包括进气道、尾喷管都要和飞行器整体进行融合，外形保证高度流线化，进行"一体化设计"。此外，热防护系统、结构系统、燃料供应与冷却系统、控制系统等也影响着气动设计，需要考虑气动与这些系统之间的耦合作用。

2. 对气动性能的要求

对于高超声速飞行器的飞行，跟气动设计相关的最重要阶段有两个：上升段和再入段。在上升段，高超声速飞行器的飞行特性主要取决于它采用何种动力装置和飞行器的任务使命。如果采用火箭发动机为动力，则一般都是完成加速入轨的任务。此时，飞行器阻力会使速度有所损失，但损失并不大。如果采用吸气式组合发动机，则要分别考虑两种情况。一种情况是完成加速入轨任务，此时阻力的影响也不大；另外一种情况是完成带有较长巡航段的任务，这时就要求尽可能地减小阻力和提高预测阻力的精确度。在再入段，不论高超声速飞行器在上升段采用何种动力装置，其再入段的飞行特性都是类似的，主要取决于升阻比和阻力系数。高超声速飞行器的气动性能，特别是它的升阻比和阻力系数对其飞行特性有着重要影响。

高超声速飞行器的气动性能，特别是升阻比和阻力系数对其飞行特性有着重要的影响。

再入时最大过载对飞行器的人员、结构、设备都具有重要影响。特别是降低飞行器再入时的最大过载，可以增加人员的舒适程度。图 8.37 所示为文献给出的典型高超声速再入飞行器再入时最大过载随高超声速升阻比的变化，可以看到随着升阻比增大而降低。显然，弹道式再入飞行器的最大过载最大,如苏联东方号飞船,过载可达 $8g \sim 9g$;弹道升力式次之,如当前的各种载人飞船,再入最大过载约为 $4g$,只有弹道式的一半;升力式(美国航天飞机)最小,再入最大过载不超过 $1.5g$。

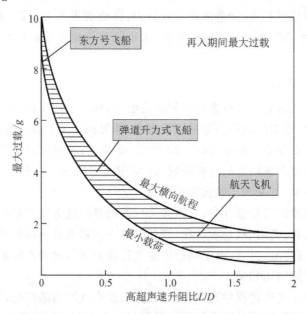

图 8.37　再入时最大过载随高超声速升阻比的变化

飞行器再入横向机动能力是非常重要的性质。图 8.38 所示为文献给出的典型高超声速再入飞行器再入时的横向航程变化,显示出横向航程随高超声速飞行器升阻比的增大而提高。对于早期无升力的弹道式飞行器而言没有横向机动能力,一般的弹道升力式飞船的横向机动距离可达 200 km 以上,而升力式的航天飞机则高达 1 500 km,能够降落到预定的着地点。飞行器横向机动越强,在轨等待时间就越短,越有利于天地往返运输系统在轨道飞行段的救生任务,同时也有利于上升段的应急返回。有文献给出,某飞行器从 463 km 圆轨道达到肯尼迪航天中心,飞行器横向航程能力为 185 km 时,飞行器所需的等待时间约为 130 h;横向航程能力为 556 km 时,等待时间约为 48 h;横向航程能力为 927 km 时,等待时间小于 24 h。

再入飞行器面临严重的气动加热问题,热防护系统作为重要的设计环节,一般来说,增加升阻比,再入飞行器的减速下降,会使热流密度和峰值均减小,但同时延长了加热时间,总体上来看对总加热量的影响不大。图 8.39 所示为文献给出的某再入飞行器驻点热流随升阻比和再入角的变化,也反映出了这样的特点。

在气动设计方面,弹道式再入飞行器难度最小,飞船次之,航天飞机再次之,空天飞机难度最大。从飞行阶段考虑,再入段比上升段的气动问题更加突出。

(1) 弹道式再入飞行器的气动设计

弹道式再入飞行器是最早开始研究并且实现的高超声速飞行器。经过半个世纪的发展,弹道式再入飞行器的基本构型多为球头加简单的后锥身。

对弹道式再入飞行,一般采用钝的端头,以减少端头和后身部的气动加热。对机动再入飞行,适宜采用较尖的端头以提高升阻比,增加机动能力,提高落点精度。在弹道式再入飞行器的气动设计中,考虑的主要因素是:防热、静稳定性、弹头形状变化、重量和尺寸限制。

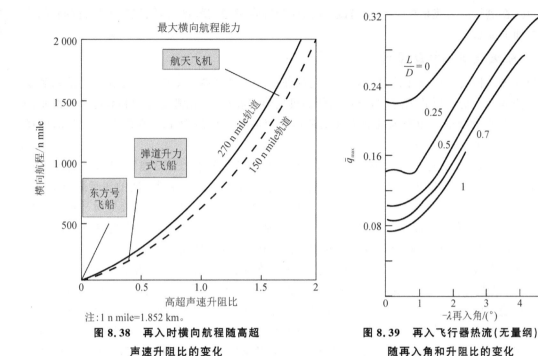

图 8.38　再入时横向航程随高超
声速升阻比的变化

图 8.39　再入飞行器热流(无量纲)
随再入角和升阻比的变化

（2）航天飞机的气动设计

与弹道式或弹道升力式再入飞行器相比，航天飞机的外形和周围流场复杂得多。涉及大攻角气动力问题、真实气体效应问题、反作用控制系统的干扰效应、高马赫数/低雷诺数的气动力问题等诸多空气动力前沿复杂问题，对航天飞机的气动力特性、气动热特性的认识理解提出了挑战。在气动设计上与前面讨论过的飞机气动设计差异大，例如气动热由于其重要性被作为主要设计内容之一。

航天飞机与空气直接接触的主要气动部件包括机身、机翼、尾翼及各类活动操纵控制面等。为了满足大气层内飞行所需的热防护的要求，并且满足不带动力再入飞行和着陆的气动性能、稳定性和操纵性要求，需要进行复杂设计和反复迭代。

航天飞机气动布局的特点如下：

① 航天飞机是典型的升力式再入飞行器，需要机动滑翔几百千米甚至几千千米用以减速，直到抵达指定的机场，并能像飞机一样水平着陆，其高超声速升阻比大于 1。长时间滑翔必须要有较大的升力面。

② 由于飞行过程跨越整个大气层空域，且速度从极高的近马赫数 30 变化到低速，航天飞机必须具备复杂的气动外形以兼顾高速/低速、高空/低空、滑翔/着陆等任务。

③ 气动加热方式与弹道升力式再入的飞船返回舱相比，飞行时间更长、表面热流率更低，但总加热量仍然很大；为实现可重复使用功能，不能采用烧蚀防热形式，而需采用辐射防热形式。

④ 航天飞机具有升降副翼、襟翼、方向舵和减速板等各种气动面，但是在高空低密度区，气动舵面的效果微弱，需要另外利用反作用控制系统进行控制。

⑤ 由于航天飞机滑翔时间长，横航向的操纵稳定性需要详细设计。

总之在进行航天飞机的气动布局设计时,应当综合考虑空气动力学、飞行力学、控制、结构等各方面的要求。

3. 航天飞机的气动设计

航天飞机机翼气动设计的目标是在给定的任务和载荷条件下,对气动力、防热、结构和质量进行协调。在机身形状固定时,选择最佳的机翼形状和尺寸,在满足着陆和高超声速配平的要求下使得质量最小。如美国的航天飞机最后选定前缘后掠角为 45°,展弦比为 2.265,尖梢比为 0.2,厚度比为 0.04~0.10。

分析表明,减小后掠角可以用较小的机翼面积来达到所要求的着陆速度,但根据减小气动加热的要求,后掠角不能小于 45°。而后掠角选定为 45°,也能保证得到合适的高超速升阻比。

机身的形状和尺寸主要考虑适应载荷、座舱和轨道机动系统的要求。机身所采用的横截面形状、头部弯度和向上倾斜的前体侧面形状,主要用于改进高超声速配平特性和方向稳定性。这些措施和机身机翼融合等措施共同用于减轻机身侧面的气动加热。

垂直尾翼气动设计中需要考虑的最重要因素是横侧方向的稳定性。在美国航天飞机的气动设计中,曾比较过无尾、单垂尾和双垂尾等方案,风洞试验表明:在高超声速时,只有后两种方案才是稳定的,而在亚、跨、超声速,单垂尾比双垂尾更稳定。综合各方面的因素,美国航天飞机的轨道器采用了单垂尾的方案。但单垂尾方案也有严重的缺点,即在大部分飞行时间内,垂尾由于位于分离区而失效,使得控制偏航的反作用控制系统要在来流 $Ma=1$ 时才能停止工作。

航天飞机的气动设计的主要流程如下:

① 确定最基本的参数。其中包括弹道系数、总加热量、最大热流、最大过载、航程。

② 确定初始外形。对于基本外形要满足低速、跨超声速小攻角和高超声速大攻角气动力、气动热的要求。

③ 优化折中选型。优化选取机翼、副翼、方向舵、体襟翼的几何参数,确定优化模型和各种约束条件。

④ 确定配平状态条件下的航天飞机的静/动稳定性。

⑤ 确定热防护系统。充分考虑热防护系统设计的要求,综合分析气动力气动热的相互要求。

⑥ 确定飞行走廊。由于热起主导作用,需要限定航天飞机的最大热流、总加热量及最大温度,在热走廊范围内进行飞行。

⑦ 控制效率与质心位置的确定。根据配平攻角和侧滑角大小及稳定性要求,初步确定质心的位置,然后进一步考查是否满足控制效率的要求。

⑧ 综合分析评估再入飞行、进场/着陆的气动性能,进一步协调各种部件的优化配置。

⑨ 建立数据库。航天飞机气动布局设计首先需要气动数据库,要具有一定精度的气动模型公式,该模型需考虑多变量、非线性以便满足工程设计要求。

⑩ 确定气动数据不确定度及可靠性。科学地分配气动数据的不确定度及偏差,满足可靠性和经济性的要求。

8.6.3 直升机

直升机由于依靠旋翼实现水平飞行、悬停、起降,因此其气动设计相对于固定翼飞行器具有其特殊性。直升机旋翼气动技术的发展支持了直升机平台性能的不断提升,已成为研发先进直升机的重要标志。旋翼气动技术是直升机的特色,旋翼既是升力面,同时又是操纵面,这种特殊的飞行方式,使旋翼流场中存在复杂畸变的尾迹,尾涡对流场、性能都具有重大的影响。在一些飞行状态下,还会出现强烈的桨-涡干扰现象;大速度前飞时,旋翼前行桨叶上存在非线性、跨声速、可压缩的流动,并伴随激波的产生;大迎角或大机动飞行时,旋翼后行桨叶上存在气流分离或动态失速;桨尖区域是一个敏感的区域,它既是桨叶的高动压区,又是桨尖涡的形成和逸出之处,桨尖形状小的改变就能导致桨尖涡的涡强和轨迹有大的变化,从而影响旋翼的流场、气动载荷、声和动力稳定性。

1. 气动布局设计

旋翼空气动力学是一门专门的学科。由于与本书内容相差较大,这里不做讨论。关于直升机气动设计,只探讨与气动布局、减小废阻相关的气动设计问题。

直升机的气动布局是指直升机气动外形、各部件的外形、参数及相互位置的确定。其目的是使直升机具有所要求的空气动力性能——飞行性能及操纵性、稳定性。因此,以前所讨论的形式选择及设计参数选择也应包括于其中。

气动布局和总体布置都是直升机总体布局的工作内容,这两方面工作是不可分的。气动布局要通过总体布局才能体现,也就是说,进行气动布局时必须考虑到总体布局的可能性,进行总体布局时又必须满足气动布局的要求。在进行总体设计时,这两方面的工作往往是同时进行、相互协调的。

在分析气动布局时,除了主要从空气动力的要求考虑以外,还必须考虑最小重量、使用、工艺等方面的要求及结构布置的可能性。

直升机是否具有良好的飞行动力学特性在很大程度上取决于气动布局。在气动布局中必须保证直升机在前飞时,具有一定的迎角静稳定性、速度静稳定性、航向静稳定性、上反效应及角速度阻尼等。直升机的旋翼及机身往往是迎角静不稳定的,因此,必须采取其他措施,来抵消这些部分的迎角静不稳定性,如安装水平尾面。假如通过气动布局能使直升机在平衡状态时旋翼合力位于重心之后,也可以改善迎角静不稳定性。除此以外,气动布局还必须保证飞行状态改变时,如由悬停转入前飞、前飞转入自转等,作用在直升机上的力矩不至于产生突然的变化。通过气动布局及重心定位,还应保证在各种飞行状态及极限重心位置直升机的平衡,并留有一定的操纵余量。在直升机气动布局设计时,各部件相互气动干扰是要考虑的重要内容之一。在直升机研制史上,曾多次因为气动布局失误而导致研制工作的反复。

气动干扰问题也是直升机设计中需要考虑的重要问题,主要是旋翼与机身(包括机身、动力舱、短翼等)的气动干扰,旋翼下洗流对平尾和垂尾及尾桨的干扰,尾桨与垂尾的干扰。

小速度时,旋翼下洗流对动力舱和短翼及机身产生"垂直增重"效应,即由于下洗流作用在机身等部件上时产生相应的阻力,从而减少了旋翼的拉力。一般在性能计算中,采用"垂直增重"系数对旋翼产生拉力做出修正。因此,在机身气动外形设计时,要充分考虑这一因素。下洗流作用在动力舱时,还会产生一种"迫振效应",导致机身强烈的振动,这在国外和国内都发生过。

旋翼下洗流对平尾的效率产生较大的影响,同时下洗流也是产生机身后段(包括平尾、垂尾)振动的重要原因之一,AH64、SA365、EC-120直升机就曾因为这些原因,导致平尾和机身后段的重新设计。

垂尾对尾桨将产生"阻滞效应",即处于垂尾一侧的尾桨,由于垂尾对尾桨进气产生一种阻滞作用,从而降低尾桨的效率。因此,在气动布局时要恰当地安排两者的相互位置,避免或减少这种影响。

一般来说,对上述部件间相互干扰还很难采用计算分析方法确定。因此,在考虑全机气动布局时,要对已有机型加以分析、总结,以减小这种布局的失误。

直升机气动外形的优劣对其性能影响很大。部位安排时,应使全机外形尽量符合气动布局的原则,减小气动阻力并具有良好的操纵性和稳定性。如外形过渡要光滑,减少迎风面积和突出部分,以减小直升机的迎面阻力。对速度要求高的直升机,应对旋翼桨毂和起落架加以考虑,如采取整流措施,甚至要采用可收放的起落架。

2. 减小直升机的废阻

随着直升机越来越广泛的应用和对其速度要求的日益提高,降低直升机全机废阻显得越来越重要。

众所周知,就单旋翼式直升机而言,其功率损失主要包括型阻功率损失、诱导功率损失和废阻功率损失。假如在前飞需用功率等于悬停需用功率的情况下,以最大速度飞行时,型阻功率损失占需用功率的35%~45%,诱导功率损失占15%,而废阻功率损失占45%~55%。假如前飞需用功率大于悬停需用功率时,则诱导功率损失会进一步减小,而废阻功率损失会进一步增大。

废阻功率主要与机体、起落架、旋翼桨毂和尾桨毂、短翼外挂物等有关。如在接近最大速度飞行时,废阻功率如能减少25%,则需用功率将减少约10%,最大速度可增加15~20 km/h以上。

典型直升机的任务曲线和废阻组成如表8.24所列,由表可以看出,直升机废阻主要是由机身、起落架和桨毂三大部分产生的。

表8.24 典型直升机的任务曲线和废阻组成

机 种		UTTAS 型	AAH 型
任务		1. 8 min——地面使用; 2. 20 min——最大连续功率; 3. 80 min——270~328 km/h 巡航; 4. 30 min——270~320 km/h 巡航返回	1. 8 min——地面使用; 2. 38 min——150~180 km/h; 3. 6 min——280 km/h 最大速度; 4. 32 min——无地效悬停; 5. 30 min——巡航速度返回
废阻组成	机身	26%	17%
	尾面	4%	6%
	外挂支柱	—	4%
	起落架	25%	22%
	发动机罩	8%	6%
	炮塔	—	8%
	桨毂	30%	30%
	漏泄、动量损失	5%	5%
	天线、其他(未计外挂物)	2%	2%

减少直升机的废阻,需要从各个部件着手,采用不同的减阻措施。

（1）机身本体

机身本体包括机头、货舱、后机身和尾梁等。

1）机头形状

机头形状一般按视界考虑，与废阻有关的主要尺寸是座舱转角半径。

2）货舱形状

直升机货舱常常是等截面的，以适应装载货物的要求。由试验可知，随着迎角变化圆截面机身的阻力增加最小，典型的直升机机身截面接近圆截面。而矩形截面则最差，应避免使用。

3）后机身形状

后机身阻力在机身本体阻力中占很重要的地位。主要影响因素是后机身的收缩比，后机身收缩平缓，则可以避免气流分离，减小压差阻力。

但是，许多直升机的后机身形状是根据使用要求来设计的，而不只是按气动要求。如由于后舱门的要求，常使后机身有向上的弯度，并有横向收缩。这样在巡航迎角下不仅增大阻力，而且还增加一个向下的升力。

此外，还采取一些局部措施来减少后机身上弯的影响，如后机身安装侧板，后机身上表面外形凸起设计，后机身下表面安装扰流板等。

（2）旋翼桨毂

旋翼桨毂的阻力占直升机总废阻的 $20\%\sim30\%$，随着飞行速度的提高，机身阻力经减阻可以减少一半，这时桨毂阻力就占总废阻的 40% 以上。因此，采取措施减少桨毂的阻力就显得非常重要。影响桨毂阻力的主要因素有：桨毂前视面积、桨毂整流罩、桨毂塔柱间距等。

（3）起落架

轮式起落架的阻力与其形式有关（即三轮式、四轮式，以及每支柱上的机轮数等），其中约 50% 的阻力是机轮的阻力。所以，在满足地面承压条件下，机轮的迎风面积应尽量小，而且双轮的间距至少应为一个轮胎的宽度，以减少双轮之间的干扰效应。滑橇式起落架的阻力要比轮式的小。最有效的减小起落架阻力的措施是将起落架收入机体，但要考虑减阻效果引起空机重量增加的代价。

思考题

1. 试概括分析气动布局设计的主要内容。
2. 试概括翼面气动设计的要点。
3. 试概括保证安定性和操纵性的气动布局设计措施。
4. 试概括机身气动设计的要点。
5. 试结合某类飞行器分析提升气动性能的措施。

第9章 飞行器气动设计影响因素

本章对影响飞行器气动设计的主要要素进行介绍,包括飞行特性、隐身特性、控制特性、结构设计等,并分析了这些要素与气动设计的相互关系;归纳了支撑结构设计的飞行载荷分析相关内容;概括了先进气动布局设计的特点和发展趋势。

9.1 影响气动设计的主要因素

飞机的气动设计受到多方面因素的影响,包括飞行特性、隐身特性、控制特性、结构特性等。

飞行特性包括飞行性能和操稳特性。起降特性的需求,往往需要飞行器有较大的升力系数,这通常需要采用增升装置设计实现。长续航时间的需求,需要机翼采用较大的升阻比。高亚声速巡航需要机翼采用超临界翼型设计。超声速飞行需要机翼采用大后掠角和薄翼型设计等。高机动特性需要气动舵面设计成全动形式等。

隐身特性要求的提出,对气动设计提出了新的要求。比如,体现在F-117飞机上,采用了多种提升隐身特性的气动设计;体现在B-2飞机上采用了飞翼布局设计;体现在F-22飞机上采用了翼面前后缘相互平行的气动设计,等等。

控制特性对气动设计的影响,体现在提升了飞行的稳定性、操纵性等。诞生了增稳操纵系统、电传操纵系统,充分发挥了飞机的气动潜能,提升了飞机适应不同速域飞行的能力。

结构特性对气动设计的影响主要体现在气动弹性和热防护,以及由此引起的气动/热/结构三场相互耦合问题。气动载荷、气动热载荷是结构设计的初始条件,结构变形反过来也影响气动载荷和气动热载荷。

9.2 飞行特性的影响

设计飞机之前首先要明确飞机的用途和任务,这将直接决定后续设计过程中所参考的对象、参数的核算方法与迭代的过程,尤其是气动设计。因此,需要明确所设计的飞机是民用机还是军用机? 主要用途是什么? 其他用途又是什么? 例如,对于一个大型的军用运输机,它的主要用途当然是运输人员和运送物资,但是也可能会有其他用途,比如说改装成其他的特种飞机(如预警机、加油机等)。这种可能的用途,要在设计要求中体现出来。

在确定了飞机的用途和任务之后,还要确定飞机的飞行剖面,设计时要考虑飞行的不同阶段对于空气动力的要求,并进行综合和折中。典型的飞行剖面定义是:为完成某一特定飞行任务而绘制的飞机航迹图形,是飞机战术技术要求的组成部分和重要的设计依据,也是形象地表达飞行任务的一种形式。按航迹所在平面分为垂直飞行剖面和水平飞行剖面。经常使用的是垂直飞行剖面,飞行剖面以起飞基地为原点,由起飞、爬升、巡航、机动飞行、攻击、下降和着陆等若干飞行阶段组成,如图9.1所示。

在每个飞行阶段,详细的图示中一般都标明飞行速度、高度、耗油量(或余量)、飞行时间、

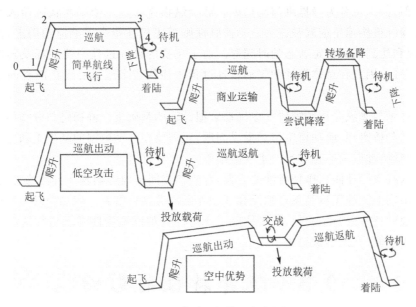

图 9.1　典型飞机的飞行剖面

离开原机场的距离和飞行方式等。此外,根据任务形式、机型的不同,飞行剖面的具体表现形式也会有一定的差别。例如,对于民用飞机而言,飞行剖面相对比较简单,主要包括"起飞—爬升—巡航—待机—下降—着陆";而对于军用飞机,其飞行剖面相对比较复杂,典型的包括"起飞—爬升—巡航—待机—下降—投弹—爬升—巡航—待机—下降—着陆"。当然,对于飞行剖面本身的描述方式可以有很多种,表现形式只是一方面,重要的是,对于每一段究竟需要怎样的性能数据,这将会对后面的气动设计带来更加深远的影响。

正如在飞行剖面介绍时所提到的,飞行性能是在设计要求里必须给出来的内容。一般的飞行性能主要包括:飞行速度、飞行高度、航行能力、起飞着陆性能、机动性等。其中,飞行速度包含:最大飞行速度、巡航速度和失速速度等;飞行高度包含:巡航高度、升限(理论升限、实用升限)等;航行能力包含:航程、作战半径以及最大续航时间等;起飞着陆性能包含:起飞速度、起飞滑跑距离、着陆速度、着陆滑跑距离等;机动性包含:爬升性能、加速性能、减速性能、盘旋性能等。这些都必须有详细的气动数据作为支撑。对于战斗机,重点考虑最大飞行速度、升限、机动性方面的要求;对于轰炸机和运输机,则更注重一定装载下的航程(包含空中加油后的航程)和起降性能要求;对于多发动机的飞机,还需考虑在有发动机出现故障后,用剩余发动机工作的时间,以及对飞机性能规定的一些具体指标。

飞行的操稳特性的要求也同样对气动设计产生直接的影响。所谓飞机的稳定性,简单来说就是当飞机处于某一定常飞行状态时,受到一定扰动(扰动可能来自突风、驾驶员操纵等),当扰动消失后飞机能否回到扰动前原始状态(俯仰角、偏航角、滚转角、速度等)的能力。根据受到扰动后的运动过程,飞机的稳定性又可以划分为静稳定性与动稳定性。静稳定是指飞机受到扰动并待至扰动消失的瞬间,若飞机具有恢复扰动前状态的趋势,则称飞机具有静稳定性。动稳定是指飞机可以最终恢复到初始状态,并且其过程具备可接受的特性。也就是说,静稳定表示的仅仅是飞机是否具有恢复扰动前运动状态的趋势,而飞机能否最终回到扰动前状态,则由其动稳定性决定。所谓飞机的操纵性是指飞机由一种状态转化至另一种状态的能力。

与稳定性类似,操纵也分为静操纵与动操纵。静操纵指飞机从一个平衡状态转入另一个平衡状态所需的操纵机构偏角或驾驶杆力。动操纵性则指飞机在指令下响应的动态特性,如超调量、震荡情况和达到新的稳定状态的时间等。由于飞机的设计过程中驾驶杆及其传动系统是可以独立调整的,因此在总体设计和气动设计过程中往往较多地关心飞机随舵面偏角的动态与静态特性。

飞机的稳定与操纵分析均需建立在气动数据计算的基础上。静稳定与静操纵问题可以直接由气动数据分析得到;而动稳定与动操纵问题,还需要在气动数据的基础上联立飞机的重量特性、转动惯量特性以及空速和大气密度数据等。

上述的这些飞行性能和操稳特性的要素,都直接或间接地影响着飞行器的气动设计,这可以通过分析不同类型的飞机其飞行性能和气动外形的关联性得到。附录中对一些典型类型的飞机的气动设计特点进行了介绍,其中体现了飞行性能和操稳特性要求与气动设计之间的潜在关系。限于篇幅,在此不做赘述。

9.3　隐身特性的影响

隐身技术是二次大战后出现的重要军事技术之一。它的出现促使战场军事装备向隐身方向发展,所谓隐身能力,又称为低可探测性。对于飞机它表示飞机具有低的能被雷达、红外、可见光和声等探测到的能力。飞机隐身的目的是保存自己消灭敌机,为此要极力降低飞机的雷达、红外、可见光和声等信号特征。在超视距作战中,雷达是探测飞机的最可靠方法,减弱飞机的雷达反射信号强度,成为飞机设计中提高隐身能力的最关键和最重要的因素。

1. 隐身技术的基本概念

雷达散射截面(简称 RCS):它是目标的一种折算面积,用来度量目标在雷达波照射下所产生的回波强度大小,用 σ 表示,常以平方米(m^2)或分贝平方米(dBsm①)为单位,"0 分贝平方米"等于 10 的 0 次方,即为 1 m^2;"20 分贝平方米"等于 10 的 2 次方,为 100 m^2。RCS 是方位角、散射体的形状、雷达波的频率、发射和接收天线极化特性的函数。

一架飞机的 RCS 值不是一个单值,对于不同照射方向,其值不同,如图 9.2 所示,一般都以正前方±30°范围内的均值来描述一架飞机 RCS 的大小,即表示飞机被前向雷达探测发现的程度,RCS 值越大,表示反射的信号越强,越易被发现。

根据雷达方程,雷达探测距离与目标(飞机)的 RCS 的 4 次方根成正比,以 R 表示雷达探测的距离,则

$$R \sim \sqrt[4]{\sigma} \tag{9.1}$$

假设飞机 RCS 为 0 dB(相当 1 m^2),其探测距离为 100 km。如 RCS 减少 10 dB(达到 0.1 m^2),其探测距离减少 44%,即为 56 km;减少 20 dB(达到 0.01 m^2),其探测距离减少 68%,即为 32 km。图 9.3 所示为不同 RCS 值的飞机与雷达探测距离关系的示意图。

因此,具有高隐身能力的飞机在突防中,由于其 RCS 值小,不易被敌方发现,可成功地穿过由先进雷达和高炮、地对空导弹组成的防空系统,提高了飞机的生存力。在进攻中,与敌相

---

①　σ dBsm$=10\lg \sigma$ m^2。

迎,可实现先敌发现、先敌发射,首先消灭敌机。因此,把飞机的隐身能力作为新一代军用机必须具备的重要指标之一是非常正确的。

一般对于第三代战斗机,要求其正前方±30°范围的 RCS 值应在 $1\sim2$ m^2,对于第四代战斗机则已达到 $0.1\sim0.3$ m^2。

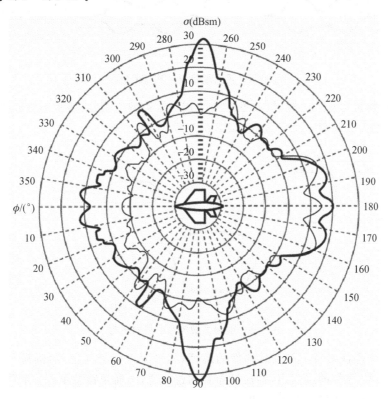

图 9.2　一架飞机 360°的 RCS 值

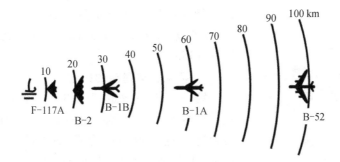

图 9.3　不同 RCS 值的飞机与雷达探测距离关系的示意图

2. 外形隐身设计的基本原则

隐身技术的发展和应用使飞机气动力设计产生重大变化,如何在保证基本气动特性前提下,尽量减小飞机的 RCS 值(即如何有效地控制和减少飞机的目标信号特征)就成为飞机设计师的重要任务。本节仅介绍与气动外形设计有关的一些基本原则。

① 消除能够成角反射器的外形布局,如垂直侧面机身与机翼采用翼身融合体设计,单立

尾与平尾的角反射器采用倾斜的双立尾来消除，如图 9.4 所示。

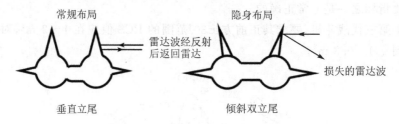

图 9.4　用立尾倾斜消除角反射器

② 变后向散射为非后向散射，如 F‑22 采用带棱边的机头，将机身平侧面改成倾斜侧面，在突防时将雷达天线倾斜一个角度等，如图 9.5 所示。

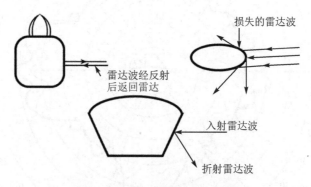

图 9.5　变后向散射为非后向散射

③ 采用一个部件对另一强散射部件的遮挡，如采用背部进气道，用机身和机翼遮挡了进气道，例如 F‑117 飞机的进气道，但这种布置的进气道，大迎角特性不好。利用机翼及边条对机身侧向的遮挡可减小侧向的 RCS 值。

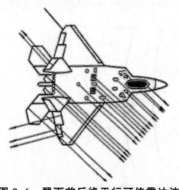

图 9.6　翼面前后缘平行可使雷达波反射尖峰叠在一起减少强尖峰个数

④ 将全机各翼面的棱边都安排在少数几个非重要的照射方向上去（大于正前方 40°以外），如 F‑22、YF‑23 的机翼、平尾、立尾的前缘和后缘都互相平行，如图 9.6 所示。

⑤ 消除强散射源的措施：

第一，对于进气道，采用进气口斜切以及将进气管道设计成 S 弯形，既可遮挡电磁波直射到压气机叶片上，又可使进入进气道内的电磁波经过 4～5 次反射（见图 9.7），使回波减弱，从而有效地减小了进气道的 RCS 值，F‑22 和 F‑18 改进型都采用了斜切进口及 S 弯形进气道。

第二，对于外挂物，将中、近距导弹及炸弹都埋挂在机身舱内，如 F‑22、B‑2，但这增大了机身截面积而使阻力增加；也可采用保形外挂，如 EF‑2000，将导弹贴在机身上。

⑥ 结构细节设计。对于隐身飞机，当强散射源已减弱后，弱散射将起主要作用。如机身的口盖、舵面的缝隙、台阶、铆钉等都是弱散射源，都应采取措施。一般是将口盖及缝隙设计成

锯齿形,如 F - 22。

⑦ 当某些部件或部位不能使用外形隐身措施时,可用隐身吸波材料来弥补,如座舱盖可在有机玻璃上蒸镀或溅射一层金属薄膜,使电磁波产生漫反射而减小 RCS 值。在机翼、平尾各翼面前缘采用涂吸波材料的方式来减小翼面的 RCS 值。

最简单的涂层厚度大约为雷达波长的 1/4,经过折射后正好是半个波长之差,相互干扰,大大削弱了反射波的强度,如图 9.8 所示。目前在飞机上采用吸波涂层较多,如 F - 117 和 B - 2 等。

有关隐身设计方面的资料可参考中航总公司出版的《飞机隐身设计指南》等资料。

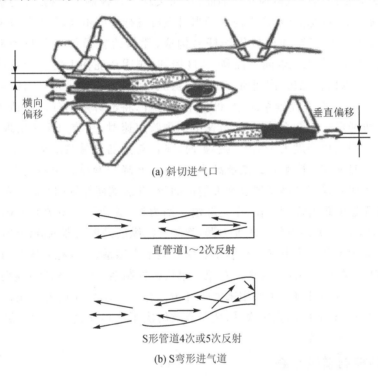

(a) 斜切进气口

直管道1~2次反射

S形管道4次或5次反射

(b) S弯形进气道

图 9.7　斜切口及 S 弯形进气道雷达波反射减缩原理

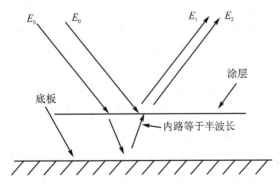

图 9.8　吸波涂层作用原理示意图

9.4　控制特性的影响

自飞机诞生以来，飞行控制系统的发展大致经历了3个阶段：机械控制系统、增稳和控制增稳系统以及电传飞行控制系统，其示意图如图9.9所示。

1. 机械控制系统

通过机械方式组成的机械链控制气动面，从而实现飞行控制的机构，称为机械控制系统，如图9.9(a)所示。20世纪50年代以前由于当时飞机飞行速度不高，舵面气动载荷不大，控制系统只是由简单的一杆三舵和机械传动杆系构成，凭借驾驶员体力可拉动舵面。20世纪50年代初期至中期，随着飞机性能的提高，速度增加，作用在舵面上的气动载荷也急剧增加，单凭驾驶员体力难以操纵飞机，因而研究出助力操纵，如图9.9(b)所示，为使驾驶员感觉到飞行速度和高度变化，在助力控制系统中，设置了回力杆，将部分舵面气动载荷传到驾驶杆上。这种系统称为"可逆助力控制系统"。飞机速度达到跨声速时，在跨声速区出现了驾驶杆力变化的不可操纵性，当飞机速度大于临界马赫数时，飞机焦点随马赫数增加而后移，使纵向静稳定系数增大，但同时又使升降舵操纵效能减小，甚至使升降舵操纵力矩不足以克服低头力矩。在此情况下，开始研究采用全动平尾以增加舵面面积，补偿舵面操纵的效能。但全动平尾铰链力矩很大，以致无法实现所需回力比，于是取消了回力杆，成为不可逆的助力操纵。由于全动平尾控制系统中采用了无回力的液压助力器，驾驶员操纵的是助力器的分油活门，而无真实操纵力的感觉，对驾驶不利。为此又在控制系统中安装了人感系统，人感系统与力臂调节器配合使用以满足驾驶员对杆力特性的要求。在原有单机械控制系统中引入不可逆助力器和载荷机构以及力臂调节器和调效机构（主要用来消除杆力），构成了不可逆助力机械控制系统。这是第一次切断了驾驶杆和舵面的直接联系，从而有效解决了跨声速过渡区中操纵力变化的不可操纵性，提高了舵面操纵效能。

2. 增稳和控制增稳系统

增稳系统是在原助力机械控制系统基础上，增加了飞机运动传感器、飞控计算机和伺服作动器（舵机）组成的电气机械控制系统，如图9.9(c)所示。其工作原理是：保持机械控制系统控制飞机运动的功能，使用多种传感器测量飞机的运动姿态，如迎角、侧滑角、角速度等信息，并将这些物理量转换成电信号，反馈给飞控计算机。飞控计算机计算舵面运动指令，并将指令传递给伺服作动器，驱动气动舵面。

20世纪50年代中期到60年代，随着飞机向高空高速方向发展，战斗机外形具有大后掠角、薄翼、机身细长等特点，出现了飞机自身稳定性不足的问题，如在纵向出现高频不衰减的"低头"现象，通常依靠改变飞行控制系统和飞机气动外形也难以改善飞行品质。为提高飞机稳定性，发展了阻尼和增稳系统。该系统的引入，高空阻尼起了重要作用，也改善了飞机稳定性，使飞机操纵品质符合规范要求，但随着增稳系统的采用，在提高飞机稳定性的同时，降低了飞机的操纵性。为有效解决稳定性与操纵性的矛盾，在增稳系统的基础上，发展成了控制增稳系统，如图9.9(d)所示。

控制增稳系统是在增稳系统基础上增加一个杆力传感器和一个指令模型，把驾驶员的控制指令传送到增稳回路。其特点是：由机械通道、电气通道和增稳回路组成。电气与机械两通

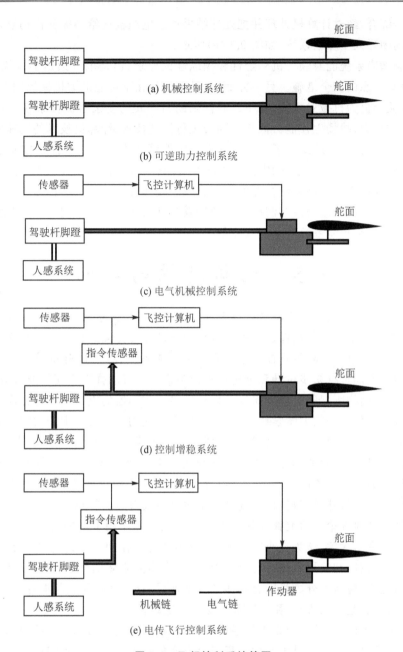

图 9.9　飞行控制系统简图

道并联,驾驶员控制指令信号既通过机械链使舵面偏转,又通过杆力传感器输出指令信号,经指令模型与反馈信号综合后控制舵面偏转,总的舵面偏角为上述两舵面偏角之和。因此,引入控制增稳系统后,较好地克服了增稳操纵的主要缺点,驾驶员如同驾驶一架满足规范要求的等效飞机,有效地解决了高空高速飞机由于气动布局引起的飞行品质差的问题,使飞行包线有较大扩展。同时,机械操纵与电气控制通道构成余度,提高了控制系统的可靠性。

3. 电传飞行控制系统

　　电传飞行控制系统(FBW)是把驾驶员发出的操纵指令变换为电信号并与飞机运动传感

器的反馈信号综合,经过计算机处理并把处理结果通过电缆输送给操纵面作动器,对飞机进行全权限控制的闭环人工操纵系统,如图 9.9(e)所示。

虽然控制增稳系统能兼顾飞机稳定性和操纵性的要求,但是电气通道的操纵权限不是全权限的,也没有可靠的安全措施。另一方面,这种系统是在不可逆助力机械控制系统基础上发展起来的,本质上仍为机械式操纵,其中驾驶杆到助力器间的复杂机械杆系存在很多弱点,如所占空间大、重量大、战场生存能力低等。随着飞行控制技术、计算机技术的迅速发展,模拟式和数字式电传飞行控制系统诞生了。由于在系统中取消了庞大的机械杆系控制系统,大大提高了系统的操纵精度,另外系统采用了余度技术,使其具有更高的安全可靠性和较低的故障率,同时消除了人工飞行控制系统存在的间隙、摩擦、变形等非线性的不良影响,改善了微小信号的传递,也解决了由于增稳或控制增稳系统给驾驶杆带来的力反传问题,特别是提高了战场生存能力。这是飞行控制系统的第三次变革。

9.5　结构特性的影响

结构特性对于气动设计的影响主要体现在气动弹性方面。按照研制任务书和战术技术指标要求,在飞机设计中对与气动弹性有关部分提出气动弹性方面的技术要求和规定,并通常应当在飞机的气动和总体布局、飞行控制系统和有关功能系统、结构材料和受力形式的选择、飞行包线的确定等方面进行初步设计和分析中加以考虑。而气动弹性方面的要求应反映在对气动布局形式选择、结构刚度的合理分布以及保证操纵面作动器的支持刚度等方面。

气动弹性问题作为一门力学学科,其目的是研究弹性物体在气流中的力学行为,其任务是研究气动力对弹性体的影响。气动弹性力学所研究的各类气动弹性现象,不外乎起因于空气动力、弹性力和惯性力之间的相互作用。而作为设计学科,则不仅是揭示各种现象的机理,更为重要的是把它的基本原理应用到飞行器设计上,并作为一种设计的准则、规范和指导思想。由于在研究问题上的特殊性,致使在研究方法上也具有其自身的特点。

弹性力学的经典理论是研究弹性体在给定外力或位移作用下的应力与应变。通常,物体上的外作用力与变形无关,认为在小变形下,不影响外力的作用。在这种情况下,常常忽略物体尺寸的变化,并按照初始形状进行计算。但是,在大多数重要的气动弹性问题中,情况发生了变化。也就是说,应认为外力是随着物体的变形情况而改变的,即载荷本身不是事先可以确定的,弹性变形对它起着重要作用。在弹性变形决定以前,空气动力的大小是不知道的。因此,通常在问题解出以前,外载荷是不知道的。例如,在研究飞机的气动弹性问题时,要把它当作弹性体处理,此时机翼上的升力要取决于机翼翼面相对于气流的位置和运动,即此时的气动力载荷不是一个事先可以确切给出的值。这也是气动弹性问题研究的主要特点之一。

气动弹性力学主要关心的问题之一是结构在气流中的稳定性。因为,对于一定的结构,其空气动力将会随着气流流速的增加而增加,而结构的弹性刚度却与气流速度无关,所以存在一个临界风速,在这个速度下,结构变成不稳定的。这种不稳定性会产生极大的变形,并且会导致结构的破坏,这是飞机设计中决不允许的。从稳定性这个角度出发,根据惯性力在所考虑的问题中是否允许忽略,把上述的不稳定性又可区分为静不稳定性和动不稳定性。前者主要是扭转变形发散,而后者主要是颤振。而从气动弹性问题的整体来看,它所包含的内容,不仅是稳定性,还包括很多其他问题。诸如在气动弹性静力问题中,由于弹性变形会引起载荷重新分布,也会使飞行器的操纵效率降低,甚至发生操纵反效。在气动弹性动力问题中,还有飞行器对外载荷的动力响应,这种响应可以是飞行器的变形、运动或诱生的动应力。例如由操纵面偏转、突风等引起的响应都属于这类问题。

9.6　支撑结构设计的飞行载荷分析

1. 概　述

在飞机总体设计阶段,须根据飞机的战术技术要求,对气动布局所确定的飞机气动外形,确定将要承受的载荷情况,以拟定各部件的结构传力形式,选择结构材料,形成基本可靠而重量最轻的结构方案。

一架飞机从地面滑跑、起飞、爬升和空中巡航、机动飞行,直至下滑、着陆,无时不在承受着载荷,这些载荷主要分为两大类,一类是空气动力载荷,另一类是惯性力载荷。决定载荷大小及分布的主要因素也可分成两个方面:一是大气环境,二是飞机自身特性。大气环境是指空气的温度、密度、压力和流动特性(离散突风或连续湍流)等;而飞机的自身特性是指飞机的构形、重量、重心、惯量、重量分布、速度、加速度和飞行姿态等,其中的许多因素又取决于飞行员的操纵动作。在众多的决定条件中,有些则是随机变化的。

飞机载荷计算在飞机设计中是一门独立的专业。载荷计算工作者必须从繁杂的受载情况组合中,找出各个部件最大受载发生在哪种飞行情况,确定载荷的大小及其分布,以作为飞机结构强度的设计依据。

值得注意的是,机翼、尾翼的各个肋位,前、后梁,机身的各个框位等,每一部件不同部位的严重受载并非同时发生,而是分属于多种飞行情况。

飞机各部件或部位所受载荷情况的确定,通常是根据使用经验积累和推测,制定出在最基本的设计时必须考虑的问题。这些工作都由专门的国家航空研究机构来做,最后形成国家的飞机设计强度规范。

我国 1975 年参照苏联的技术思路编制了《飞机强度规范》(试用本);1985 年又参照美国军标,由国防科学技术工业委员会发布了《军用飞机强度和刚度规范》;2008 年又发布了《军用飞机结构强度规范》。

苏联强度规范对于设计受载情况的选择和总载荷的计算都是用经验公式确定的,选用情况较少,使用较方便,但所定的受载条件较保守。美军标则是按飞行员操纵输入特点求解飞机运动方程,求出响应量后确定的。要从大量的飞行情况中选取最严重的,这样可以做得较精确。

在选定了设计受载情况后,确定飞机各部位的气动力载荷及其分布可以通过风洞试验;没有试验条件时,也可以利用气动数值计算结果或经验公式。

2. 飞机设计强度规范

到目前为止,我国已颁布的飞机设计强度规范有两套:一套适用于军机,一套适用于民机。

军用飞机的飞行载荷设计需要遵照 2008 年最新发布的《军用飞机结构强度规范》,包括总则(GJB 67.1A—2008)、飞行载荷(GJB 67.2A—2008)、其他载荷(GJB 67.3A—2008)。民用飞机的飞行载荷设计采用:中国民用航空规章第 25 部(CCAR－25)——运输类飞机适航标准;中国民用航空规章第 23 部(CCAR‐23)——正常类、实用类、特技类和通勤类飞机适航标准。导弹、火箭等的飞行载荷设计也要遵守相关的通用及行业设计标准与规范。下面以飞机为例说明。

3. 影响载荷的重要参数

（1）限制载荷

限制载荷是飞机在使用中预计可能遇到的最大载荷,在使用中不允许超过该载荷,如果超过该载荷,结构可能发生有害的永久变形或损坏。

（2）极限载荷

限制载荷乘以安全系数为极限载荷,它是设计时预计的各结构部件破坏前能承受的最大载荷。飞机地面静强度试验用该载荷检查飞机结构的静强度水平。

（3）安全系数

安全系数是飞机结构极限载荷与限制载荷的比值,通常取 1.5。

（4）过 载

除重力外,作用于飞机某方向上所有外力的合力与当时飞机重力的比值,为该方向的过载。

（5）设计重量

在开展载荷分析时,明确各个状态飞行器的设计重量、重量分布、重心也是非常关键的。这些需要根据设计规范确定,应该包括各种最严重的情况。

以现代商用运输机为例,飞机设计重量由空机重量、商载(旅客＋货物)和燃油三部分组成。当飞机设计方案确定后,飞机的空机重量、重心、惯量及空机重量分布都是确定的,而当飞机燃油箱布置及加油、耗油程序确定后,燃油量与其重心、惯量以及燃油分布之间的对应关系也就确定了。影响全机重心、惯量的最活跃因素是商载,不同重量的商载产生不同的全机重心、惯量。相同重量的商载因不同的商载配置也会产生不同的全机重心和惯量,而且即使相同的商载重量、相同的全机重心,由于不同的商载配置也会产生不同的全机惯量。为了从繁多的计算状态和可变的商载配置中,选择尽可能少但又能满足载荷分析需要的重量配置方案,应进行典型商载配量。

军机应根据类似原则进行典型装载配置。

（6）气动构型

在飞行载荷计算中,必须考虑飞机实际可能有的各种气动构型。

（7）飞行状态参数

飞行时的动压(空气密度、空速)、迎角、侧滑角、舵偏角等也直接影响飞行载荷,分析时通常还采用过载和飞行速度组成的飞行包线,来确定严重飞行载荷状态。

4. 气动力数据

飞行载荷计算所需气动力数据及压力分布数据通常可以通过这几种途径获得:①理论计算及工程估算;②风洞试验;③飞行试验;④与类似飞机的分析和试验结果比较。

不论用哪种方法都应考虑马赫数效应、气动弹性效应和热效应的影响。

5. 飞行包线

飞行载荷的计算是基于飞行包线开展的。飞行包线主要包括 3 类:机动飞行包线、突风包线、机动突风包线。

（1）机动飞行包线

机动飞行包线分为对称机动飞行包线和滚转机动飞行包线。

对称机动飞行包线（见图 9.10）上、下边界的使用过载应根据战术技术要求确定。当技术要求不明确时可参考 GJB 67.2—85 中表 2-1 的规定。包线右边界根据极限速度（设计俯冲速度）确定，包线左边界由飞机失速特性限制。

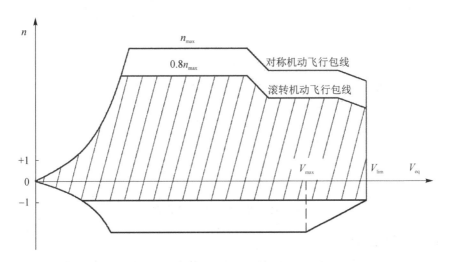

图 9.10　机动飞行包线

不同构型、不同重量、不同高度的不同组合对应各自的机动飞行包线。

在对称机动飞行包线的基础上可得到滚转机动飞行包线。

（2）突风包线

突风包线是表示飞机在飞行中遇到的突风载荷及其对应的安全飞行速度限制的曲线。图 9.11 所示为具有代表性的突风包线，它是一个对称于过载 $n=1$ 轴线的多边形。

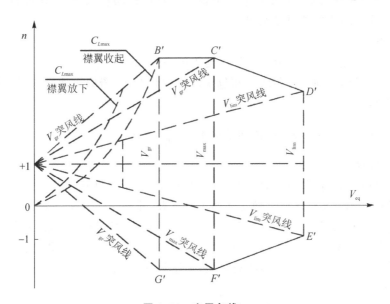

图 9.11　突风包线

（3）机动突风包线

对于机动和突风组合情况，应该合理地确定机动包线和突风包线复合而成的机动突风包线。图 9.12 所示为某运输类飞机的机动突风包线。

关于上述这些包线的计算要求，规范中都有明确的规定。

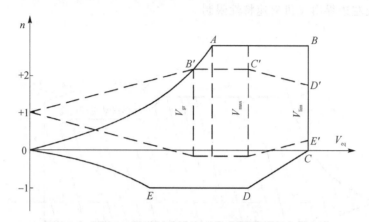

图 9.12　某飞机的机动突风包线

6. 飞行载荷工况

军用飞机的飞行载荷工况，需要按照国军标的规范确定，具体包括对称机动载荷和非对称机动载荷。民用飞机的飞行载荷工况，则需要按照适航规定确定，其与军用飞机既有共同之处，也有不同要求，本书不做赘述。火箭与导弹的飞行载荷工况也需要按相关规范确定。下面以飞机为例讨论几个重要的飞行载荷工况。

（1）对称机动

对称机动是飞机在铅垂平面内的对称机动飞行。它是飞机机翼和水平尾翼的严重载荷情况之一，同时也是一些次要部件的严重载荷情况。对称机动包括：稳定俯仰机动、急剧俯仰机动等。这里主要介绍这两种机动情况。

1）稳定俯仰机动

稳定俯仰机动主要检查机翼、机身、平尾等部件的强度。

飞机应处于对称机动飞行包线上和包线内的所有点上，俯仰角速度应是与使用过载相应的限定俯仰速度。

它要求纵向操纵非常缓慢，使俯仰角加速度 $\dfrac{\mathrm{d}\omega_z}{\mathrm{d}t}=0$

2）急剧俯仰机动

急剧俯仰机动主要检查机翼、机身、平尾（升降舵）等部件的强度。

在规定的空速下，飞机应处于稳定加速飞行状态，并将操纵力配平为零。对于全部重心位置，每个空速下的过载应按"舵面偏转规律"中①和②关于对称机动舵面操纵规律的规定达到；对于最后重心位置，每个速度下的过载还应按"舵面偏转规律"中③的规定达到。

本机动的飞机状态为基本飞行状态，飞行速度为 $0\sim V_{\max}$。

3）舵面偏转规律

① 三角形输入（纵向杆位移 W_y）如图 9.13 所示。

② 梯形输入如图 9.14 所示。

③ 反梯形输入如图 9.15 所示。

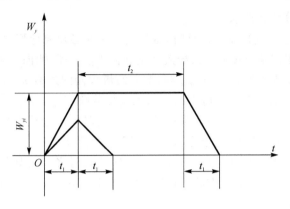

图 9.13　三角形输入未达到规定过载时按梯形输入

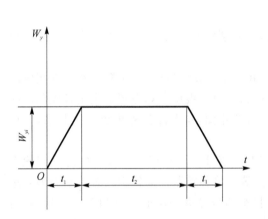

图 9.14　要求在 $t = t_2 + 2t_1$ 时达到规定过载

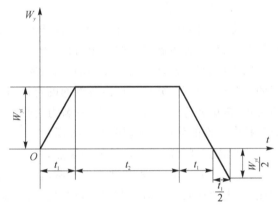

图 9.15　要求在 $t = 2t_1 + t_2 + t_1/2$ 时达到规定过载

（2）非对称机动

飞机在横向操纵和/或航向操纵下做非对称机动飞行。这是飞机严重受载情况之一。非对称机动又分滚转机动和侧向机动两种典型情况,并需要和纵向对称载荷组合起来。

1）滚转机动

滚转机动飞行是全机综合受载情况。在滚转机动中,由于横向和航向操纵面同时偏转,飞机快速滚转起来,使机翼、平尾和垂尾上同时产生较大的弯矩和扭矩,最终在后机身上产生较大的弯矩和扭矩。因此,它是机翼和后机身严重受载情况之一。关于副翼和方向舵的操纵,规范中有专门的规定,在此不做详述。

滚转机动包括滚转改出、180°滚转、平飞滚转、空投滚转、起飞/着陆和进场滚转等类型。

2）侧滑和偏航机动

侧滑和偏航机动基本上是无耦合滚转的平面机动。除低速急蹬方向舵和高速急蹬方向舵的倾斜角不超过 5°外,其余各项的横向操纵应使机翼保持水平姿态。关于方向舵的操纵规律,规范中有专门的规定,在此不做详述。

侧滑和偏航机动包括无侧滑情况的非对称推力、发动机故障、稳定侧滑、低速急蹬方向舵、高速急蹬方向舵、反蹬方向舵、单发动机停车等类型。

7. 飞行载荷计算

（1）机动载荷计算状态选取

对各种机动情况进行飞行载荷计算时，首先选取一些必须要计算的特征点，如纵向的最大法向过载 $n_{y\max}$、最大俯仰角速度 $\omega_{z\max}$、最大平尾载荷 $F_{H\max}$ 等，侧向的最大侧向过载 $n_{z\max}$、最大偏航角速度 $\omega_{y\max}$、最大垂尾载荷 $F_{V\max}$ 等，横向的最大侧向过载 $n_{z\max}$、最大法向过载 $n_{y\max}$、最大滚转角速度 $\omega_{x\max}$、最大平尾载荷 $F_{H\max}$、最大垂尾载荷 $F_{V\max}$ 等。另外还要根据不同类型的飞行器、不同计算的需要等选取一些载荷计算点。同时给出选取点的飞行状态、高度、马赫数，以及有关飞行姿态的参数等，用于全机/全弹/全箭载荷计算。

经过对各种机动情况分析计算之后，选取了一些认为对飞行器某些部件可能是严重情况的载荷计算状态，为确定真正的严重载荷情况，还需要计算出飞行平衡条件下的各部件的气动载荷分布和惯性载荷分布。

（2）载荷包线绘制

1）弯、扭、剪计算

根据飞行器不同设计阶段和不同任务的要求，可分别给每个部件提出各自控制面的个数和位置，以计算各控制剖面的弯矩、扭矩和剪力。

以机翼为例，根据不同的控制剖面（展向位置）和扭矩计算位置（弦向位置），对机翼相应区域的载荷进行积分，分别计算出各剖面的弯矩、扭矩和剪力。根据计算得到的全机各控制剖面的弯矩、扭矩和剪力，分别绘出弯矩-剪力、扭矩-剪力两张图，将各图的外缘点连接起来，就形成各控制剖面的载荷包线，如图9.16所示。

检索各控制剖面载荷包线的外缘点，并通过该点的值进一步得到该点所对应的载荷状态编号、各部件的弯矩、扭矩和剪力以及载荷计算状态等。将各控制剖面得到的载荷状态编号进行比较，去掉相同的载荷状态编号，对得到的载荷状态编号经进一步的分析和筛选，即为最后的载荷设计情况，其对应状态下的载荷为设计载荷。

2）舵面铰链力矩

根据国军标要求，舵面上总的铰链力矩不得大于该操纵系统输出的力矩。因此当舵面上总的铰链力矩大于该操纵系统输出的力矩时，要进行舵面偏度的调整，使产生的总铰链力矩与操纵系统发出的力矩相等。

（3）气动载荷和惯性载荷及其平衡

气动载荷可以通过计算分析和风洞试验等方法获得。在飞行载荷计算中，根据飞行器不同的设计阶段，可采用不同来源的气动力数据，在方案论证阶段，可使用理论计算或工程估算数据；而在详细设计阶段，要使用风洞试验数据，并要考虑发动机推力特性、飞行器气动力非线性、飞行器弹性变形等对机动过程计算的影响。

惯性载荷的计算需要飞行器的质量分布数据以及飞行器的运动参数。一般来说，惯性载荷的计算需要分别计算纵向、横向和侧向惯性载荷，对于每个部件都需要分别计算出其纵向、横向和侧向惯性载荷。而全机的惯性载荷就是把各个部件的惯性载荷叠加起来。

早期的飞行载荷分析方法获得的气动载荷并不一定满足全机的力和力矩平衡，通常需要根据已经得到的惯性载荷对全机进行纵向、横向和侧向的平衡协调。现行的飞行载荷分析方法，通常能在计算时就已经考虑了飞行器整体的载荷平衡问题。通过计算能够获得满足飞行

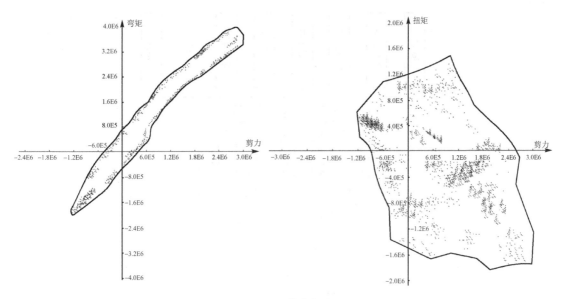

图 9.16　载荷包线

器整体平衡的气动力/力矩系数及其压力分布,以及惯性力分布。

8．飞行载荷计算流程

飞行载荷的计算是一个非常繁杂的过程,需要大量的数据,计算量也非常大,结构设计对于飞行载荷数据的要求也是非常迫切的。这里对飞行载荷的计算流程进行简单梳理,以便于读者从宏观上对其了解。

要计算飞行载荷,首先应该对原始数据进行预处理,从大量的原始数据中提取计算所需的数据。所谓预处理,就是把现有的原始数据处理成能直接为计算所用的原始数据。例如,测压试验所得的压力分布数据,首先处理成基础气动力数据,为分布载荷计算做好准备。原始数据处理的好坏,直接关系到飞行载荷计算的可靠性。

其次就是按照规范的要求,计算出不同工况平衡状态的总载荷、分布载荷。为了减少计算工作量,又不遗漏临界载荷情况,还需要对计算工况进行一定的筛选。基于计算得到的成千上万个工况的载荷数据,绘制出载荷包线,并进一步根据载荷包线筛选出临界载荷。

由于原始数据一开始可能不太准确,所以飞行载荷的计算还是一个不断迭代的过程。图 9.17 所示为军用飞机的飞行载荷计算流程示意图。

9．防气动加热的结构设计

随着航空技术的发展,飞机飞行速度较过去明显提高。高速飞行带来的重要问题之一,就是空气对飞机的气动加热,这一点在高超声速飞行器中尤为明显。所谓气动加热问题,通常是指飞机外表面与附面层间的热交换、结构内部的热传导、结构材料的性能变化、结构的防热设计以及高温下结构刚度、强度分析等诸多方面的问题。当飞行马赫数大于 2.2 时,就要开始考虑气动加热问题;当飞行器以高超声速飞行时,气动加热就是结构设计中非常重要的问题,直接影响结构的设计。飞机结构受热的结果是使材料的力学性能和物理性能都会有不同程度的下降。

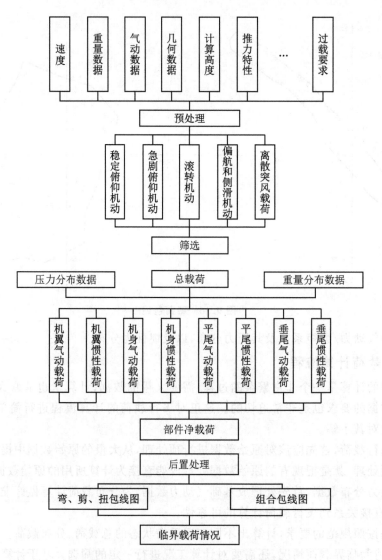

图 9.17 军用飞机飞行载荷计算流程图

9.7 先进气动布局设计的特点和趋势

　　飞行器设计的历史经历了一个由简单到复杂,由粗略到精细,由简单到综合的发展过程,气动布局的设计也是如此。

　　下面以当代高性能战斗机为例介绍气动布局设计的特点和趋势。

　　1) 飞行性能的要求和航空技术的发展使气动布局设计从简单走向高度复杂

　　战斗机经过了几代的发展,有两种主流的划分方式,以把 F-22 作为第四代战斗机的方式来说,第一代战斗机的主要特征是超声速飞行,第二代战斗机追求高空高速,第三代战斗机追求高机动性,第四代战斗机则要求具备隐身、超声速巡航、过失速机动和敏捷性等。这些要求相互牵制,又相互矛盾,要将这些要求融于一体,在气动布局的选择和设计上将是一个非常复杂的过程。飞行器气动流型的发展也进入非定常、非线性领域。

2）从粗略的工程估算向高精度定量化过渡是气动布局设计目标的要求和设计手段的革命

飞机性能要求越来越高，研制风险增大，这要求必须提供更多、更细、精度更高的气动数据，避免设计失败。高精度计算也是挖掘潜力的有效手段。精度低，保守性就大。计算空气动力学与风洞试验、飞行试验结合是提供高精度数据的革命性手段，也是实现综合一体化设计的前提。目前，CFD 已经得到充分应用。未来气动设计中，CFD 的花费将占 70%，试验费用约为 30%。

3）从简单组合型设计向综合化设计过渡是气动布局设计的必然趋势和势在必行的要求

传统设计通常采用翼身组合型设计，即机翼为主加上平尾、垂尾和机身，通过相对配置和大小的选择达到设计要求。从第三代战斗机开始，采用了一些气动布局的局部综合设计技术，如翼身融合、前机身与进气道相互融合、后机身与喷管相互融合等。对于第四代战斗机，综合设计不仅仅是提高一些性能，而是如果没有综合设计能力就实现不了预定的目标。由于结构、气动、发动机、控制等理论都没有质的飞跃，因此现代气动布局的综合化表现在以下两个方面：

① 在采用先进机翼气动设计的基础上，根据性能目标，采用多种气动设计手段对飞机整体外形直接优化，减小翼身干扰和部件间干扰。采用超声速低波阻设计、矢量推力设计等。对大迎角情况的非定常旋涡进行有效控制。

② 气动布局与结构强度、动力、隐身、控制综合优化不可避免，相应地出现了综合考虑气动性能和隐身性能的气动/隐身一体化，突出超声速巡航能力的气动/进排气系统一体化设计，面向矢量推力设计的气动/动力/控制一体化，面向气动弹性剪裁的气动/结构/材料/性能一体化等。

思考题

1. 试以某类飞行器为例，分析影响气动设计的各因素，以及如何进行各因素的综合考虑。
2. 试以某隐身飞行器为例，分析隐身特性对其气动设计的影响。
3. 试以某类飞行器为例，分析气动和结构耦合对气动设计的影响。
4. 试分析飞行载荷对结构设计的支撑作用及相互之间的影响。
5. 试以某类飞行器为对象，分析其气动布局设计的特点和发展趋势。

附录 A

本附录对一些具有代表性的战斗类飞机、运输类飞机、长航时无人机的气动设计特点进行了简要介绍,作为正文有关内容的实际应用和延伸。

A.1 战斗类飞机

战斗类飞机主要选取第三代战斗机和第四代战斗机作为代表进行介绍。战斗机的主要任务是与敌方战斗机进行空战,夺取空中优势(制空权);其次是拦截敌方轰炸机、强击机和巡航导弹,还可携带一定数量的对地攻击武器,执行对地攻击任务。

A.1.1 第三代战斗机

以著名的美国 F-15、F-16 和俄罗斯苏-27、米格-29 等为代表的第三代战斗机的研制启动于 20 世纪 60 年代。其充分运用当时已取得的空气动力研究成果,如非线性升力技术、边条翼布局、翼身融合技术以及飞机推进系统的一体化设计概念等,并在气动布局上做了精细的设计计算和实验分析。结合使用静不稳定的概念,在电传操纵中加入控制增稳系统,从而取得了高升力特性及良好的操纵性和稳定性。同时采用了高性能的发动机和优异的电子设备系统,充分保证了飞机的优异性能。

分析这些第三代战斗机,可知其具有以下特点:

1. 宽的高度速度范围

实用升限为 18~19 km,低空最大速度为 1 350~1 450 km/h,高空最大速度为 2 300~2 500 km/h,使用高度为 30 m~18 km。

2. 高的机动性

转弯半径小和转弯时间短,减速范围宽,保证有效地进行近距空战以及截击高空高速目标时能进入有利攻击位置。

第三代战斗机的机动性比第二代战斗机平均高 75%,因而使前者比后者的近距作战效能提高了 2~3 倍。第三代歼击机具有的优异性能可从 Su-27 在 1989 年巴黎航展中表演的普加乔夫眼镜蛇机动动作中得到反映。该机在 500~1 000 m 高度间,几秒内就完成动态减速,实现飞行迎角从 0°到 100°再回到 0°的机动动作,实现了世界上前所未有的大迎角飞行。

3. 大的实用航程

保证低空以 800~1 000 km/h 速度飞行时,作战半径可达 400 km。在巡航高度以巡航速度飞行时,作战半径可达 1 600 km。

(1) F-15

F-15 整体为正常式布局,双垂尾,上单翼。机翼和平尾的平面形状为切尖梯形,使飞机在跨声速区阻力增加更加平缓,飞机跨声速时焦点移动量较小,翼尖斜切设计有利于改善颤振特性。小展弦比机翼配合较小的梢根比,有利于推迟翼尖分离。进气道外侧有凸出的整流罩,从机翼根部前缘向前延伸,作用相当于边条翼,大迎角下可以产生涡流延缓机翼失速。机翼后缘采用简单襟翼,无前缘襟翼。水平尾翼为全动平尾。F-15 战斗机外形参数与飞行重量如表 A.1 所列,F-15 三视图如图 A.1 所示。

表 A.1   F-15 战斗机外形参数与飞行重量

机 翼	翼展/m	13.05
	翼面积/m²	56.5
	展弦比	3
	后掠角/(°)	45
	梢根比	0.2
	下反角/(°)	1
	安装角/(°)	0
	副翼面积/m²	2.46
	襟翼面积/m²	3.33
垂直尾翼	后掠角/(°)	37
	外倾角/(°)	2
	面积/m²	10.34
	方向舵面积/m²	1.85
水平尾翼	翼展/m	8.61
	后掠角/(°)	50
	面积/m²	9.78
机 身	机长/m	19.43
	机高/m	5.63
重 量	空机重量(F-15A)/kg	12 020
	空机重量(F-15B)/kg	12 383
	最大起飞重量(F-15A/B)/kg	25 402
	空机重量(F-15C)/kg	12 973
	空机重量(F-15D)/kg	13 064
	最大起飞重量(F-15C/D)/kg	30 845

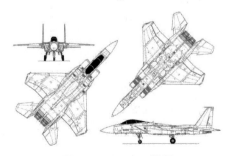

图 A.1   F-15 三视图

(2) F-16

F-16 整体布局为正常式布局,中单翼。采用翼身融合体设计将机翼和机身圆滑地结合在一起,减小气动阻力。机翼平面形状为梯形,沿前机身有大后掠角、前缘锐利的边条翼,在翼身连接处提供可控涡流,使大迎角时附面层可保持不分离,提高升力和安定性。机翼前缘有机动襟翼,可随迎角和马赫数变化而自动偏转以改变机翼弯度,可在持续大过载转弯中提高升阻比,使飞机在大迎角时保持有效的升力;后缘有全展长的襟副翼。水平尾翼为全动平尾,提高操纵性能。垂直尾翼较高,大迎角时安定性好,有利于防尾旋;机腹有两块腹鳍,增加航向稳定性。F-16C 战斗机外形参数与飞行重量如表 A.2 所列,F-16 三视图如图 A.2 所示。

表 A.2　F-16C 战斗机外形参数与飞行重量

	翼展/m	9.45
	翼面积/m^2	27.87
	梢根比	0.227 5
	后掠角/(°)	40
	展弦比	3.2
	上反角/(°)	0
机　翼	翼型	NACA 64A204
	安装角/(°)	0
	扭转角(翼根)/(°)	0
	扭转角(翼梢)/(°)	3
	襟副翼面积/m^2	2.91
	前缘襟翼面积/m^2	3.41
	翼展/m	5.58
	面积/m^2	4.55
	展弦比	2.598
水平尾翼	梢根比	0.3
	后掠角/(°)	40
	下反角/(°)	10
	翼型(根部)	6%双凸
	翼型(梢部)	3.5%双凸
	面积/m^2	5.09
	展弦比	1.294
	梢根比	0.437
垂直尾翼	后掠角/(°)	47.5
	翼型(根部)	5.3%双凸
	翼型(梢部)	3%双凸
	舵面积/m^2	1.08

续表 A.2

机 身	机长/m	15.03
	机高/m	5.09
重 量	空机重量/kg	9 207
	最大起飞重量/kg	21 772

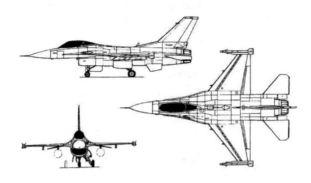

图 A.2   F-16 三视图

（3）F-18

F-18 整体为正常式布局，双垂尾，中单翼。机翼后掠角不大，以改善低速性能，前缘采用全翼展简单襟翼，后缘采用单缝襟翼和副翼；翼根前缘有一对大边条，延伸至座舱两侧，以改善大迎角气动特性。双垂直尾翼外倾，位于平尾和机翼之间的机身两侧，能有效利用边条产生的涡流。F-18 战斗机外形参数与飞行重量如表 A.3 所列，F-18 三视图如图 A.3 所示。

表 A.3   F-18 战斗机外形参数与飞行重量

机 翼	翼展/m	11.43
	翼面积/m²	37.16
	展弦比	3.5
	后掠角/(°)	26.7
	梢根比	0.35
	下反角/(°)	3
	安装角/(°)	0
	翼型	修改的 NAC65A（尖前缘） （尖部 3.5%/根部 5%）
	副翼面积/m²	2.27
	翼根弦长/m	4.04
	翼梢弦长/m	1.68

续表 A.3

垂直尾翼	展弦比	1.2
	梢根比	0.4
	后掠角/(°)	41.3
	外倾角/(°)	20
	面积/m²	4.83
水平尾翼	翼展/m	6.58
	展弦比	2.4
	梢根比	0.46
	后掠角/(°)	47.2
	下反角/(°)	2
	面积/m²	8.2
机 身	机长/m	17.1
	机高/m	4.7
重 量	空机重量/kg	10 455
	最大起飞重量/kg	22 328
	翼载荷/(kg·m⁻²)	459

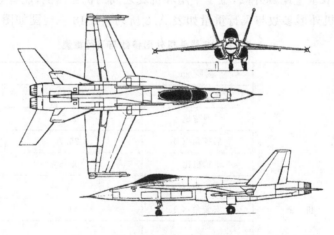

图 A.3 F-18 三视图

（4）苏-27

苏-27气动布局设计的特色是将弓形前机身与机翼平滑过渡形成翼身融合升力体，采用正常式布局，边条翼前伸至雷达罩。翼身融合体降低了干扰阻力，中央升力体的设计则提高了升阻比；边条翼产生的涡流附着在升力体上，增加了涡升力，并延迟气流分离。机翼前缘采用克鲁格襟翼，后缘采用襟副翼。垂直安定面为无外倾双垂尾布局，垂尾向下延伸成为腹鳍。水平尾翼低于机翼后缘，减小了机翼下洗流对其影响，以提高操纵效率。苏-27战斗机外形参数与飞行重量如表 A.4 所列，苏-27三视图如图 A.4 所示。

表 A.4   苏-27 战斗机外形参数与飞行重量

机 翼	翼展/m	14.7
	翼面积/m²	62.04
	后掠角/(°)	42
	展弦比	3.48
	下反角/(°)	2.5
	前缘襟翼面积/m²	4.6
	襟副翼面积/m²	4.9
垂直尾翼	面积/m²	11.9
	后掠角/(°)	40
	外倾角/(°)	0
	方向舵面积/m²	3.5
水平尾翼	翼展/m	9.9
	翼面积/m²	12.3
机 身	机长/m	21.94
	机高/m	5.93
重 量	空机重量/kg	16 380
	最大起飞重量/kg	33 000

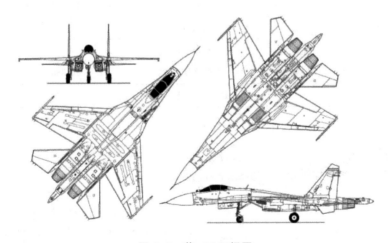

图 A.4   苏-27 三视图

（5）米格-29

米格-29 整体上为双垂尾正常式布局。采用翼身融合升力体设计,以提高升阻比。机翼内段前端形成边条延缓机翼表面流动分离,提高机翼大迎角升力。垂尾前沿向前延展到机身和机翼接缝处的上方,可以增大纵向安定面的面积,从而提高了从尾旋中改出的能力。米格-29 战斗机外形参数与飞行重量如表 A.5 所列,米格-29 三视图如图 A.5 所示。

表 A.5   米格-29 战斗机外形参数与飞行重量

	翼展/m	11.36
	翼面积/m²	38
	后掠角/(°)	42
	展弦比	3.4
机 翼	梢根比	0.227
	下反角/(°)	3
	翼型	TsAGI P-177
	前缘襟翼面积/m²	2.35
	后缘襟翼面积/m²	2.84
	副翼面积/m²	1.45
	面积/m²	10.1
垂直尾翼	后掠角	47°50′
	外倾角/(°)	6
	翼展/m	7.78
	面积/m²	7.05
水平尾翼	后掠角/(°)	50
	下反角/(°)	3.5
	翼型	TsAGI S-11S(对称)
机 身	机长/m	17.3
	机高/m	4.7
重 量	空机重量/kg	10 850
	最大起飞重量/kg	18 480

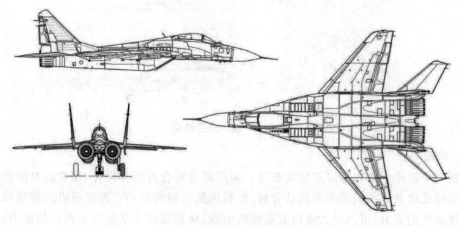

图 A.5   米格-29 三视图

（6）台 风

台风战斗机采用远距耦合三角翼鸭式布局，单垂尾。鸭翼本身产生升力，其形成的漩涡与机翼气流产生有利气动干扰，在机翼上表面一定区域形成升力，使飞机总升力大于二者单独升力之和。机翼采用大后掠小展弦比的三角翼，降低超声速飞行阻力。台风战斗机外形参数与飞行重量如表 A.6 所列，台风战斗机三视图如图 A.6 所示。

表 A.6　台风战斗机外形参数与飞行重量

机 翼	翼展/m	10.95
	翼面积/m²	50.0
	后掠角/(°)	53
	展弦比	2.21
	根梢比	2.15
鸭 翼	翼面积/m²	2.4
机 身	机长/m	15.96
	机高/m	5.28
重 量	空机重量/kg	11 000
	最大起飞重量/kg	23 500

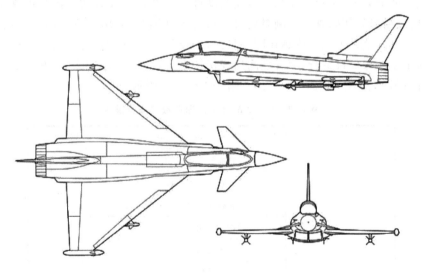

图 A.6　台风战斗机三视图

A.1.2　第四代战斗机

美国于 1982 年启动第四代战斗机 F-22 的研制，1994 年首次试飞。F-22 作为第四代战斗机的代表机型，具有以下几大特点：

1. 低可探测性

高隐身性能是第四代战斗机的一个明显的特点。F-22 的 RCS 值为 0.006 5 m²，而第三代战斗机 F-15 的 RCS 值为 4.05 m²。再加上先进的机载设备和武器，其空战效能大幅度提高,特别是可以填补超声速超视距空战的空白。

2. 高机动性和机敏性

影响近战效能的主要机动性有单位剩余功率、稳定盘旋率、瞬时盘旋率、水平加速性和机敏性。与第三代战斗机相比,F-22 具有几以下大优势:①加速快、爬升能力强,F-22 水平加速比苏-27 快 40%;②持续机动能力强;③瞬时机动能力强,它的机翼面积比 F-15 大 38%,最大升力系数大,转弯半径比苏-27 小 40%;④机敏性好,如 $Ma>1.4$ 时转弯率比 F-15 高 35%,大迎角滚转率增加 1 倍,当迎角为 60° 时仍可控,1 s 绕速度矢量可滚动 30°,几乎使机头指向改变 90°,提高了对目标的击毁率。

3. 发动机不加力超声速巡航

F-22 海平面最大飞行速度 1 482 km/h,高度 9 150 m 时飞行速度 $Ma=1.7$,超声速巡航时飞行速度 $Ma=1.58$,实用升限 18 000 m。与第三代战斗机相比,F-22 不但保持或超过第三代战斗机的跨声速机动能力,而且具有持续超声速巡航和超声速机动能力,以及更为宽广的高度-速度飞行范围。F-22 发动机不开加力的飞行包线已明显超过 F-15 发动机开加力的范围。

F-22 诞生后第四代战斗机还有美国的 F-35 和俄罗斯的苏-57 等。

(1) F-22

F-22 采用外倾双垂尾常规布局。综合权衡隐身和气动,机翼采用中等后掠角上单翼,机翼平面形状为截尖菱形,在超声速和亚声速气动性能上获得了较好的平衡。机翼安装有全展向的前缘襟翼、后缘外侧副翼和内侧襟副翼。翼身高度融合,采用边条翼涡升力技术,进气口到翼根有窄边条。全动平尾与机翼在同一平面,前端切入机翼,垂尾位置在平尾和机翼之间。机翼前缘和平尾前缘保持平行,两者之间后缘保持平行,以提高隐身能力。F-22 战斗机外形参数与飞行重量如表 A.7 所列,F-22 三视图如图 A.7 所示。

表 A.7　F-22 战斗机外形参数与飞行重量

	翼展/m	13.56
	翼面积/m²	78
	展弦比	2.36
	后掠角/(°)	42
	后缘前掠角/(°)	17
	根梢比	0.169
机　翼	下反角	3°15′
	扭转角(翼根)/(°)	0.5
	扭转角(翼尖)/(°)	3.1
	前缘襟翼面积/m²	4.76
	襟副翼面积/m²	5.1
	副翼面积/m²	1.98
	翼根弦长/m	9.85
	翼梢弦长/m	1.14

续表 A.7

	外倾角/(°)	28
垂直尾翼	后掠角/(°)	22.9
	面积/m²	16.54
	方向舵/m²	5.09
	后掠角/(°)	42
水平尾翼	翼展/m	8.84
	面积/m²	12.63
机 身	机长/m	18.92
	机高/m	5.08
重 量	空机重量/kg	19 700
	最大起飞重量/kg	38 000

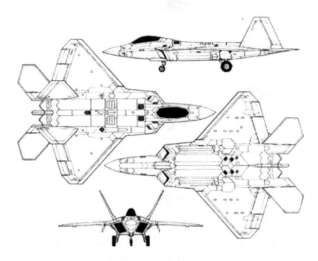

图 A.7 F-22 三视图

(2) F-35A/B

F-35 战斗机气动布局与 F-22 类似,正常式布局,梯形中单翼,常规水平尾翼,外倾双垂尾,翼身融合设计。F-35 战斗机外形参数与飞行重量如表 A.8 所列,F-35 三视图如图 A.8 所示。

表 A.8 F-35 战斗机外形参数与飞行重量

	翼展/m	10.67
	翼面积/m²	42.7
机 翼	展弦比	2.68
	后掠角/(°)	33
垂直尾翼	外倾角/(°)	19
	后掠角/(°)	42

续表 A.8

水平尾翼	后掠角/(°)	35
	翼展/m	7.01
机 身	机长/m	15.67
	机高/m	4.57
重 量	空机重量/kg	13 300
	最大起飞重量/kg	31 800

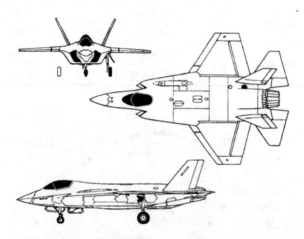

图 A.8 F-35 三视图

（3）苏-57

苏-57采用正常式布局。机翼前缘延伸部分加装可动边条,起到可控涡升力的作用,机翼前缘延伸部分将升力中心前移,稳定裕度与机翼和平尾相对位置以及重心较大,提高机动性能。机翼为梯形,小展弦比中等后掠角。外倾双垂尾,位置布置较为靠前,以提高大迎角下垂尾使用效率;此外,大迎角下边条涡流对垂尾形成有利干扰。苏-57战斗机外形参数与飞行重量如表 A.9 所列,苏-57战斗机三视图如图 A.9 所示。

表 A.9 苏-57战斗机外形参数与飞行重量

机 翼	翼展/m	13.95
	翼面积/m²	78.8
	展弦比	2.47
	后掠角/(°)	48
机 身	机长/m	19.8
	机高/m	4.74
重 量	空机重量/kg	18 000
	最大起飞重量/kg	35 000

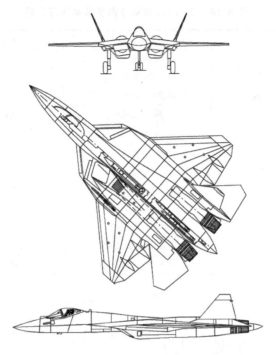

图 A.9 苏-57 战斗机三视图

A.2 运输类飞机

运输类飞机包括军用运输机和民航客机/货机,这里重点对大型运输机和大型客机进行介绍。

A.2.1 运输机

军用运输机的主要任务是要迅速将大量的现代化装备运送到目标区域,包括空投装备和物资。一方面,要求运力大、航程长;另一方面,要求短距离起飞着陆。这些都对气动设计提出了很高的要求。各个国家研制的军用运输机在气动外形上有较多的共同点。

这里主要对美国的 C-17 和 C-5,俄罗斯的伊尔-76、安-124,欧洲的 A-400M 气动设计特点进行介绍。

1. C-17

C-17 采用正常式布局,T 形尾翼,水平尾翼安装角可调。机翼为上单翼,采用超临界翼型,机翼翼梢布置有小翼;采用吹气襟翼技术,襟翼下放时,进入发动机排气区,使高速喷流吹过大面积的双缝襟翼,大幅度提高升力系数。C-17 运输机外形参数与飞行重量如表 A.10所列,C-17 运输机三视图如图 A.10 所示。

表 A.10　C-17 运输机外形参数与飞行重量

机　翼	翼展/m	51.74
	翼面积/m²	353.03
	展弦比	7.16
	后掠角(1/4 弦线)/(°)	25
	翼型(翼根)	DLBA 142
	翼型(翼尖)	DLBA 147
	副翼总面积/m²	11.83
平尾	翼展/m	19.81
机　身	机长/m	53.04
	机高/m	16.79
	最大机身直径/m	6.85
重　量	最大载重/kg	77 520
	最大起飞重量/kg	265 351

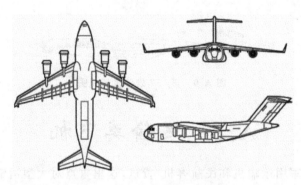

图 A.10　C-17 运输机三视图

2. C-5

C-5 大型运输机采用正常式布局,T 形尾翼,水平尾翼安装角可调。机翼为上单翼,后缘安装富勒式襟翼,前缘内段为密封襟翼、外段为缝翼。C-5 运输机外形参数与飞行重量如表 A.11 所列,C-5 运输机三视图如图 A.11 所示。

表 A.11　C-5 运输机外形参数与飞行重量

机　翼	翼展/m	67.88
	翼面积/m²	576
	展弦比	7.75
	后掠角(1/4 弦线)/(°)	25
	下反角	5°30′
	安装角(翼根)	3°30′
	翼型(翼根)	NACA0012.41 mod
	翼型(翼尖)	NACA0011 mod

续表 A.11

机 身	机长/m	75.54
	机高/m	19.85
重量(C-5M)	最大载重/kg	129 000
	最大起飞重量/kg	418 000

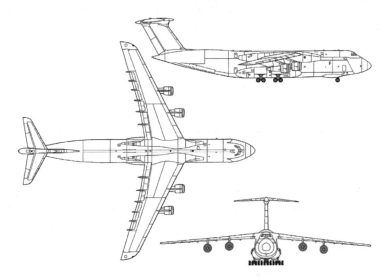

图 A.11 C-5 运输机三视图

3. 伊尔-76

伊尔-76 采用正常式布局,T 形尾翼,水平尾翼安装角可调。大展弦比和中等后掠角机翼;从翼根到副翼内段安装有两段三缝襟翼,前缘增升装置由沿翼展分布的 10 段缝翼组成,每侧机翼安装有 8 块扰流板,其中 4 块作为减速板使用。伊尔-76 运输机外形参数与飞行重量如表 A.12 所列,伊尔-76 运输机三视图如图 A.12 所示。

表 A.12 伊尔-76TD 运输机外形参数与飞行重量

机 翼	翼展/m	50.5
	翼面积/m²	300
	展弦比	8.5
	后掠角(1/4 弦线)/(°)	24
	根梢比	1.61
	安装角/(°)	3
	下反角/(°)	3
	翼型(翼根/翼尖)	TsAGI P-151(13%/10%)
	副翼面积/m²	13.27

续表 A.12

垂直尾翼	后掠角(1/4 弦线)/(°)	39
	面积/m²	50
水平尾翼	后掠角/(°)	32
	翼展/m	17.4
	面积/m²	63
	安装角(可调节)	2°/−8°
机 身	机长/m	46.59
	机高/m	14.76
重 量	最大载重/kg	50 000
	最大起飞重量/kg	190 000

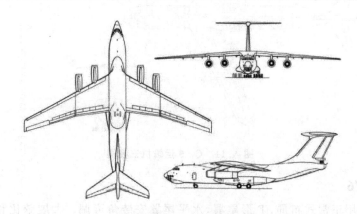

图 A.12　伊尔−76 运输机三视图

4. 安−124

安−124 运输机采用常规布局。机翼为上单翼,增升装置包括分段式前缘缝翼(左右各分为 6 段)、后退式单缝襟翼(左右各分为 3 段)和 12 块扰流板。机身截面呈梨形。常规形式尾翼,水平安定面固定,安装角不可调。安−124 运输机外形参数与飞行重量如表 A.13 所列,安−124 运输机三视图如图 A.13 所示。

表 A.13　安−124 运输机外形参数与飞行重量

机 翼	翼展/m	73.3
	翼面积/m²	628
	展弦比	8.56
	后掠角(1/4 弦线)/(°)	25
	翼型	TsAGI 超临界
机 身	机长/m	69.1
	机高/m	21.08

续表 A.13

| 重 量 | 最大载重/kg | 150 000 |
| | 最大起飞重量/kg | 402 000 |

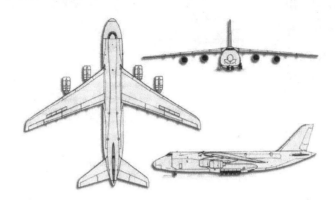

图 A.13 安-124 运输机三视图

5. A-400M

A-400M 运输机采用正常式布局，T 形尾翼。机翼为上单翼、采用超临界翼型，每侧机翼上有一块外侧副翼、4 块扰流片和两组双缝襟翼。翼下吊挂涡轮螺旋桨发动机，螺旋桨高速滑流流过机翼可增大机翼升力。A-400M 运输机外形参数与飞行重量如表 A.14 所列，A-400M 运输机三视图如图 A.14 所示。

表 A.14 A-400M 运输机外形参数与飞行重量

	翼展/m	42.4
	翼面积/m²	221.5
	展弦比	8.12
	后掠角/(°)	18
机 翼	翼根弦长/m	7.36
	翼尖弦长/m	2.54
	根梢比	0.345
	副翼面积(单侧)/m²	3.94
	襟翼面积(单侧)/m²	20.24
平 尾	尾容量	1.24
	面积	57.92
垂 尾	尾容量	0.1
机 身	机长/m	45.1
	机高/m	14.7
重 量	最大载重/kg	37 000
	最大起飞重量/kg	136 500

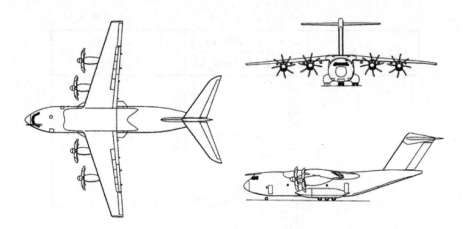

图 A.14 A-400M 运输机三视图

A.2.2 客 机

大型客机设计时需要满足"四性"的要求,包括安全性、经济性、舒适性和环保性。在保证安全性的前提下,现代大型飞机对经济性的要求越来越高,舒适性和环保性也日益重要。这些性能的要求都对气动设计提出了极高的要求,涉及如何进行增升、减阻、降噪等。评价大型客机的先进性,首当其冲的是增升、减阻、降噪的气动设计水平,但随着设计水平的不断提升和多种机型的不断推陈出新,要在气动设计上获得更大的提升也越来越难。不同国家研制的大型客机在气动设计上也在不断大体趋同。

1. 波音 787

波音 787 采用正常式布局,常规型尾翼。机翼为带上反角的下单翼,翼下吊挂发动机,机翼后缘采用曲线后缘设计,翼端与尾翼设计为鲨鱼鳍形,斜切式小翼,翼尖区机翼上翘,可有效减弱翼尖涡,降低升致阻力。机翼前缘安装有缝翼,后缘安装有单缝襟翼,实现可变弯度机翼,在巡航时可自动偏转襟翼,以获得最佳翼型。波音 787-8 客机外形参数与飞行重量如表 A.15所列,波音 787-8 客机三视图如图 A.15 所示。

表 A.15 波音 787-8 客机外形参数与飞行重量

	翼展/m	60.12
	翼面积/m²	325
	展弦比	11.1
机 翼	后掠角(前缘/25%弦线)	35°/32.2°
	安装角/(°)	4
	上反角/(°)	7.5
	扭转角(翼根/翼尖)	0°/−4°
平 尾	翼展/m	19.81
	安装角/(°)	−3

续表 A. 15

机 身	机长/m	56.72
	机高/m	17.04
	最大机身直径/m	5.92
重 量	空重/kg	108 860
	最大起飞重量/kg	219 550

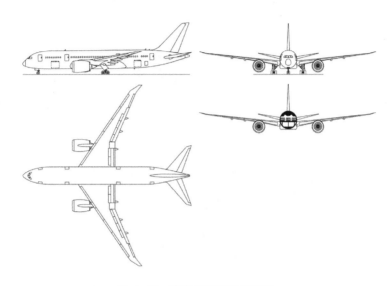

图 A. 15　波音 787 客机三视图

2. A350

　　A350 采用正常式布局,常规型尾翼。大展弦比中等后掠角机翼;机翼、襟翼导轨整流罩和翼梢小翼一体化设计,以优化机翼气动效率;翼尖采用大后掠上翘翼尖。机翼还利用襟翼的不同偏度实现变弯度设计。A350 - 900 客机外形参数与飞行重量如表 A.16 所列,A350 - 900 客机三视图如图 A.16 所示。

表 A. 16　A350 - 900 客机外形参数与飞行重量

机 翼	翼展/m	64.75
	翼面积/m²	443
	展弦比	9.46
	后掠角/(°)	35
平 尾	翼展/m	20.8
	面积/m²	85
垂 尾	面积/m²	52

续表 A.16

机 身	机长/m	66.89
	机高/m	17.05
	机身宽度/m	5.96
重 量	空重/kg	115 700
	最大起飞重量/kg	268 000

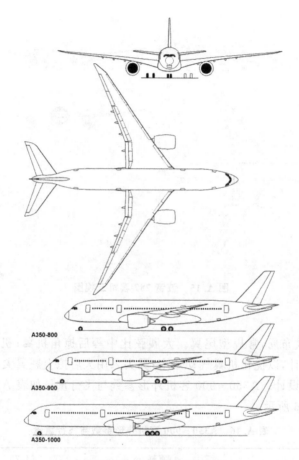

图 A.16　A350 客机三视图

3. A380

A380 客机采用正常式布局,常规型尾翼。机翼为带上反角的下单翼,带有翼梢小翼。由于机场对翼展的限制,展弦比受到限制,适当增加了翼面积,采用由双缝后缘襟翼、前缘缝翼和前缘下偏装置构成的增升系统。机翼沿展向不断改变机翼弯度和扭转角,以减小阻力。A380‑800 客机外形参数与飞行重量如表 A.17 所列,A380‑800 客机三视图如图 A.17 所示。

表 A.17   A380－800 客机外形参数与飞行重量

机　翼	翼展/m	79.8
	翼面积/m²	845.0
	展弦比	7.5
	后掠角/(°)	35°44′(内段 1/4) 34°28′(外段 1/4)
	扭转角(翼根/翼尖)	4°/－2.5°
	翼根弦长/m	17.7
	平均气动弦长/m	12.3
平　尾	翼展/m	30.38
机　身	机长/m	72.9
	机高/m	24.1
	最大机身直径/m	7.14
重　量	空重/kg	277 000
	最大起飞重量/kg	560 185

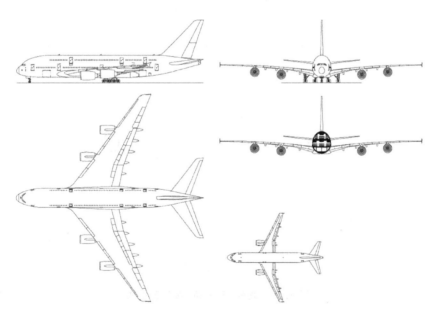

图 A.17   A380 客机三视图

4. 波音 737

波音 737 采用正常式布局,常规型尾翼。大展弦比、后掠机翼,可以选择加装翼尖小翼;发动机短舱内侧为克鲁格前缘襟翼,外侧为 4 块前缘缝翼,后缘采用两块后退双缝式襟翼(早期的为三缝襟翼)。波音 737 系列飞机从诞生至今超过半个世纪,改型较多,且每一型在气动设计上都略有差别。波音 737－800 客机外形参数与飞行重量如表 A.18 所列,波音 737－800

客机三视图如图 A.18 所示。

表 A.18 波音 737-800 客机外形参数与飞行重量

机 翼	翼展/m	35.79
	翼面积/m²	125
	展弦比	9.45
	后掠角/(°)	25
	翼根弦长/m	5.71
	翼梢弦长/m	1.25
	安装角/(°)	1
	上反角/(°)	6
平 尾	翼展/m	14.35
机 身	机长/m	39.5
	机高/m	12.5
重 量	空重/kg	41 145
	最大起飞重量/kg	79 015

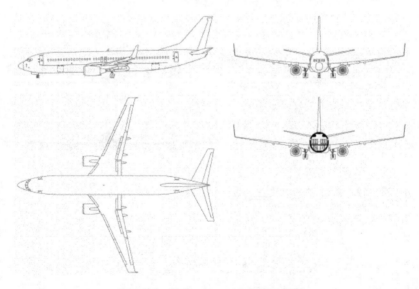

图 A.18 波音 737-800 客机三视图

5. A320

A320 采用正常式布局,常规型尾翼。大展弦比、后掠机翼,后缘采用大后退单缝襟翼,前缘采用全翼展低阻缝翼。由于 A320 系列飞机改型较多,每一型在气动设计上也略有差别。A320 客机外形参数与飞行重量如表 A.19 所列,A320 客机三视图如图 A.19 所示。

表 A.19 A320 客机外形参数与飞行重量

机 翼	翼展/m	34.1
	翼面积/m²	122.4
	展弦比	9.5
	后掠角/(°)	25
	翼根弦长/m	6.1
	副翼面积/m²	2.74
	后缘襟翼面积/m²	21.1
	前缘襟翼面积/m²	12.64
平 尾	面积/m²	31
	翼展/m	12.45
	上反角/(°)	6
	后掠角/(°)	28
垂 尾	面积/m²	21.5
	后掠角/(°)	35
机 身	机长/m	37.37
	机高/m	11.76
重 量	空重/kg	42 100
	最大起飞重量/kg	77 000

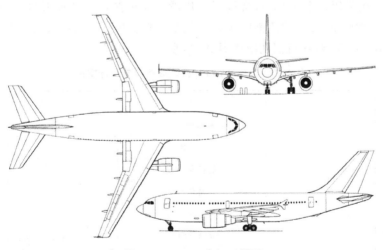

图 A.19 A320 客机三视图

A.2.3 轰炸机

轰炸机具有突击力强、航程远、载弹量大、机动性高等特点,是航空兵实施空中突击的主要飞机。现代喷气式战略轰炸机是军事大国的重要空中力量,其发展经历了三个阶段,不同阶段的气动设计差别较大。

第一个阶段是 20 世纪 60、70 年代,如苏联米亚-4,英国三 V 轰炸机("胜利""火神""勇士"),美国 B-47、B-52 等。这一时期,主要是以喷气动力轰炸机取代螺旋桨动力轰炸机,首先解决的是发动机问题。由于苏联喷气发动机技术尚不过关,米亚-4 轰炸机航程达不到设计要求,因此很快退役改成空中加油机,其战略轰炸任务主要还是由螺旋桨动力的图-95 来担任。特别指出的是,图-95 虽为螺旋桨动力,但其速度与同时代喷气轰炸机速度相差不大。

第二阶段是 20 世纪 80 年代。超声速战略轰炸机由于采用了变后掠翼设计,解决了速度与航程的矛盾,这一阶段的代表是苏联图-160、图-22M 和美国 B-1B 等。超声速战略轰炸机的出现使战略轰炸机的突防能力大大增强,打击能力也相应提高,但成本高昂,因此这些轰炸机未能得到充分发展。

第三阶段是 20 世纪末期隐身战略轰炸机的出现。20 世纪 80 年代,美国空军的 ATF 和海军的 ATA 项目首次将隐身概念运用到了作战飞机的设计中。隐身或称低可探测性,可以使作战飞机减少被发现和被攻击的概率,可以达成战略战役上的突然性,生存能力显著提高。隐身技术的出现开创了一个全新的技术领域,改变了战斗机、攻击机和轰炸机的作战方式,使作战飞机进入全新时代。隐身战略轰炸机只有美国 B-2 一种,其雷达反射截面积(RCS)只有 $0.3~\text{m}^2$,而 B-52 的 RCS 值达到 $100~\text{m}^2$。B-2 在设计中突出考虑了隐身要求。

归纳这几代轰炸机来看,多采用大展弦比的后掠翼,以保证飞机有较高的巡航速度和升阻比。此外,轰炸机在进行气动布局设计时要考虑投弹对重心变化等方面的影响。因此,上单翼布局形式曾经是常用的形式,这样可使机翼仅从机身上部穿过,也便于弹舱的设计。但从发展的趋势来看,采用飞翼布局以突出隐身性能、提高升阻比是现代和未来轰炸机的特色。

1. B-52

B-52 轰炸机采用正常式布局,常规形式尾翼。大展弦比后掠梯形机翼,翼下吊挂发动机。机身为细长直筒形,在尾部逐渐收细。常规型尾翼。B-52 轰炸机外形参数与飞行重量如表 A.20 所列,B-52 轰炸机三视图如图 A.20 所示。

表 A.20 B-52A 轰炸机外形参数与飞行重量

机 翼	翼展/m	56.39
	翼面积/m²	371.2
	展弦比	8.55
	后掠角/(°)	35
	安装角/(°)	6
	下反角/(°)	2.5
	翼型(翼根)	NACA 63A219.3 mod
	翼型(翼尖)	NACA 65A209.5 mod
机 身	机长/m	47.73
	机高/m	14.71
重 量	空重/kg	83 250
	最大起飞重量/kg	220 000

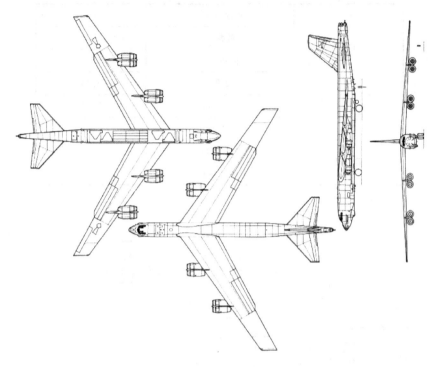

图 A. 20   B - 52 轰炸机三视图

2. 图-160

图-160 采用可变后掠翼的正常式布局。机翼为下单翼,通过整流边条与机身融合,发动机安装在靠近机身的翼下短舱中。机翼后掠角可变,以兼顾低空高亚声速巡航和高空超声速突防能力。尾翼为十字形。图-160 轰炸机外形参数与飞行重量如表 A. 21 所列,图-160 轰炸机三视图如图 A.21 所示。

表 A. 21   图-160 轰炸机外形参数与飞行重量

机 翼	翼展/m	55.7/50.7/35.6
	翼面积/m²	293.15
	展弦比	6.78/5.64/2.85
	后掠角(外段可变)	20°/35°/65°
	翼面积(外翼段)/m²	189.83
	后缘襟翼面积/m²	39.6
	襟副翼面积/m²	9
	前缘缝翼面积/m²	22.16
垂直尾翼	翼面积/m	42.03
	后掠角/(°)	47
	展弦比	1.15

续表 A.21

	后掠角/(°)	44
水平尾翼	翼展/m	13.26
	面积/m²	55.6
	展弦比	3.16
机　身	机长/m	54.1
	机高/m	13
重　量	空重/kg	110 000
	最大起飞重量/kg	275 000

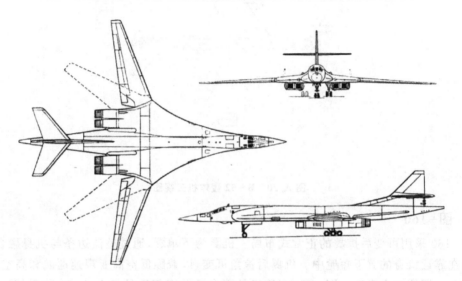

图 A.21　图-160 轰炸机三视图

3. 图-22M

图-22M 采用可变后掠翼的正常式布局。机翼为下单翼,有 4 种后掠角度:用于起降的20°,用于高空亚声速巡航的30°,用于超低空高亚声速突防的50°,以及用于高空超声速飞行的60°。水平尾翼全动,垂尾前缘向前延伸出宽大的背鳍至机身中部,提高大攻角操控能力。发动机安装在机身内部,进气道延伸到机身两侧。图-22M3 轰炸机外形参数与飞行重量如表 A.22 所列,图-22M 轰炸机三视图如图 A.22 所示。

表 A.22　图-22M3 轰炸机外形参数与飞行重量

	翼展/m	23.3(全后掠)/34.3(全展开)
机　翼	翼面积/m²	175.8(全后掠)/183.6(全展开)
	后掠角(外段可变)	20°/30°/50°/60°
	净面积/m²	164
	展弦比	3.1(全后掠); 6.4(全展开)

续表 A.22

机身	机长/m	42.46
	机高/m	11.05
重量	空重/kg	58 000
	最大起飞重量/kg	126 000

图 A.22 图-22M 轰炸机三视图

4. B-2

　　B-2 轰炸机的设计突出考虑隐身的要求,采用飞翼布局。机翼采用超临界翼型。机翼前缘与机翼后缘和另一侧的翼尖平行,外翼段为等弦长机翼。机身尾部为 W 形锯齿状,边缘与两侧机翼前缘平行。整个飞翼后缘布置有 9 块操纵翼面,中央机身尾部的"海狸尾"为一可动控制面,可用于俯仰操纵。机翼外段后缘的"减速板-方向舵"开裂式翼面,可向上下两侧开裂,用于航向操纵;其余 6 块翼面用于俯仰和滚转操纵。B-2 轰炸机外形参数与飞行重量如表 A.23 所列,B-2 轰炸机三视图如图 A.23 所示。

表 A.23 B-2 轰炸机外形参数与飞行重量

机翼	翼展/m	52.4
	翼面积/m²	478
	后掠角/(°)	33.7
	翼型(翼根)	修改的超临界翼型
机身	机长/m	21.03
	机高/m	5.18
重量	空重/kg	71 700
	最大起飞重量/kg	170 600

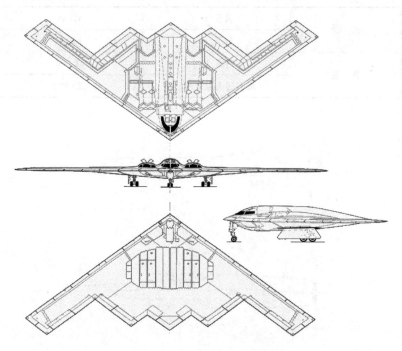

图 A.23 B-2 轰炸机三视图

A.3 长航时飞机

长航时无人机主要集中在中高空范围,常规动力长航时无人机的连续飞行时间为 24~40 h,新能源长航时无人机的设计目标是可连续飞行数周或更长。为了达到长航时的目标,一方面要选用耗油量低的发动机,另一方面要提高升阻比。为此,普遍采用大展弦比机翼,发动机尾推布置。

下面分别对中空长航时无人机、高空长航时无人机、太阳能飞机的气动设计特点进行简要介绍。

A.3.1 中空长航时无人机

1. 捕食者 A

捕食者 A 采用正常式布局,大展弦比平直下单翼,倒 V 形尾翼,尾部有一较大腹鳍。捕食者 A 无人机外形参数与飞行重量如表 A.24 所列,捕食者无人机三视图如图 A.24 所示。

表 A.24 捕食者 A 无人机外形参数与飞行重量

机　翼	翼展/m	14.63
	翼面积/m²	11.45
	翼根弦长/m	1.1
	翼梢弦长/m	0.4

续表 A.24

尾 翼	翼展/m	4.38
机 身	机长/m	8.13
	机高/m	2.21
重 量	最大起飞重量/kg	1 043
性 能	最大续航时间/h	40
	最大平飞速度/(km·h^{-1})	220

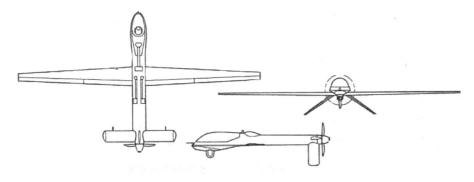

图 A.24 捕食者无人机三视图

2. 苍 鹭

苍鹭无人机采用正常式布局,大展弦比平直上单翼,全翼展开缝襟翼,包括短翼展和长翼展两款,尾翼采用尾撑形式。苍鹭无人机外形参数与飞行重量如表 A.25 所列,苍鹭无人机三视图如图 A.25 所示。

表 A.25 苍鹭无人机外形参数与飞行重量

机 翼	翼展/m	16.6
	翼型	IAI SA - 21
	展弦比	21.3
	面积/m²	13
机 身	机长/m	8.5
	机高/m	2.3
重 量	最大起飞重量/kg	1 150
性 能	最大续航时间/h	45
	最大平飞速度/(km·h^{-1})	222
	任务载荷/kg	250

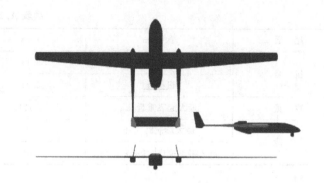

图 A. 25　苍鹭无人机三视图

A. 3. 2　高空长航时无人机

1. 全球鹰

全球鹰采用正常式布局,大展弦比平直机翼,下单翼,V 形尾翼。全球鹰无人机外形参数与飞行重量如表 A. 26 所列,全球鹰无人机三视图如图 A. 26 所示。

表 A. 26　全球鹰无人机外形参数与飞行重量

机 翼	翼展/m	35.4
	翼型	NASA LRN 1015
	展弦比	25.09
	面积/m^2	50.17
尾 翼	翼展/m	3.51
	面积/m^2	4.5
机 身	机长/m	13.5
	机高/m	4.44
重 量	最大起飞重量/kg	12 134
性 能	最大续航时间/h	＞40
	最大平飞速度/(km·h^{-1})	648
	任务载荷/kg	907

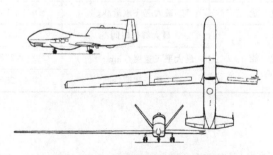

图 A. 26　全球鹰无人机三视图

2. 捕食者 B

捕食者 B 无人机采用正常式布局,大展弦比平直翼,翼尖设计有融合式翼梢小翼,Y 形尾翼。捕食者 B 无人机外形参数与飞行重量如表 A.27 所列,捕食者 B 无人机三视图如图 A.27 所示。

表 A.27 捕食者 B 无人机外形参数与飞行重量

机 翼	翼展/m	24
机 身	机长/m	11.7
	机高/m	3.6
重 量	最大起飞重量/kg	5 670
性 能	最大续航时间/h	40
	最大平飞速度/(km·h^{-1})	390

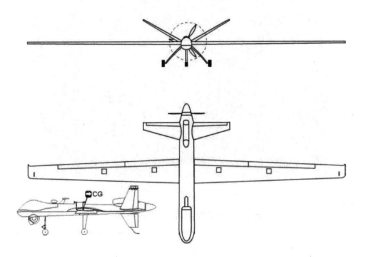

图 A.27 捕食者 B 无人机三视图

A.3.3 太阳能飞机

1. 太阳神

太阳神无人机采用飞翼布局,超大展弦比矩形机翼、S 翼型。机翼下有 5 个梯形机体舱,机翼前安装 14 个电动机,后缘有 72 片升降舵,左右外翼的升降舵固定上偏 2.5°以提高飞机俯仰安定性。太阳神无人机外形参数与飞行重量如表 A.28 所列,太阳神无人机三视图如图 A.28 所示。

2. 阳光动力号

阳光动力号太阳能飞机采用正常式布局,超大展弦比平直机翼,内段为矩形,外段为梯形,尾翼呈十字形。阳光动力号太阳能飞机外形参数与飞行重量如表 A.29 所列,阳光动力号太阳能飞机如图 A.29 所示。

表 A.28　太阳神无人机外形参数与飞行重量

机　翼	翼展/m	75.3
	翼型	Selig S6078
	弦长/m	2.4
	展弦比	31.3
	翼面积/m²	181
	上反角(外翼)/(°)	10
机　身	机体舱高/m	2.3
重　量	空重/kg	600
	起飞重量/kg	720~930

图 A.28　太阳神无人机

表 A.29　阳光动力号太阳能飞机外形参数与飞行重量

机　翼	翼展/m	63.4
	机长/m	21.85
	机高/m	6.4
重　量	最大起飞重量/kg	1 600

图 A.29　阳光动力号太阳能飞机

A.4 高超声速飞行器

在低速飞行时,飞机升力主要由环量升力理论来确定,根据库塔-茹科夫斯基升力环量定律,对于理想流体下任意物体的绕流,只要存在速度环量,就会产生升力。而从升阻比的角度考虑,翼型形状的升阻比较高,因此低速飞机主要依靠机翼来提供升力,机身则主要用来提供足够的容积。

而在高超声速巡航飞行时,主要依靠全机迎风面压缩/背风面膨胀来提供升力,传统布局则不足以提供足够的升阻比,因此高超声速飞机的气动布局主要以乘波体为主,如美国的 X-43、X-51 等验证机。乘波体是在已知的超声速/高超声速流场中通过反设计方法得到的气动布局。由于激波可以附着在前缘线上,机身下表面压强高、上表面压强低,能够比常规构型有效提高升阻比。

1. X-51

X-51A 由巡航体、级间段及助推器 3 部分组成。助推器上安装 4 个全动尾翼,以及两个水平安定面,整个弹体中部安装 4 个可动小翼,巡航体按乘波构型设计,进气道在腹部。X-51 高超声速飞行器外形参数与飞行重量如表 A.30 所列,X-51 高超声速飞行器如图 A.30 所示。

表 A.30 X-51 高超声速飞行器外形参数与飞行重量

长度/m	7.62
最大宽度/m	0.58
重量/kg	1 780
巡航体长/m	4.27
巡航体重量/kg	671

图 A.30 X-51 高超声速飞行器

2. X-43

X-43A 机体设计为乘波体,水平尾翼全动,两块垂直尾翼上有方向舵,机腹安装超燃冲压发动机。X-43 外形参数与飞行重量如表 A.31 所列,X-43 三视图如图 A.31 所示。

表 A.31 X-43 外形参数与飞行重量

长度/m	3.66
最大宽度/m	1.52
高度/m	0.66
重量/kg	1 362

3. 美国航天飞机

美国的航天飞机由机翼、机身、垂尾构成,机身尾部有体襟翼。机翼为三角翼,通过边条与机身融合,机翼后缘设置升降副翼。垂尾后缘设置两块舵面,可作方向舵和减速板。美国航天飞机外形参数与飞行重量如表 A.32 所列,美国航天飞机三视图如图 A.32 所示。

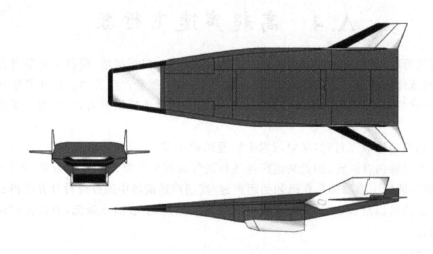

图 A.31　X-43 三视图

表 A.32　美国航天飞机外形参数与飞行重量

	翼展/m	23.79
	翼面积/m²	249.9
	展弦比	2.265
机　翼	后掠角/(°)	45
	后掠角(前段)/(°)	81
	升降副翼面积/m²	19.19
	升降副翼范围	40°(下偏),-25°(上偏)
	面积/m²	38.4
	高度/m	8.03
	展弦比	1.68
垂直尾翼	后掠角/(°)	45
	方向舵面积/m²	9.03
	偏转范围(作升降舵)/(°)	27
	偏转范围(作减速板)/(°)	49.3
机身体襟翼	最大偏转范围	15.7°(下偏),-27°(上偏)
机　身	机长/m	37.24
	机高/m	17.27
重　量	空重/kg	77 600

4. 暴风雪号航天飞机

暴风雪号航天飞机由机翼、机身、垂尾构成,机身尾部设计体襟翼。机翼为三角翼,通过边

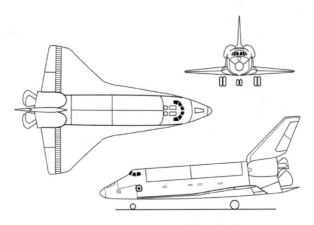

图 A.32   美国航天飞机三视图

条与机身融合,每侧机翼后缘设计两块升降副翼,用于俯仰和滚转操纵。垂尾后缘设计两块方向舵,开裂作动时也可作为减速板。暴风雪号航天飞机外形参数与飞行重量如表 A.33 所列,暴风雪号航天飞机三视图如图 A.33 所示。

表 A.33   暴风雪号航天飞机外形参数与飞行重量

机　翼	翼展/m	23.92
	翼面积/m²	250
	后掠角/(°)	45
	后掠角(前段)/(°)	79
	升降副翼范围/(°)	−20~35
垂直尾翼	面积/m²	39
	方向舵面积/m²	10.5
	偏转范围(作升降舵)/(°)	±23
	偏转范围(作减速板)/(°)	43.5
机身襟翼	最大偏转/(°)	30
机　身	机长/m	36.37
	机高/m	16.35
	机身高度/m	6
	机身宽度/m	5.5
重　量	起飞重量/kg	105 000
	再入重量/kg	82 000

5. X-37B

X-37B 长 8.8 m,宽 2.9 m,翼展 4.6 m,尾部为两外倾垂尾,载荷舱和机翼设计类似航天飞机,大小为航天飞机的 1/4,起飞重量大于 5 t。X-37B 如图 A.34 所示。

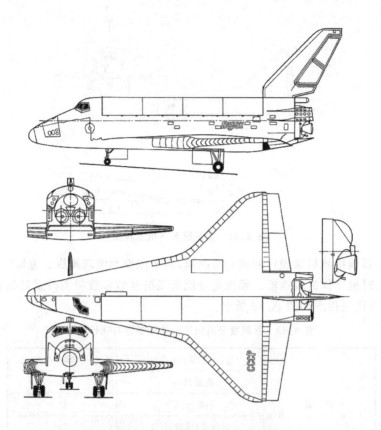

图 A. 33　暴风雪号航天飞机三视图

6. 匕　首

匕首高超声速导弹采用传统弹道导弹的回转体外形，头部呈圆锥形，半锥角较小；后半部分呈圆柱形；尾部安装 4 片截尖三角形舵面，X 形布置；后端安装有圆台形可抛投整流罩，左右两侧各有一片较长的梯形安定面。匕首导弹如图 A. 35 所示。

图 A. 34　X-37B

图 A. 35　匕首导弹

7. SR-72

SR-72 采用翼身融合气动布局，与发动机高度一体化，大长细比机身，小展弦比大后掠梯形翼面，双发腹部进气，单垂尾。SR-72 全长约 30.5 m，最大起飞重量 80 000 kg。SR-72 如图 A.36 所示。

图 A.36　SR－72

A.5　导　弾

　　导弾按气动外形和飞行弾道特征可分为有翼导弾和弾道导弾两大类。弾道导弾不带弾翼,有的只有稳定尾翼,有的甚至连尾翼也没有。有翼导弾在大气层内飞行,其弾体通常由弾身、弾翼、舵面及安定面等组成。有翼导弾又分为普通有翼导弾和巡航导弾,前者机动性好、翼面短小,后者续航时间长、翼面细长。下面仅列举几种普通有翼导弾和巡航导弾的气动设计情况。

A.5.1　普通有翼导弾

1. AIM－9L

　　AIM－9L 空空弾采用细长圆柱体弾身。前舵面为双三角形,尾舵面为梯形,均为 X 形布置。AIM－9L 外形参数与飞行重量如表 A.34 所列,AIM－9L 导弾如图 A.37 所示。

表 A.34　AIM－9L 外形参数与飞行重量

翼展/m	0.64
弾长/m	2.87
弾径/m	0.137
发射重量/kg	87

图 A.37　AIM－9L 导弾

2. AIM－120C

　　AIM－120C 空空弾采用细长圆柱体弾身。4 片梯形弾翼采用 X 形布置在弾身中部,4 片梯形尾舵同样采用 X 形布局。AIM－120C 外形参数与飞行重量如表 A.35 所列,AIM－120C 导弾如图 A.38 所示。

表 A.35   AIM - 120C 外形参数与飞行重量

翼展/m	0.445
舵展/m	0.447
弹长/m	3.65
弹径/m	0.178
发射重量/kg	161.5

图 A.38   AIM - 120C 导弹

A.5.2   巡航导弹

1. 战 斧

战斧导弹采用细长圆柱体弹身。平直弹翼布置在弹体中部,4 片尾翼按十字形布置,弹翼和尾翼可折叠。Block Ⅳ 型采用 3 片尾翼形式。该型导弹的最大射程约为 2 500 km,巡航速度为 $Ma = 0.72$。战斧巡航导弹外形参数与飞行重量如表 A.36 所列,战斧巡航导弹三视图如图 A.39 所示。

表 A.36   战斧巡航导弹外形参数与飞行重量

翼展/m	2.65
弹长/m	5.56(6.25)
弹径/m	0.527
发射重量/kg	1 450
有效载荷/kg	122.5

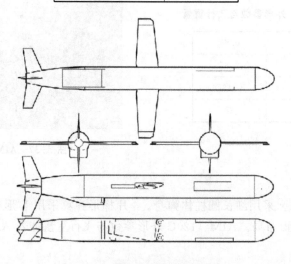

图 A.39   战斧巡航导弹三视图

2. KH - 55

KH - 55 巡航导弹采用细长圆柱体弹身。平直弹翼布置在弹体中部;常规型尾翼,水平尾翼带下反。该型导弹的巡航速度为 940 km/h,最大射程约为 2 500 km。KH - 55 巡航导弹外形参数与飞行重量如表 A.37 所列,KH - 55 巡航导弹三视图如图 A.40 所示。

表 A.37 KH - 55 巡航导弹外形参数与飞行重量

翼展/m	3
弹长/m	6
发射重量/kg	1 500

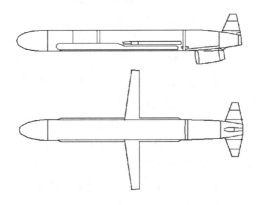

图 A.40 KH - 55 巡航导弹三视图

参考文献

[1] 顾诵芬,解思适. 飞机总体设计[M]. 北京:北京航空航天大学出版社,2001.

[2] 钱翼稷. 空气动力学[M]. 北京:北京航空航天大学出版社,2004.

[3] 杨岞生,俞守勤. 飞行器部件空气动力学[M]. 北京:国防工业出版社,1981.

[4] 刘虎,罗明强,孙康文. 飞机总体设计[M]. 北京:北京航空航天大学出版社,2019.

[5] 方宝瑞. 飞机气动布局设计[M]. 北京:航空工业出版社,1997.

[6] 徐华舫. 空气动力学基础[M]. 北京:北京航空学院出版社,1987.

[7] 陈再新,刘福长,鲍国华. 空气动力学[M]. 北京:航空工业出版社,1993.

[8] 朱自强,吴宗成. 现代飞机设计空气动力学[M]. 北京:北京航空航天大学出版社,2005.

[9] 范立欣,周鼎义. 飞机空气动力学[M]. 西安:西北工业大学出版社,1989.

[10] 吴子牛,王兵,周睿. 空气动力学[M]. 北京:清华大学出版社,2007.

[11] 刘沛清. 空气动力学[M]. 北京:科学出版社,2021.

[12] 李桦,田正宇,潘沙. 飞行器气动设计[M]. 北京:科学出版社,2017.

[13] 刘君,郭正. 飞行器部件空气动力学[M]. 长沙:国防科技大学出版社,2007.

[14] 瞿章华,刘伟,曾明,等. 高超声速空气动力学[M]. 长沙:国防科技大学出版社,1999.

[15] 吴建民. 高等空气动力学[M]. 北京:北京航空航天大学出版社,1992.

[16] 屈西曼. 飞机空气动力设计[M]. 北京:国防工业出版社,1989.

[17] 科季克 M,菲利波夫 B B. 极限飞行状态[M]. 北京:航空工业出版社,1989.

[18] 万志强,杨超,王晓喆. 飞行器飞行载荷分析与气动弹性优化[M]. 北京:航空工业出版社,2021.

[19] 刘同仁,肖业伦. 空气动力学与飞行力学[M]. 北京:北京航空学院出版社,1987.

[20] 陈迎春,宋文滨,刘洪. 民用飞机总体设计[M]. 上海:上海交通大学出版社,2010.

[21] 《飞机设计手册》总编委会. 飞机设计手册:第 6 册 气动设计[M]. 北京:航空工业出版社,2002.

[22] 《飞机设计手册》总编委会. 飞机设计手册:第 4 册 军用飞机总体设计[M]. 北京:航空工业出版社,2005.

[23] 黄志澄. 高超声速飞行器空气动力学[M]. 北京:国防工业出版社,1995.

[24] 武文康,张彬乾. 战斗机气动布局设计[M]. 西安:西北工业大学出版社,2005.

[25] 李为吉. 现代飞机总体综合设计[M]. 西安:西北工业大学出版社,2001.

[26] 中国航空工业空气动力研究院. 航空气动力技术[M]. 北京:航空工业出版社,2013.

[27] 纪楚群,傅致祥,曾广存,等. 导弹空气动力学[M]. 北京:宇航出版社,1996.

[28] 苗瑞生,居贤铭,吴甲生. 导弹空气动力学[M]. 北京:国防工业出版社,2006.

[29] 张呈林,郭才根. 直升机总体设计[M]. 北京:国防工业出版社,2007.

[30] 郭才根,郭士龙. 直升机总体设计[M]. 北京:航空工业出版社,1993.

[31] 张锡金,等. 型号空气动力学设计[M]. 上海:上海交通大学出版社,2020.

[32] 江永泉. 空客公司成功的机翼设计 II——A320、A330/A340、A350 及 A380 机翼设计

[J]. 民用飞机设计与研究,2019(1):78-93.

[33] 向锦武,阚梓,邵浩原,等. 长航时无人机关键技术研究进展[J]. 哈尔滨工业大学学报, 2020,52(6):57-77.

[34] 李晨飞,姜鲁华. 临近空间长航时太阳能无人机研究现状及关键技术[J]. 中国基础科学, 2018,20(2):22-3.

[35] 安复兴,李磊,苏伟,等. 高超声速飞行器气动设计中的若干关键问题[J]. 中国科学:物理学-力学-天文学,2021,51(10):6-25.

[36] 董超,甄华萍,李长春,等. 国外高超声速飞行器气动布局发展分析[J]. 飞航导弹,2018(6):4-11.

[37] 陈迎春,张美红,张淼,等. 大型客机气动设计综述[J]. 航空学报,2019,40(1):522759.

[38] 陈召斌,廖孟豪,李飞,等. 高超声速飞机总体气动布局设计特点分析[J]. 航空科学技术,2022,33(2):6-11.

[39] 高培仁. 民用飞机设计参考机种之一:波音737-200双发涡扇短程运输机[J]. 民用飞机设计与研究,2012(2):35-38.

[40] Kinzey B. F-16 Fighting Falcon[M]. New York:Aero Publishers, Inc.,1982.

[41] Jenkins D R. McDonnell Douglas F-15 Eagle[M]. Leicester:Midland Publishing Ltd.,1998.

[42] 胡秉科. 欧洲战斗机"台风"设计特点剖析[J]. 国际航空,1999(12):22-25.

[43] Jenkins D R, Miller J. Sukhoi Su-27 Flanker[M]. Stillwater:Specialty Press,1991.

[44] Gordon Y. Mikoyan MiG-29[M]. Hinckley:Midland Publishing,2007.

[45] Miller J. Lockheed Martin F/A-22 Raptor:Stealth Fighter[M]. Hinckley:Midland Publishing,2005.

[46] 晨枫. F-35"闪电Ⅱ"战斗机[M]. 北京:航空工业出版社,2014.

[47] 王洛. C-17飞机简介及设计特点分析[J]. 航空科学技术,2006(2):11-15.

[48] Komissarov D, Gordon Y. Ilyushin IL-76[M]. Hinckley:Midland Publishing,2002.

[49] 张子东. A400M战术运输机简介及设计特点分析[J]. 航空科学技术,2006(2):16-19.

[50] 汪萍. 民用飞机设计参考机种之一 波音787-8双发宽体中远程客机[J]. 民用飞机设计与研究,2010(2):37-40.

[51] Norris G, Wagner M. Airbus A380:Superjumbo of the 21st Century[M]. Saint Paul:Zenith Press,2010.

[52] Davies P E, Thornborough A M. Boeing B-52:Stratofortress[M]. Wiltshire:The Crowood Press Ltd.,1998.

[53] Miller J. Northrop B-2 Stealth Bomber[M]. Stillwater:Specialty Press,1991.

[54] Gordon Y. Tupolev Tu-160 Blackjack:Russia's Answer to the B-1[M]. Hinckley:Midland Publishing,2003.

[55] Gordon, Rigmant V. Tupolev Tu-22 'Blinder' Tu 22M 'Backfire'[M]. Leicester:Midland Publishing Ltd.,1999.

[56] 钱锟,张坤. "捕食者"系列无人机和地面控制系统[J]. 国际航空,2009(2):39,42-44.

[57] 曾慧,白菡尘,朱涛. X-51A超燃冲压发动机及飞行验证计划[J]. 导弹与航天运载技术,

2010(1): 57-61.

[58] Pace S. The Projects of Skunk Works[M]. Minneapolis: Voyageur Press, 2016.

[59] Harsha P, Keel L, Castrogiovanni A, et al. X－43A Vehicle Design and Manufacture [C]//AIAA/CIRA 13th International Space Planes and Hypersonics Systems and Technologies Conference. 2013.

[60] Sivolella D. The Space Shuttle Program: Technologies and Accomplishments[M]. Chichester: Praxis Publishing, 2017.

[61] Bart Hendrickx, Bert Vis. Energiya-Buran The Soviet Space Shuttle[M]. Chichester: Praxis Publishing, 2007.

[62] 介冲. AIM-120 空空导弹发展综述[J]. 飞航导弹, 2015(3): 22-26.

[63] 张小东,胡海,姜林君. 美国海军战斧巡航导弹战术技术特性分析[J]. 飞航导弹, 2020 (11): 31-36.

[64] Bertin J J, Cummings R M. 工程师用空气动力学[M]. 5 版. 王福新, 王奇志, 陈方, 等 译. 上海: 上海交通大学出版社, 2015.